Mathematik für Physiker 2

Jörg Härterich

ISBN 978-1546365457
J. Härterich, Mathematik für Physiker 2
1. Auflage, 2017
© Alle Rechte verbleiben beim Autor
Jörg Härterich, Möllersweg 23, 44799 Bochum
Druck: siehe letzte Seite

Inhaltsverzeichnis

7 Vektorräume — **1**
- 7.1 Motivation: Lineare Gleichungssysteme 1
- 7.2 Das Gauß-Verfahren 3
- 7.3 Matrizen 6
- 7.4 Geometrische Motivation: Vektoren im $\mathbb{R}^2$ 9
- 7.5 Gruppen und Vektorräume 11
- 7.6 Basis und Dimension 19
- 7.7 Die Dimensionsformel für Untervektorräume 25

8 Lineare Abbildungen — **31**
- 8.1 Grundlegende Definitionen 31
- 8.2 Lineare Abbildungen und Basen 36
- 8.3 Vektorräume linearer Abbildungen und Dualräume 41

9 Matrizen — **47**
- 9.1 Rechnen mit Matrizen 47
- 9.2 Darstellung linearer Abbildungen durch Matrizen 50
- 9.3 Der Rang einer Matrix 54
- 9.4 Ein zweiter Blick auf das Gauß-Verfahren 58

10 Determinanten — **65**
- 10.1 Definition von Determinanten 65
- 10.2 Adjunkte und Entwicklungssatz von Laplace 76
- 10.3 Determinante und Orientierung 80

11 Eigenwerte und Normalformen — **85**
- 11.1 Eigenwerte und Diagonalisierbarkeit 85
- 11.2 Komplexifizierung 91
- 11.3 Das charakteristische Polynom 93
- 11.4 Die Jordan-Normalform 96
- 11.5 Der Satz von Cayley-Hamilton 100

12 Lineare Differentialgleichungen — **107**
- 12.1 Skalare lineare Differentialgleichungen 108
- 12.2 Systeme linearer Differentialgleichungen 1. Ordnung 110
- 12.3 Die Matrixexponentialfunktion 116
- 12.4 Lineare Differentialgleichungen im $\mathbb{R}^2$ 122
- 12.5 Differentialgleichungen höherer Ordnung 125
- 12.6 Inhomogene lineare Differentialgleichungen 126

13 Euklidische und unitäre Vektorräume — **133**
- 13.1 Skalarprodukt und Norm 133
- 13.2 Orthonormalsysteme 138
- 13.3 Die adjungierte Abbildung 144
- 13.4 Orthogonale und unitäre Matrizen 148
- 13.5 Bilinearformen und Quadratische Formen 157

Vorwort

Der zweite Teil des Kurses *Mathematik für Physiker* befasst sich mit der Linearen Algebra. Er entstand aus der einsemestrigen Vorlesung zu diesem Thema, die der Autor seit 2008 mehrfach gehalten hat. Aus der Schule kennen Sie möglicherweise schon einige Begiffe und Rechenverfahren der linearen Algebra: das Gauß-Verfahren zur Lösung von linearen Gleichungssystemen, die Vektorrechnung im $\mathbb{R}^2$ und $\mathbb{R}^3$, Matrizen, das Skalarprodukt und vielleicht noch einiges mehr. Wir knüpfen in diesem Kurs an dieses Vorwissen an, allerdings unterscheiden sich Reihenfolge, Systematik und Abstraktionsgrad.
Es gibt einige Gründe, warum lineare Algebra für Studierende der Physik von Interesse ist, z.B.

1. die Vektorrechnung im $\mathbb{R}^3$

2. die Lösungstheorie und numerische Behandlung linearer Gleichungssysteme oder

3. die Hilberträume der theoretischen Quantenmechanik.

Die Ebene $\mathbb{R}^2$ und der Raum $\mathbb{R}^3$ sind Prototypen von Vektorräumen und unsere Anschauung zum Arbeiten mit Vektoren basiert auf den Erfahrungen dort. Während Lösungen von Gleichungssystemen im $\mathbb{R}^3$ geometrisch als Schnitte von Ebenen oder Geraden aufgefasst werden können, treten bei der näherungsweisen Lösung verschiedener Probleme oft Gleichungssysteme von vielen linearen Gleichungen auf.
Um effiziente Verfahren zur Lösung solcher großer Gleichungssysteme zu entwickeln, benutzt man die Erkenntnisse über die allgemeine Struktur solcher Gleichungssysteme, die man im $\mathbb{R}^3$ gewonnen hat.
Diese Anschauung hilft jedoch nur begrenzt beim Übergang zu den *unendlich-dimensionalen* Vektorräumen, wie sie beispielsweise der Hilbertraum der quadratintegrierbaren Funktionen darstellt. Um auch in diesen Vektorräumen angemessen arbeiten zu können, werden wir die Theorie von Beginn an in der notwendigen Abstraktion entwickeln.

Noch eine Bemerkung: Für viele Studierende der Physik ist es ungewohnt, dass Mathematiker in einem großen Teil der linearen Algebra auf Skalarprodukte verzichten, während die meisten in der Physik vorkommenden Räume mit einem Skalarprodukt versehen sind. Hier kommt wie auch an anderen Stellen ein „Minimalismus" der Mathematiker zum Tragen: Eine Voraussetzung, die nicht wirklich gebraucht wird, lässt man lieber weg. Aus diesem Grund werden wir auch erst im letzten Kapitel Skalarprodukte und orthogonale Matrizen behandeln, obwohl diese in der Physik häufig auftreten.

Ein besonderer Dank gilt hier Mychaylo Abolnikov und allen Studierenden, die in früheren Versionen Fehler entdeckt und so zu einer Verbesserung dieses Texts beigetragen haben.

Bochum, im August 2017
Jörg Härterich

7 Vektorräume

7.1 Motivation: Lineare Gleichungssysteme

In Kapitel 5.4 wurde als Integrationsmethode für gebrochen-rationale Funktionen die Partialbruchzerlegung vorgestellt. Um zum Beispiel die Stammfunktion von $f(x) = \dfrac{x^2 - 2x + 15}{x^3 - 3x^2 + 4}$ zu finden, sucht man zunächst die Nullstellen des Nenners, und zerlegt ihn in Linearfaktoren. Mit der einfachen Nullstelle $x_1 = -1$ und der doppelten Nullstelle $x_2 = 2$ ergibt sich hier der Ansatz

$$\frac{x^2 - 2x + 15}{x^3 - 3x^2 + 4} = \frac{x^2 - 2x + 15}{(x+1)(x-2)^2} = \frac{A}{x+1} + \frac{B}{x-2} + \frac{C}{(x-2)^2},$$

wobei die Unbekannten A, B und C so bestimmt werden müssen, dass diese Identität für alle $x \in \mathbb{R} \setminus \{-1, 2\}$ erfüllt ist.
Durch Erweitern der Brüche auf der rechten Seite erhält man

$$\frac{x^2 - 2x + 15}{x^3 - 3x^2 + 4} = \frac{A(x-2)^2 + B(x+1)(x-2) + C(x+1)}{(x+1)(x-2)^2}$$

und kann dann durch Koeffizientenvergleich der quadratischen, linearen und konstanten Terme im Zähler ein *lineares Gleichungssystem* für die Unbekannten A, B und C aufstellen. Konkret lautet es hier

$$\begin{cases} 1 &=& A &+ B & \\ -2 &=& -4A &- B &+ C \\ 15 &=& 4A &- 2B &+ C \end{cases}$$

Dieses lineare Gleichungssystem besitzt die Lösung $A = 2$, $B = -1$, $C = 5$, die man auf verschiedene Weise finden kann. Beispielsweise könnte man aus der ersten Gleichung die Relation $B = 1 - A$ gewinnen und diese in die beiden anderen Gleichungen einsetzen, und erhält so das einfachere System

$$\begin{cases} -2 &=& -4A &- (1-A) &+ C \\ 15 &=& 4A &- 2(1-A) &+ C \end{cases} \text{ bzw. } \begin{cases} -1 &=& -3A &+ C \\ 17 &=& 6A &+ C \end{cases}$$

Löst man die erste der beiden Gleichungen nach C auf und setzt $C = 3A - 1$ aus der ersten Gleichung in die zweite Gleichung ein, dann gelangt man zu der Gleichung

$$17 = 6A + (3A - 1) \Leftrightarrow 18 = 9A \Leftrightarrow A = 2.$$

Damit ergibt sich dann wiederum $C = 3A - 1 = 5$ und schließlich $B = 1 - A = -1$.

In den Beispielen und Aufgaben zur Partialbruchzerlegung ist es immer gelungen, eine Lösung für die unbekannten Koeffizienten zu finden. Will man die Partialbruchzerlegung jedoch als Methode begründen, dann muss man nicht nur in Einzelfällen eine Lösung berechnen, sondern man muss allgemein nachweisen, dass es eine solche Lösung unabhängig von der konkreten Funktion, die integriert werden soll, immer gibt, dass also die linearen Gleichungssysteme, die bei der Partialbruchzerlegung auftreten können, alle lösbar sind. Dazu muss man die Struktur dieser Gleichungssysteme und ihrer Lösungen verstehen.

Als zweites Beispiel, das aus einem völlig anderen Kontext heraus auf ähnliche Problemstellungen führt, betrachten wir einen Stromkreis mit ohmschen Widerständen.

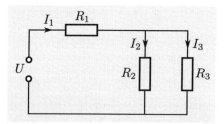

Mit Hilfe der Kirchhoffschen Gesetze kann man aus der Kenntnis der angelegten Spannung U und der Widerstände R_1, R_2 und R_3 die Stromstärken I_1, I_2 und I_3 bestimmen. Die entsprechenden physikalischen Regeln verlangen, dass $I_1 = I_2 + I_3$, $R_2 I_2 = R_3 I_3$ und $U = R_1 I_1 + R_2 I_2$ ist. Diese Zusammenhänge kann man etwas übersichtlicher schreiben:

$$\begin{aligned} I_1 &- I_2 &- I_3 &= 0 \\ R_1 I_1 &+ R_2 I_2 & &= U \\ & R_2 I_2 &- R_3 I_3 &= 0 \end{aligned}$$

Zieht man das R_1-fache der ersten Gleichung von der zweiten Gleichung ab, so gelangt man zu dem äquivalenten Gleichungssystem

$$\begin{aligned} I_1 &- I_2 &- I_3 &= 0 \\ & (R_1 + R_2) I_2 &+ R_1 I_3 &= U \\ & R_2 I_2 &- R_3 I_3 &= 0 \end{aligned}$$

Nun kann man beispielsweise das $\frac{R_2}{R_1 + R_2}$-fache der zweiten Gleichung von der dritten Gleichung subtrahieren, um dadurch ein Gleichungssystem „in Dreiecksform" zu erzeugen:

$$\begin{aligned} I_1 &- I_2 & &= 0 \\ & (R_1 + R_2) I_2 &+ R_1 I_3 &= U \\ & &- \left(R_3 + \tfrac{R_1 R_2}{R_1 + R_2}\right) I_3 &= -\tfrac{R_2}{R_1 + R_2} U \end{aligned}$$

Dieses Gleichungssystem wiederum lässt sich sukzessive von unten nach oben lösen und man erhält

$$I_3 = \frac{R_2}{R_1 R_2 + R_1 R_3 + R_2 R_3} U,$$

$$I_2 = \frac{R_3}{R_1 R_2 + R_1 R_3 + R_2 R_3} U \quad \text{und}$$

$$I_1 = \frac{R_2 + R_3}{R_1 R_2 + R_1 R_3 + R_2 R_3} U$$

Neben der Frage nach der Lösung dieses speziellen Gleichungssystems, kann man sich auch einige weitergehende Gedanken machen, zum Beispiel ob es für solche Netzwerke aus parallel und in Reihe geschalteten ohmschen Widerständen unabhängig von der Wahl der Widerstände $R_1, R_2, \ldots$ immer genau eine Lösung gibt, was man aus physikalischen Gründen eigentlich erwarten sollte.

Neben den beiden angeführten Beispielen gibt es in der Mathematik eine große Anzahl von Problemen, die sich auf die Lösung von linearen Gleichungssystemen zurückführen lassen. Dazu gehört u.a. die als Abituraufgabe beliebte Frage aus der analytischen Geometrie nach dem Schnittpunkt einer Ebene mit einer Geraden, aber auch die näherungsweise Lösung von komplizierten partiellen Differentialgleichungen lässt sich oft auf (sehr große) lineare Gleichungssysteme zurückführen.

Definition. *(Lineares Gleichungssystem)*
Ein **lineares Gleichungssystem** von m Gleichungen für n Unbekannte $x_1, x_2,\ldots, x_n$ ist ein System der Form

$$\begin{aligned} a_{11}x_1 + a_{12}x_2 + \ldots + a_{1n}x_n &= b_1 \\ a_{21}x_1 + a_{22}x_2 + \ldots + a_{2n}x_n &= b_2 \\ &\vdots \\ a_{m1}x_1 + a_{m2}x_2 + \ldots + a_{mn}x_n &= b_m \end{aligned}$$

mit Koeffizienten $a_{ij}, b_i \in \mathbb{R}$ oder $\in \mathbb{C}$.

Eine Lösung dieses linearen Gleichungssystems ist ein n-Tupel $(\tilde{x}_1, \tilde{x}_2, \ldots, \tilde{x}_n)$ reeller oder komplexer Zahlen, so dass für $x_1 = \tilde{x}_1, x_2 = \tilde{x}_2, \ldots, x_n = \tilde{x}_n$ alle m Gleichungen gleichzeitig erfüllt sind.

7.2 Das Gauß-Verfahren

Der *Gauß-Algorithmus* liefert eine Methode, solche linearen Gleichungssysteme in einer standardisierten Vorgehensweise zu lösen bzw. nachzuweisen, dass keine Lösung existiert.
Dazu betrachten wir die folgenden drei elementaren Umformungen des linearen Gleichungssystems, die die Lösungsmenge nicht verändern:

1. Vertauschen von Gleichungen

2. Multiplikation einer Gleichung mit einer Zahl $\lambda \neq 0$

3. Addition des λ-fachen einer Gleichung zu einer anderen Gleichung

Begründung:

1. Dass das Vertauschen von Gleichungen die Lösungen nicht ändert, ist vermutlich für die meisten offensichtlich.
   Formal gesehen besteht das lineare Gleichungssystem aus m verschiedenen Aussagen (den Gleichungen), die alle zugleich wahr sind, wenn man für $x_1, x_2, \ldots, x_n$ eine Lösung des Gleichungssystems einsetzt. Die m Aussagen sind also durch „und" miteinander verbunden und da es bei der „und"-Verknüpfung von Aussagen nicht auf die Reihenfolge ankommt, darf man diese Aussagen und damit die Zeilen des Gleichungssystems miteinander vertauschen.

2. Dies kann man einfach nachrechnen: Falls

$$a_{i1}\tilde{x}_1 + a_{i2}\tilde{x}_2 + \ldots + a_{in}\tilde{x}_n = b_i$$

   für $i = 1, 2, \ldots, m$ erfüllt ist, dann ist auch

$$\lambda\left(a_{i1}\tilde{x}_1 + a_{i2}\tilde{x}_2 + \ldots + a_{in}\tilde{x}_n\right) = \lambda b_i.$$

Die Lösungsmenge wird also durch Multiplikation mit λ nicht kleiner. Sie wird auch nicht größer, denn aus der zweiten Gleichung kann man durch Multiplikation mit $1/\lambda$ wieder die erste Gleichung erhalten.
Dass die Multiplikation einer Zeile mit 0 nicht „erlaubt" ist, sollte ebenfalls klar sein, weil diese Multiplikation effektiv dazu führt, die betreffende Zeile aus dem linearen Gleichungssystem zu streichen.

3. rechnet man ganz ähnlich nach wie die vorige Eigenschaft.

Mit Hilfe dieser drei Umformungen kann man jedes lineare Gleichungssystem in die sogenannte *Stufenform* bringen. Anschaulich bedeutet dies, dass jede Zeile „kürzer" ist als die vorhergehende.

Definition. *(Zeilenstufenform)*
Das lineare Gleichungssystem

$$a_{11}x_1 + a_{12}x_2 + \ldots + a_{1n}x_n = b_1$$
$$a_{21}x_1 + a_{22}x_2 + \ldots + a_{2n}x_n = b_2$$
$$\vdots \qquad \vdots$$
$$a_{m1}x_1 + a_{m2}x_2 + \ldots + a_{mn}x_n = b_m$$

*ist in **Zeilenstufenform**, falls gilt:*

$$k > \ell \;\Rightarrow\; \underbrace{\min\{j;\; a_{kj} \neq 0\}}_{\text{der erste von Null verschiedene Koeffizient der k-ten Zeile}} > \underbrace{\min\{j;\; a_{\ell j} \neq 0\}}_{\text{der erste von Null verschiedene Koeffizient der }\ell\text{-ten Zeile}} \;.$$

Beispiel: Gesucht sind alle Lösungen des linearen Gleichungssystems

$$2x_2 + x_3 = 0$$
$$x_1 + 3x_2 + 2x_3 = 5$$
$$-2x_1 + x_2 + x_3 = -4$$

Um die Zeilenstufenform zu erreichen, muss eine der Gleichungen, die x_1 enthalten, in die erste Zeile getauscht werden:

$$x_1 + 3x_2 + 2x_3 = 5$$
$$2x_2 + x_3 = 0$$
$$-2x_1 + x_2 + x_3 = -4$$

Indem das Doppelte der ersten Gleichung zur dritten Gleichung addiert wird, sorgt man dafür, dass x_1 nur noch in der ersten Gleichung vorkommt:

$$x_1 + 3x_2 + 2x_3 = 5$$
$$2x_2 + x_3 = 0$$
$$7x_2 + 5x_3 = 6$$

In der Zeilenstufenform darf die dritte Gleichung nicht mehr von x_2 abhängen. Dazu kann man sie beispielsweise (um Brüche so lange wie möglich vermeiden) zunächst mit 2 multiplizieren und dann das (-7)-fache der zweiten Gleichung dazuaddieren, bzw. das siebenfache der zweiten Gleichung subtrahieren. Dies sind eigentlich zwei Schritte, die aber in einer Rechnung durchgeführt werden können, so dass man schließlich das neue Gleichungssystem

$$x_1 + 3x_2 + 2x_3 = 5$$
$$2x_2 + x_3 = 0$$
$$3x_3 = 12$$

erhält, das sich von unten nach oben lösen lässt. Zunächst liefert die unterste Gleichung $x_3 = 4$. Setzt man dies in die mittlere Gleichung ein, erhält man $2x_2 + 4 = 0$, das heißt $x_2 = -2$ und aus der ersten Gleichung damit wiederum $x_1 = 5 - 3 \cdot (-2) - 2 \cdot 4 = 3$.

Statt eines formalen Beweises, dass man ausgehend von jedem beliebigen linearen Gleichungssystem immer die Zeilenstufenform erreichen kann, soll das praktische Vorgehen beschrieben werden. Dabei wird hoffentlich deutlich, dass man tatsächlich immer so lange fortfahren kann, bis das Gleichungssystem in Zeilenstufenform vorliegt und man es sukzessive lösen kann.

1. Schritt: Sei j_1 der Index der ersten Unbekannten x_{j_1}, deren Koeffizienten nicht in allen m Gleichungen Null ist. Durch Vertauschen von Gleichungen können wir erreichen, dass der Koeffizient von x_{j_1} in der ersten Gleichung nicht Null ist.

2. Schritt: Durch Addition von Vielfachen der ersten Gleichung zu den anderen Gleichungen kann man nun erreichen, dass der Koeffizient von x_{j_1} in allen anderen Gleichungen verschwindet.

3. Schritt: Nun lässt man die erste Zeile unverändert und wiederholt das Vorgehen für die restlichen Gleichungen. Damit erreicht man, dass es einen kleinsten Index j_2 gibt, so dass die Gleichungen von keinem x_j mit $j < j_2$ abhängen und auch nur die zweite Gleichung von x_{j_2} abhängt. Als nächstes bleibt nun auch die zweite Gleichung unverändert und man fährt mit den restlichen Gleichungen solange fort, bis man bei der letzten Gleichung angekommen ist. Es kann dabei passieren, dass sich die Zahl der Gleichungen verringert, weil die triviale Gleichung $0 = 0$ entstehen kann, wenn man ein Vielfaches einer Zeile zu einer anderen Zeile addiert.

Bemerkung: Wenn wie eben beschrieben eine der Gleichungen die Form $0 = 0$ annimmt, heißt dass *nicht*(!), dass beliebige Zahlen eine Lösung des linearen Gleichungssystems sind, sondern nur, dass die Lösungen dieser einen Gleichung keinen Restriktionen unterliegen. Die übrigen Gleichungen müssen aber natürlich trotzdem ebenfalls erfüllt sein.

Wenn man das lineare Gleichungssystem mit n Unbekannten in Zeilenstufenform gebracht hat und alle Gleichungen der Form $0 = 0$ weglässt, können drei verschiedene Fälle eintreten:

1. Die letzte Zeile besteht aus einer Gleichung der Form $0\,x_1 + 0\,x_2 + \ldots + 0\,x_n = b_i$ mit $b_i \neq 0$. Diese Gleichung ist für keine Wahl von $x_1, \ldots, x_n$ erfüllt, daher besitzt auch das gesamte lineare Gleichungssystem in diesem Fall *keine Lösung*.

2. Das Gleichungssystem enthält genau n Zeilen. Dann kann man die Unbekannten von unten beginnend der Reihe nach bestimmen (so wie unserem ersten Beispiel) und erhält eine *eindeutige Lösung*.

3. Das Gleichungssystem besteht aus weniger als n Zeilen. In diesem Fall kann man eine oder sogar mehrere Unbekannte frei wählen bzw. als Parameter betrachten und die übrigen Unbekannten in Abhängigkeit dieser Parameter bestimmen. Auf diese Weise erhält man *unendlich viele Lösungen*.

Bemerkung: Man hört gelegentlich die Faustregel, dass ein lineares Gleichungssystem mit gleich vielen Unbekannten wie Gleichungen eine eindeutige Lösung besitzt, ein lineares Gleichungssystem mit mehr Unbekannten als Gleichungen unendlich viele Lösungen und ein lineares Gleichungssystem mit mehr Gleichungen als Unbekannten überhaupt keine Lösung.

Das ist einerseits falsch, da es zu allen drei Aussagen Gegenbeispiele gibt, andererseits enthält die Faustregel auch einen wahren Kern, denn für die „meisten" Koeffizienten ist es tatsächlich so, dass die Regel korrekt ist. Trotzdem muss man jeden konkreten Einzelfall gesondert untersuchen.

7.3 Matrizen

Die Lösung von linearen Gleichungssystemen lässt sich mit Hilfe von *Matrizen* sehr effizient aufschreiben und durchführen. Dazu betrachten wir eine Matrix zunächst nur als Schreibweise ohne tiefere Bedeutung und werden erst im Verlauf der weiteren Kapitel den Zusammenhang von Matrizen und linearen Abbildungen genauer untersuchen.

Definition. *(Matrix)*
*Eine $m \times n$-**Matrix** ist ein aus m Zeilen und n Spalten bestehendes Schema der Form*
$$\begin{pmatrix} a_{11} & a_{12} & \ldots & a_{1n} \\ a_{21} & a_{22} & \ldots & a_{2n} \\ \vdots & \vdots & \ddots & \vdots \\ a_{m1} & a_{m2} & \ldots & a_{mn} \end{pmatrix}$$
Die (reellen oder komplexen) Einträge a_{ij} einer Matrix nennt man Koeffizienten und schreibt auch $(a_{ij})_{\substack{1 \leq i \leq m \\ 1 \leq j \leq n}}$ oder kurz (a_{ij}) für die Matrix.
$M(m \times n, \mathbb{R})$ *bzw.* $M(m \times n, \mathbb{C})$ *bezeichnet die Menge aller reellen bzw. komplexen $m \times n$-Matrizen.*

Neben Matrizen benötigen wir auch Vektoren.

Definition.
*Ein **Vektor** im $\mathbb{R}^n$ ist ein n-Tupel von reellen Zahlen:*
$$x = \begin{pmatrix} x_1 \\ x_2 \\ \vdots \\ x_n \end{pmatrix}$$
Analog nennt man n entsprechend angeordnete komplexe Zahlen einen Vektor aus $\mathbb{C}^n$.

Wir werden den Begriff eines Vektors bald sehr viel allgemeiner definieren und die Rechenregeln für Vektoren angeben. Im Moment benötigen wir jedoch nur die aus den *Mathematischen Methoden* bereits bekannte Matrix-Vektor-Multiplikation:

Definition.
*Das **Matrix-Vektor-Produkt** einer reellen $m \times n$-Matrix mit einem Vektor aus $\mathbb{R}^n$*
$$\begin{pmatrix} a_{11} & a_{12} & \ldots & a_{1n} \\ a_{21} & a_{22} & \ldots & a_{2n} \\ \vdots & \vdots & \ddots & \vdots \\ a_{m1} & a_{m2} & \ldots & a_{mn} \end{pmatrix} \begin{pmatrix} x_1 \\ x_2 \\ \vdots \\ x_n \end{pmatrix} = \begin{pmatrix} a_{11}x_1 + \ldots + a_{1n}x_n \\ a_{21}x_1 + \ldots + a_{2n}x_n \\ \vdots \\ a_{m1}x_1 + \ldots + a_{mn}x_n \end{pmatrix}.$$
Das Ergebnis ist also ein Vektor aus dem $\mathbb{R}^m$.

Ein lineares Gleichungssystem
$$\begin{aligned} a_{11}x_1 + a_{12}x_2 + \ldots + a_{1n}x_n &= b_1 \\ a_{21}x_1 + a_{22}x_2 + \ldots + a_{2n}x_n &= b_2 \\ \vdots \quad \vdots \quad \vdots \quad \ddots \quad \vdots &= \vdots \\ a_{m1}x_1 + a_{m2}x_2 + \ldots + a_{mn}x_n &= b_m \end{aligned}$$

aus m Gleichungen in n Unbekannten kann man auf diese Weise in der Form

$$Ax = b$$

schreiben mit der Matrix

$$A = \begin{pmatrix} a_{11} & a_{12} & \cdots & a_{1n} \\ a_{21} & a_{22} & \cdots & a_{2n} \\ \vdots & \vdots & \ddots & \vdots \\ a_{m1} & a_{m2} & \cdots & a_{mn} \end{pmatrix}$$

und den beiden Vektoren

$$x = \begin{pmatrix} x_1 \\ x_2 \\ \vdots \\ x_n \end{pmatrix} \in \mathbb{R}^n \quad \text{und} \quad b = \begin{pmatrix} b_1 \\ b_2 \\ \vdots \\ b_m \end{pmatrix} \in \mathbb{R}^m.$$

Dabei nennt man A die *Koeffizientenmatrix* des linearen Gleichungssystems.
Fasst man die Koeffizientenmatrix und den Vektor b, der die rechte Seite des Geichungssystems beschreibt, zusammen erhält man die *erweiterte Koeffizientenmatrix*

$$(A, b) := \left(\begin{array}{cccc|c} a_{11} & a_{12} & \cdots & a_{1n} & b_1 \\ a_{21} & a_{22} & \cdots & a_{2n} & b_2 \\ \vdots & \vdots & \ddots & \vdots & \vdots \\ a_{m1} & a_{m2} & \cdots & a_{mn} & b_m \end{array} \right).$$

Der Strich signalisiert, dass die Einträge b_j eine andere Rolle spielen als die Koeffizienten a_{ij}.
Analog zu den Gleichungsumformungen des Gauß-Verfahrens betrachten wir nun drei elementare Zeilenumformungen dieser erweiterten Koeffizientenmatrix, die die Lösungsmenge des zugehörigen linearen Gleichungssystems nicht verändern:

1. Vertauschen von Zeilen

2. Multiplikation einer Zeile mit einer Zahl $\lambda \neq 0$

3. Addition des λ-fachen einer Zeile zu einer anderen Zeile

Diese Umformungen erlauben uns, das Gleichungssystem, bzw. die zugehörige Matrix in eine Form zu bringen, aus der wir sofort ablesen können, ob und ggf. welche Lösungen das Gleichungssystem besitzt. Ziel ist es dabei wieder, die sogenannte *Zeilenstufenform* zu erreichen, die für Matrizen allgemein so aussieht:

$$\begin{pmatrix} 0\ldots 0 & c_{1j_1}\ldots & \cdots & \cdots & \cdots & \cdots & \cdots & c_{1n} \\ \vdots & \vdots & 0\ldots 0 & c_{2j_2}\ldots & \cdots & \ddots & \cdots & \cdots & c_{2n} \\ \vdots & \vdots & \vdots & \vdots & 0\ldots 0 & c_{3j_3}\ldots & & \cdots & c_{3n} \\ \vdots & \vdots & \vdots & \vdots & \vdots & \vdots & 0\ldots 0 & \ddots & \cdots & \vdots \\ \vdots & \vdots & \vdots & \vdots & \vdots & \vdots & \vdots & \ddots & \cdots & \vdots \\ 0\ldots 0 & 0\ldots 0 & 0\ldots 0 & 0\ldots 0 & & \ddots & c_{rj_r} & \cdots & c_{rn} \\ 0\ldots 0 & 0\ldots 0 & 0\ldots 0 & 0\ldots 0 & \cdots & & 0 & \cdots & 0 \\ \vdots & \vdots & \vdots & \vdots & \vdots & & \cdots & & \vdots \\ 0\ldots 0 & 0\ldots 0 & 0\ldots 0 & 0\ldots 0 & \cdots & & 0 & \cdots & 0 \end{pmatrix}$$

Konkret erhält man beispielsweise bei der Lösung des linearen Gleichungssystems

$$\begin{aligned} x_1 + x_2 - x_3 + 3x_4 &= 4 \\ 2x_1 + x_2 + x_3 + 2x_4 &= 5 \\ -x_1 + x_2 - 5x_3 + 5x_4 &= 2 \\ -3x_1 - 2x_2 - 5x_4 &= -9 \end{aligned}$$

ausgehend von der erweiterten Koeffizientenmatrix

$$\left(\begin{array}{cccc|c} 1 & 1 & -1 & 3 & 4 \\ 2 & 1 & 1 & 2 & 5 \\ -1 & 1 & -5 & 5 & 2 \\ -3 & -2 & 0 & -5 & -9 \end{array} \right)$$

zunächst

$$\left(\begin{array}{cccc|c} 1 & 1 & -1 & 3 & 4 \\ 0 & -1 & 3 & -4 & -3 \\ 0 & 2 & -6 & 8 & 6 \\ 0 & 1 & -3 & 4 & 3 \end{array} \right)$$

und in einem weiteren Schritt

$$\left(\begin{array}{cccc|c} 1 & 1 & -1 & 3 & 4 \\ 0 & -1 & 3 & -4 & -3 \\ 0 & 0 & 0 & 0 & 0 \\ 0 & 0 & 0 & 0 & 0 \end{array} \right).$$

Ignoriert man die Zeilen, die nur aus Nullen bestehen, dann bleiben zwei Gleichungen für die vier Unbekannten, das lineare Gleichungssystem hat also unendlich viele Lösungen. Hier wäre es naheliegend, x_3 und x_4 frei zu wählen und daraus dann

$$x_2 = 3 + 3x_3 - 4x_4 \quad \text{und} \quad x_1 = 4 - x_2 + x_3 - 3x_4 = 1 - 2x_3 + x_4$$

zu berechnen.

Wir machen uns nun noch klar, dass man mit diesem Verfahren bei jeder Matrix zum Ziel gelangt.

Satz 7.1.
Jede Matrix $A \in M(m \times n, \mathbb{R})$ bzw. $M(m \times n, \mathbb{C})$ lässt sich durch wiederholtes Anwenden von elementaren Zeilenumformungen in Zeilenstufenform bringen.

Beweisskizze: Sei j_1 der Index der ersten Spalte der Matrix, die nicht nur aus Nullen besteht. Durch Vertauschen von Zeilen können wir erreichen, dass der Koeffizient in der ersten Zeile der j_1-ten Spalte $\neq 0$ ist.
Nun addieren wir für $i = 2, \ldots, m$ jeweils das $\left(-\frac{c_{ij_1}}{c_{1j_1}} \right)$-fache der ersten Zeile zur i-ten Zeile. Auf diese Weise verschwinden alle Einträge in der j_i-ten Spalte ab der zweiten Zeile.
Nach diesem Schritt haben wir eine Matrix der Form

$$\left(\begin{array}{ccc|ccc} 0 & \ldots & 0 & c_{1j_1} & \ldots & c_{1n} \\ \vdots & & \vdots & 0 & & \\ \vdots & & \vdots & \vdots & A' & \\ 0 & \ldots & 0 & 0 & & \end{array} \right)$$

mit einer kleineren Matrix A'.
Wendet man die oben angegebenen elementaren Zeilenumformungen nun auf A' an, so gelangt man zu einer Matrix der Form

$$\left(\begin{array}{cccccc|ccc} 0 & \ldots & 0 & c_{1j_1} & \ldots & & & \ldots & c_{1n} \\ \vdots & & \vdots & 0 & \ldots & 0 & c_{2j_2} & \ldots & c_{2n} \\ \hline \vdots & & \vdots & \vdots & & \vdots & 0 & & \\ \vdots & & \vdots & \vdots & & \vdots & \vdots & \multicolumn{2}{c}{A''} \\ 0 & \ldots & 0 & 0 & \ldots & 0 & 0 & & \end{array}\right)$$

Dies führt man immer weiter fort, bis man (nach spätestens) m Schritten an der letzten Zeile der Matrix angelangt ist. Dann hat die Matrix Zeilenstufenform. □

Bemerkung: Bei der praktischen Durchführung des Gauß-Verfahrens ist manchmal etwas Vorsicht geboten, da aus Bequemlichkeit oft mehrere Schritte gleichzeitig durchgeführt werden. Dabei muss man darauf achten, dass keine Information verloren geht. Addiert man beispielsweise gleichzeitig die i-te Zeile zur k-ten Zeile und umgekehrt auch die k-te Zeile zur i-ten, dann enthalten anschießend beide Zeilen dieselben Einträge und diese Gleichung ist im allgemeinen nicht äquivalent zu den beiden ursprünglichen Gleichungen.

Bemerkung: Die Zeilenstufenform einer Matrix ist nicht eindeutig. Dies hat zur Folge, dass es viele verschiedene Wege gibt, ein lineares Gleichungssystem zu lösen, und leider auch viele Möglichkeiten, sich dabei zu verrechnen.
Allerdings gehört das Lösen linearer Gleichungssysteme (ähnlich wie die Integration) zu denjenigen mathematischen Problemen, bei denen die Überprüfung des Ergebnisses mit einem deutlich geringeren Aufwand als die eigentliche Rechnung durchgeführt werden kann. Man sollte also in der Regel durch Einsetzen die Korrektheit der eigenen Rechnung nachprüfen.

7.4 Geometrische Motivation: Vektoren im $\mathbb{R}^2$

Der Begriff des Vektorraums, der im nächsten Abschnitt abstrakt definiert werden wird, hat seinen Ursprung in dem Wunsch, die Geometrie des zwei- oder dreidimensionalen Anschauungsraums rechnerisch zu beschreiben. Man stellt sich dabei die Ebene als eine unendlich ausgedehnte Zeichenebene vor, in der ein Koordinatensystem bestehend aus einem ausgezeichneten Punkt, dem Ursprung, und zwei Koordinatenachsen vorgegeben ist. Auf diesen Achsen ist jeweils durch reelle Zahlen eine Skalierung angegeben. Die Wahl des Ursprungs und der beiden Achsen ist frei und kann dem betrachteten Problem angepasst werden. Insbesondere müssen die beiden Achsen nicht unbedingt senkrecht zueinander sein.
Nun kann man die Punkte der Ebene durch Paare von Zahlen darstellen und definiert daher den zweidimensionalen reellen Standardraum als

$$\mathbb{R}^2 = \left\{ \begin{pmatrix} x_1 \\ x_2 \end{pmatrix} ; \; x_1, x_2 \in \mathbb{R} \right\}.$$

Die Elemente dieses Vektorraums entsprechen einerseits den Punkte der Ebene, andererseits kann man auch jedes Element von $\mathbb{R}^2$ als einen *Vektor* betrachten, der geometrisch einen Pfeil vom Ursprung $0 = \begin{pmatrix} 0 \\ 0 \end{pmatrix}$ zum Punkt x mit den Koordinaten $(x_1|x_2)$ darstellt. Man spricht dann vom *Ortsvektor* des Punktes.
Wichtig ist, dass man mit Vektoren zwei Rechenoperationen durchführen kann:

1. Die Addition von Vektoren im $\mathbb{R}^2$ ist rechnerisch definiert als

$$\begin{pmatrix} x_1 \\ x_2 \end{pmatrix} + \begin{pmatrix} y_1 \\ y_2 \end{pmatrix} = \begin{pmatrix} x_1 + y_1 \\ x_2 + y_2 \end{pmatrix}$$

und bedeutet geometrisch das „Aneinanderhängen" der entsprechenden Pfeile.

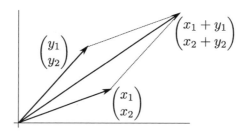

2. Die Multiplikation eines Vektors mit einer reellen Zahl α, die rechnerisch durch

$$\alpha \cdot \begin{pmatrix} x_1 \\ x_2 \end{pmatrix} = \begin{pmatrix} \alpha x_1 \\ \alpha x_2 \end{pmatrix}$$

festgelegt wird und auch *skalare Multiplikation* genannt wird, weil Zahlen auch Skalare heißen (die man aber nicht mit dem später auftauchenden Skalarprodukt von zwei Vektoren verwechseln sollte). Anschaulich wird der Vektor mit dem Faktor α skaliert, für $\alpha < 0$ ändert er dabei seine Orientierung.

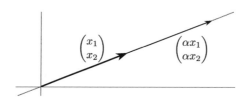

Nun kann man geometrische Objekte durch Gleichungen beschreiben. Beispielsweise lässt sich eine Gerade, die durch einen Punkt mit dem Ortsvektor $v = \begin{pmatrix} v_1 \\ v_2 \end{pmatrix}$ und in Richtung des Vektors $c = \begin{pmatrix} c_1 \\ c_2 \end{pmatrix}$ verläuft, als die Menge aller Punkte schreiben, deren Ortsvektor von der Form

$$\begin{pmatrix} v_1 \\ v_2 \end{pmatrix} + \alpha \cdot \begin{pmatrix} c_1 \\ c_2 \end{pmatrix}$$

ist, wobei α alle reellen Zahlen durchläuft.

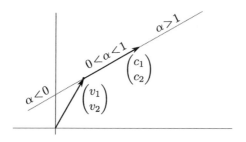

Auf diese Weise kann man zum Beispiel die Aufgabe, den Schnittpunkt zweier Geraden zu bestimmen, rechnerisch lösen.

Auch die Matrix-Vektor-Multiplikation lässt sich geometrisch interpretieren: Für eine gegebene 2×2-Matrix A kann man jedem Vektor $x \in \mathbb{R}^2$ durch $y = Ax$ einen neuen Vektor $y \in \mathbb{R}^2$ zuordnen. Spezielle Matrizen A entsprechen dabei aus der Elementargeometrie bekannten Abbildungen wie Spiegelungen, Streckungen, Drehungen oder Scherungen.
Beispielsweise beschreiben die Matrizen

$$A = \begin{pmatrix} \cos \varphi & -\sin \varphi \\ \sin \varphi & \cos \varphi \end{pmatrix}$$

Drehungen um den Ursprung mit Drehwinkel φ.

Unabhängig von der Matrix A erhält man auf diese Weise immer eine *lineare Abbildung*. In Kapitel 8 werden wir diese Abbildungen und ihre Eigenschaften in wesentlich größerer Allgemeinheit untersuchen und beschreiben.

7.5 Gruppen und Vektorräume

Wir betrachten nun alles bisher Gesagte als Motivationshilfe und Werkzeug und beginnen mit einem abstrakten Zugang zu Vektoren und Vektorräumen, der wesentlich mehr umfasst als das Rechnen in $\mathbb{R}^2$ oder $\mathbb{R}^3$, aber ebenso wie dort auf der Eigenschaft basiert, dass Vektoren immer etwas sind, das man auf vernünftige Weise addieren und von dem man Vielfache bilden kann.

Definition. *(Gruppe)*
*Eine **Gruppe** ist eine Menge G versehen mit einer Verknüpfung $*$, d.h. einer Abbildung $* : G \times G \to G$ so dass die folgenden Gruppenaxiome gelten:*

(i) $(x * y) * z = x * (y * z)$ *für alle* $x, y, z \in G$ *(Assoziativgesetz)*

(ii) *es gibt ein* $e \in G$ *mit* $x * e = e * x = x$ *für alle* $x \in G$ *(neutrales Element)*

(iii) *zu jedem* $x \in G$ *gibt es ein Element* $x^{-1} \in G$ *mit* $x * x^{-1} = x^{-1} * x = e$ *für alle* $x \in G$ *(inverses Element)*

Eine Gruppe heißt kommutativ *oder* abelsch, *falls zusätzlich das* Kommutativgesetz

$$x * y = y * x \quad \text{für alle } x, y \in G$$

gilt.

Bemerkung:

(i) Wenn man so wenig wie möglich definieren will, genügt es auch, für das neutrale und das inverse Element zu verlangen, dass $e * x = x$ ist für alle $x \in G$ und zu jedem $x \in G$ ein Element $x^{-1} \in G$ existiert mit $x^{-1} * x = e$.
Die beiden Gleichungen $x * e = x$ und $x * x^{-1} = e$ kann man daraus herleiten.

(ii) Sowohl das neutrale Element e als auch das zu $x \in G$ inverse Element x^{-1} sind eindeutig.

Beispiele:

1. Die Menge $\mathbb{Z}$ der ganzen Zahlen mit der Addition als Verknüpfung ist eine Gruppe. Das neutrale Element ist die Zahl 0 und zu jedem $m \in \mathbb{Z}$ ist $-m$ das inverse Element. Da die Addition kommutativ ist, ist diese Gruppe eine abelsche Gruppe.
   Analog sind auch $\mathbb{Q}$ oder $\mathbb{R}$ oder $\mathbb{C}$ mit der Addition abelsche Gruppen.

2. $\mathbb{Q} \setminus \{0\}$ und $\mathbb{R} \setminus \{0\}$ mit der Multiplikation als Verknüpfung sind ebenfalls abelsche Gruppen.

Beispiel: Die symmetrische Gruppe

Sei $M_n = \{1, 2, 3, \ldots, n\}$ und $S_n := \{f : M_n \to M_n;\ f \text{ ist bijektiv}\}$ die Menge der *Permutationen* von M_n. Aus *Mathematik für Physiker 1* könnten Sie noch wissen, dass S_n genau $n!$ Elemente hat, da die bijektiven Abbildungen von M_n nach M_n gerade den Anordnungen der Zahlen $1, 2, \ldots, n$ entsprechen.
Eine besonders kurze Schreibweise für Permutationen besteht darin, dass man sie in der Form

$$\begin{pmatrix} 1 & 2 & 3 & \ldots & n \\ f(1) & f(2) & f(3) & \ldots & f(n) \end{pmatrix}$$

angibt. Mit der Verkettung von Abbildungen als Verknüpfung kann man diese Menge zu einer Gruppe machen, der sogenannten *symmetrischen Gruppe* S_n.
Das neutrale Element ist die identische Abbildung, die jede Zahl auf sich selbst abbildet und die zu einer Permutation f inverse Abbildung ist die Umkehrabbildung f^{-1}, die wegen der Bijektivität von f existieren muss. Das Assoziativgesetz wiederum ist grundsätzlich für die Hintereinanderausführung von Abbildungen gültig.
Eine solche Gruppe mit endlich vielen Elementen, nennt man eine *endliche Gruppe*. Endliche Gruppen spielen auch in der theoretischen Physik eine Rolle, uns sollen sie in diesem Kurs aber nur am Rande beschäftigen.
Die Gruppe S_3 bzw. S_n mit $n \geq 3$ ist nicht abelsch.
Das können Sie selbst herausfinden, wenn Sie die folgenden beiden Aufgaben bearbeiten:

1. Suchen Sie zwei Permutationen aus S_3, die nicht miteinander kommutieren.

2. Wie folgert man, dass S_n für $n > 3$ ebenfalls nicht abelsch ist?
   Hinweis: Wie kann man die nicht kommutierenden Permutationen aus 1. zu nicht kommutierenden Permutationen von S_n „vergrößern"?

Untergruppen

Manche Teilmengen einer Gruppe sind selbst wieder eine Gruppe:

> **Definition.** *(Untergruppe)*
> *Sei G mit der Verknüpfung $*$ eine Gruppe. Eine nichtleere Teilmenge $H \subseteq G$ heißt **Untergruppe** von G, falls gilt:*
>
> *(i) Mit zwei beliebigen Elementen $h_1, h_2 \in H$ ist auch $h_1 * h_2 \in H$.*
>
> *(ii) Zu jedem Element $h \in H$ ist auch das inverse Element $h^{-1} \in H$.*

Dass H mit der Verknüpfung $*$ dann selbst eine Gruppe bildet, kann man folgendermaßen einsehen: Das Assoziativgesetz gilt, denn es gilt für alle Elemente aus G, also erst recht für Elemente der kleineren Menge H. Um einzusehen, warum das neutrale Element e der Gruppe G in H enthalten ist, wählt man ein beliebiges Element $h \in H$. Nach (ii) ist auch das inverse Element $h^{-1} \in H$. Wegen (i) ist dann $h * h^{-1} = e \in H$ und da $e * g = g * e = g$ für alle $g \in G$ gilt, ist dies natürlich auch für alle $g \in H$ richtig. Damit ist e auch das neutrale Element von H. Die Existenz der inversen Elemente ist genau Eigenschaft (ii).

Beispiel:
Die Gruppe der reellen Zahlen mit der Addition besitzt als Untergruppen die Mengen $\mathbb{Q}$ und $\mathbb{Z}$ (und viele weitere).

Definition. *(Körper)*
*Ein **Körper** ist eine Menge $\mathbb{K}$ mit zwei Verknüpfungen $+$ und $\cdot$, so dass $(\mathbb{K}, +)$ eine abelsche Gruppe mit dem neutralen Element 0 und $(\mathbb{K} \setminus \{0\}, \cdot)$ eine abelsche Gruppe mit dem neutralen Element 1 bilden und außerdem das Distributivgesetz $(a + b) \cdot c = a \cdot c + b \cdot c$ erfüllt ist.*

In diesem Skript und möglicherweise in Ihrem ganzen weiteren Studium wird $\mathbb{K}$ immer entweder der Körper $\mathbb{R}$ der reellen oder der Körper $\mathbb{C}$ der komplexen Zahlen sein. Wenn Sie wollen, können Sie daher die Schreibweise $\mathbb{K}$ als Abkürzung für „$\mathbb{R}$ oder $\mathbb{C}$" auffassen. Da die Vektorräume der Quantenmechanik komplexe Vektorräume sind, ist es aber wichtig, nicht ausschließlich reelle Vektorräumen zu betrachten, sondern auch die komplexen Vektorräume im Auge zu behalten.

Vektorräume

Vektorräume und Abbildungen zwischen Vektorräumen sind die zentralen mathematischen Objekte der linearen Algebra. Wir lösen uns bei der abstrakten Definition von der geometrischen Vorstellung und definieren einen Vektorraum als eine Menge, deren Elemente man „irgendwie" addieren und mit Zahlen multiplizieren kann, so dass dabei vernünftige Regeln gelten, wie wir sie vom Rechnen mit Zahlen gewohnt sind.

Definition. *(Vektorraum)*
*Eine abelsche Gruppe $(V, +)$ heißt **Vektorraum** über dem Körper $\mathbb{K} = \mathbb{R}$ bzw. $\mathbb{K} = \mathbb{C}$, falls es eine Abbildung $\cdot : \mathbb{K} \times V \to V$ (die skalare Multiplikation) mit folgenden Eigenschaften gibt:*

(i) $(\alpha + \beta) \cdot x = \alpha \cdot x + \beta \cdot x$ für alle $\alpha, \beta \in \mathbb{K}$ und alle $x \in V$

$(\alpha \cdot \beta) \cdot x = \alpha \cdot (\beta \cdot x)$ für alle $\alpha, \beta \in \mathbb{K}$ und alle $x \in V$

(ii) $\alpha \cdot (x + y) = \alpha \cdot x + \alpha \cdot y$ für alle $\alpha \in \mathbb{K}$ und alle $x, y \in V$

(iii) $1 \cdot x = x$ für alle $x \in V$

Die Elemente eines Vektorraums heißen Vektoren. *Das neutrale Element der Vektoraddition nennen wir den* Nullvektor.

Bemerkung: Im Gegensatz zu den meisten in der Schule verwendeten Definitionen ist ein *Vektor* für uns einfach ein Element eines Vektorraums, d.h. ein Element einer Menge, die die obigen Eigenschaften erfüllt. Konkret kann ein Vektor dabei ein Zahlentupel, eine Folge oder sogar eine Funktion sein. Die Vorstellung, dass ein Vektor „etwas mit einer Länge und einer Richtung" oder so etwas wie ein „Verschiebungspfeil" ist, erfasst dabei nur einen Teil der Möglichkeiten.

Das „Standardbeispiel" eines $\mathbb{R}$-Vektorraums ist die Menge

$$\mathbb{R}^n = \underbrace{\mathbb{R} \times \mathbb{R} \times \ldots \mathbb{R}}_{n-mal} = \{(x_1, x_2, \ldots, x_n); \ x_1, x_2, \ldots, x_n \in \mathbb{R}\}$$

versehen mit der Vektoraddition
$$(x_1, x_2, \ldots, x_n) + (y_1, y_2, \ldots, y_n) = (x_1 + y_1, x_2 + y_2, \ldots, x_n + y_n)$$
und der skalaren Multiplikation
$$\lambda \cdot (x_1, x_2, \ldots, x_n) = (\lambda x_1, \lambda x_2, \ldots, \lambda x_n)$$
Alternativ kann man die n Einträge auch untereinander schreiben und Vektoren
$$\begin{pmatrix} x_1 \\ x_2 \\ \vdots \\ x_n \end{pmatrix} \in \mathbb{R}^n$$
betrachten. Erst wenn man Vektoren und Matrizen miteinander multiplizieren möchte, macht es einen Unterschied, ob man die Vektoren als Zeile oder Spalte schreibt.
Es gibt aber noch viele andere Vektorräume.

Beispiele:

1. Mit derselben Vektoraddition und skalaren Multiplikation kann man die Menge
$$\mathbb{C}^n = \underbrace{\mathbb{C} \times \mathbb{C} \times \ldots \mathbb{C}}_{n-mal} = \{(z_1, z_2, \ldots, z_n);\ z_1, z_2, \ldots, z_n \in \mathbb{C}\}$$
zu einem $\mathbb{C}$-Vektorraum machen.

   Dabei sind bei der skalaren Multiplikation
$$\lambda \cdot (z_1, z_2, \ldots, z_n) = (\lambda z_1, \lambda z_2, \ldots, \lambda z_n)$$
die $\lambda \in \mathbb{C}$. Zum Beispiel ist dann in $\mathbb{C}^2$
$$(1+2i) \begin{pmatrix} 2i \\ -3 \end{pmatrix} = \begin{pmatrix} -4+2i \\ -3-6i \end{pmatrix}.$$

2. Man kann die Menge $\mathbb{C}^n$ allerdings auch als *reellen* Vektorraum auffassen, wenn die Einträge $z_1, z_2, \ldots, z_n$ zwar komplexe Zahlen sind, man aber nur mit reellen λ multiplizieren darf.

3. Die Menge der reellen Folgen $\{(a_1, a_2, a_3, \ldots);\ a_i \in \mathbb{R}\}$ wird mit der aus *Mathematik für Physiker 1* bekannten Addition von Folgen
$$(a_1, a_2, a_3, \ldots) + (b_1, b_2, b_3, \ldots) = (a_1 + b_1, a_2 + b_2, a_3 + b_3 \ldots)$$
und skalaren Multiplikation
$$\lambda \cdot (a_1, a_2, a_3, \ldots) = (\lambda a_1, \lambda a_2, \lambda a_3, \ldots)$$
zu einem $\mathbb{R}$-Vektorraum.

4. Für beliebiges $I \subseteq \mathbb{R}$ wird die Menge der reellen Funktionen $f : I \to \mathbb{R}$ wird mit der punktweisen Addition $(f+g)(x) = f(x) + g(x)$ und der skalaren Multiplikation $(\lambda \cdot f)(x) = \lambda \cdot f(x)$ zu einem reellen Vektorraum.
   Auch hier könnte man ohne zusätzlichen Aufwand die Menge der komplexwertigen Funktionen $f : U \to \mathbb{C}$ betrachten, die dann zu einem $\mathbb{C}$-Vektorraum wird.

5. Mit derselben Verknüpfung bildet die Menge aller Polynome $p : \mathbb{R} \to \mathbb{R}$, d.h. der Funktionen $p(x) = a_0 + a_1 x + a_2 x^2 + \ldots + a_n x^n$ mit beliebigem Grad und reellen Koeffizienten $a_0, a_1, \ldots, a_n$ ebenfalls einen reellen Vektorraum.

Aus den Vektorraumaxiomen kann man direkt einige Rechenregeln herleiten.

Satz 7.2.
Sei V ein Vektorraum über einem Körper $\mathbb{K}$. Wir nennen das neutrale Element der Addition in $\mathbb{K}$ (also die reelle oder komplexe Zahl Null) $0_\mathbb{K}$ und das neutrale Element der Vektoraddition (also den Nullvektor) 0_V. Dann gilt:

(i) $0_\mathbb{K} \cdot x = 0_V$ *für alle* $x \in V$

(ii) $\alpha \cdot 0_V = 0_V$ *für alle* $\alpha \in \mathbb{K}$

(iii) $(-1) \cdot x = -x$ *für alle* $x \in V$

(iv) *Falls* $\alpha \cdot x = 0_V$ *für ein* $\alpha \in \mathbb{K}$ *und ein* $x \in V$, *dann muss* $\alpha = 0_\mathbb{K}$ *oder* $x = 0_V$ *sein.*

Alle diese Aussagen lassen sich auf die Anwendung der Vektorraumaxiom zurückführen. Im Detail zeigen wir das hier nur für die erste und die letzte Aussage.

(i) Wenn $x \in V$ beliebig ist, dann ist
$$0_\mathbb{K} \cdot x = (0_\mathbb{K} + 0_\mathbb{K}) \cdot x = 0_\mathbb{K} \cdot x + 0_\mathbb{K} \cdot x$$

Addiert man auf beiden Seiten das inverse Element von $0_\mathbb{K} \cdot x$ erhält man sofort die Gleichung $0_\mathbb{K} \cdot x = 0_V$

(iv) Entweder es ist schon $\alpha = 0_\mathbb{K}$, dann sind wir fertig oder es ist $\alpha \neq 0_\mathbb{K}$. In diesem Fall existiert α^{-1} und wenn man die Gleichung mit α^{-1} multipliziert, ergibt sich
$$x = \alpha^{-1} \cdot \alpha \cdot x = \alpha^{-1} \cdot 0_V = 0_V$$
nach Teil (ii). □

Ab jetzt werden wir auf die Unterscheidung $0_\mathbb{K}$ und 0_V verzichten und nur noch 0 schreiben. Ob die Zahl Null oder der Nullvektor gemeint ist, ergibt sich immer aus dem Zusammenhang.
Ein Begriff, der uns immer wieder begegnen wird, ist der des Untervektorraums.

Definition.
("Unterraumkriterium")
Sei V ein Vektorraum über einem Körper $\mathbb{K}$. Eine nichtleere Teilmenge $U \subseteq V$ heißt **Untervektorraum** *oder* Unterraum, *falls*

(i) *für alle* $x, y \in U$ *auch* $x + y \in U$ *liegt und*

(ii) *für alle* $x \in U$ *und alle* $\lambda \in \mathbb{K}$ *auch* $\lambda \cdot x \in U$ *liegt.*

Die Vektoraddition und die skalare Multiplikation führen also nicht aus U heraus.
Jeder Unterraum U eines Vektorraum V ist selbst wieder ein Vektorraum, denn für jedes $y \in U$ liegt nach (ii) auch das inverse Element $-y = (-1) \cdot y$ der Vektoraddition und der Nullvektor $0_\mathbb{K} \cdot y = 0_V$ in U. Alle anderen Vektorraumaxiome werden „vererbt": sie gelten in U, weil sie schon in V gelten.
Jeder Vektorraum besitzt mindestens die beiden „trivialen" Untervektorräume $\{0\}$ und U. Von Interesse sind aber nur solche Unterräume, die wirklich „zwischen" diesen beiden extremen Unterräumen liegen.

Beispiele:

1. Betrachte $V = \mathbb{R}^3 = \{(x_1, x_2, x_3); x_1, x_2, x_3 \in \mathbb{R}\}$.
   Die Menge
   $$U = \{(x_1, x_2, x_3); x_1 = 0, x_2 = -2x_3\}$$
   ist ein Unterraum von V. Das ergibt sich aus dem Unterraumkriterium, denn wenn $(x_1, x_2, x_3), (y_1, y_2, y_3) \in U$ liegen, dann ist $x_1 = y_1 = 0$, $x_2 = -2x_3$ und $y_2 = -2y_3$. Damit ist $x_1 + y_1 = 0$ und $x_2 + y_2 = -2(x_3 + y_3)$, das heißt $(x_1 + y_1, x_2 + y_2, x_3 + y_3) \in U$. Für Teil (ii) des Unterraumkriteriums benutzen wir, dass $\lambda x_1 = 0$ und $\lambda x_2 = -2\lambda x_3$ ist. Damit ist auch $(\lambda x_1, \lambda x_2, \lambda x_3) \in U$.

2. Betrachte $V = \mathbb{C}^2 = \{(z_1, z_2); z_1, z_2 \in \mathbb{C}\}$. Die Menge $U = \{t \cdot (1 + i, -i); t \in \mathbb{C}\}$ ist ein Untervektorraum von V. Den Nachweis mit Hilfe des Unterraumkriteriums überlassen wir als kleine Übung...

3. Im Vektorraum der reellen Folgen gibt es viele Untervektorräume. Zum Beispiel sind

   $$\begin{aligned} U_1 &= \{(a_n)_{n \in \mathbb{N}}; a_1 = a_3 = a_5 = a_7 = \ldots = 0\} \\ U_2 &= \{(a_n)_{n \in \mathbb{N}}; (a_n) \text{ konvergiert}\} \\ U_3 &= \{(a_n)_{n \in \mathbb{N}}; (a_n) \text{ ist eine Nullfolge}\} \end{aligned}$$

   Untervektorräume von V. Dabei ist U_3 auch ein Untervektorraum von U_2. Man beachte, dass beispielsweise
   $$U_4 = \{(a_n)_{n \in \mathbb{N}}; \lim_{n \to \infty} a_n = 43\}$$
   kein Unterraum von V ist, weil beide Bedingungen verletzt sind. Auch die Menge der positiven Nullfolgen ist kein Untervektorraum, weil Bedingung (ii) nicht gilt.

   Ein weiterer Untervektorraum, der sogar ein Unterraum von U_3 ist, ist die Menge der *endlichen Folgen*
   $$U_5 = \{(a_n)_{n \in \mathbb{N}}; \text{ es gibt ein } N \in \mathbb{N}, \text{ so dass } a_n = 0 \text{ für } n \geq N\}$$

4. Im Vektorraum der Abbildungen $f : [0, 1] \to \mathbb{R}$ gibt es beispielsweise die Unterräume

   $$\begin{aligned} U_1 &= \{f : [0, 1] \to \mathbb{R}; f(0) = 0\}, \\ U_2 &= \{f : [0, 1] \to \mathbb{R}; f(0) = -2f(1)\} \text{ und} \\ U_3 &= \{f : [0, 1] \to \mathbb{R}; f \text{ ist stetig }\} \end{aligned}$$

   Um einzusehen, dass U_3 ein Unterraum ist, benötigen wir aus *Mathematik für Physiker 1* die Tatsache, dass die Summe stetiger Abbildungen wieder stetig ist, und dass Vielfache von stetigen Abbildungen ebenfalls stetig sind.

5. Im Vektorraum der Abbildungen $f : \mathbb{R} \to \mathbb{R}$ ist die Menge der polynomialen Abbildungen
   $$U = \{p : \mathbb{R} \to \mathbb{R}; p \text{ ist ein Polynom}\}$$
   ein Untervektorraum.

Satz 7.3.
Sei V ein Vektorraum über dem Körper $K = \mathbb{R}$ oder $\mathbb{C}$ und seien $U_1, U_2, \ldots, U_k$ Untervektorräume von V. Dann ist auch der Durchschnitt $U := U_1 \cap U_2 \cap \ldots \cap U_k$ ein Untervektorraum von V.

Beweis: Da $0 \in U_i$ ist für alle i, ist $0 \in U_1 \cap U_2 \cap \ldots \cap U_k$ und U ist somit nichtleer.
Seien $x, y \in U_1 \cap U_2 \cap \ldots \cap U_k$, d.h. $x, y \in U_i$ für alle i. Da jedes U_i selbst ein Unterraum ist, ist auch $x + y \in U_i$ und $\alpha \cdot x \in U_i$ für alle i. Damit ist aber $x + y \in U$ und $\alpha \cdot x \in U$, das Unterraumkriterium ist also erfüllt. $\square$

Wer den Beweis genauer anschaut, wird feststellen, dass an keiner Stelle benutzt wird, dass es sich um einen *endlichen* Durchschnitt handelt. Wenn man möchte, kann man also auf die gleiche Weise zeigen, dass *beliebige* Durchschnitte von Untervektorräumen wieder ein Untervektorraum sind.

Definition. *(Linearkombination)*
Sei V ein Vektorraum über $\mathbb{K} = \mathbb{R}$ oder $\mathbb{C}$ und E eine beliebige Teilmenge von V. Eine **Linearkombination** von Vektoren aus E ist eine endliche Summe der Form

$$\sum_{j=1}^n \lambda_j e_j = \lambda_1 e_1 + \lambda_2 e_2 + \ldots + \lambda_n e_n$$

mit $e_j \in E$ und $\lambda_j \in \mathbb{K}$.

Wichtig ist hierbei, dass n variieren darf und dass, falls E eine unendliche Menge ist, die Vektoren e_j nicht bei jeder Linearkombination gleich sein müssen.
Oft bildet man jedoch Linearkombinationen aus einer *endlichen* Menge $E = \{e_1, \ldots, e_n\}$ und dann kann man n sowie $e_1, \ldots, e_n$ für alle Linearkombinationen gleich lassen.

Satz 7.4.
Sei V ein $\mathbb{K}$-Vektorraum und E eine beliebige Teilmenge von V. Dann ist die Menge aller Linearkombinationen von E

$$\begin{aligned} \operatorname{span}(E) &:= \{v \in V;\ v = \lambda_1 e_1 + \ldots + \lambda_n e_n \text{ mit } e_1, \ldots, e_n \in E \text{ und } \lambda_1, \ldots, \lambda_n \in \mathbb{K}\} \\ &= \{v \in V;\ v \text{ ist Linearkombination von Vektoren aus } E\} \end{aligned}$$

*ein Untervektorraum von V, der **von E aufgespannte Unterraum** bzw. die **lineare Hülle von E**. Für $E = \emptyset$, die leere Menge, setzt man $\operatorname{span}(E) = \{0\}$.*

Beweis: Wir müssen das Unterraumkriterium anwenden. Seien also $x, y \in \operatorname{span}(E)$. Dann sind beide Vektoren Linearkombinationen von Vektoren aus E, also

$$\begin{aligned} x &= \alpha_1 e_1 + \alpha_2 e_2 + \ldots + \alpha_m e_m \\ y &= \beta_1 e_{m+1} + \beta_2 e_{m+2} + \ldots + \beta_n e_{m+n} \end{aligned}$$

wobei die Vektoren $e_1, \ldots, e_m$ und $e_{m+1}, \ldots, e_{m+n}$ nicht alle verschieden sein müssen. Dann ist aber auch

$$x + y = \alpha_1 e_1 + \alpha_2 e_2 + \ldots \alpha_m e_m + \beta_1 e_{m+1} + \beta_2 e_{m+2} + \ldots + \beta_n e_{m+n} \in \operatorname{span}(E)$$

und $\quad \lambda \cdot x = \lambda \alpha_1 e_1 + \lambda \alpha_2 e_2 + \ldots + \lambda \alpha_m e_m \in \operatorname{span}(E)$. $\square$

Man kann zeigen, dass sich span(E) auch charakterisieren lässt als der kleinste Unterraum von V, der die Menge E enthält, d.h. span(E) ist der Durchschnitt aller Unterräume von V, die E enthalten. Man beachte, dass es dabei wieder um den Durchschnitt von unendlich vielen Untervektorräumen geht.

> **Definition.** *(Erzeugendensystem)*
> *Eine Teilmenge E eines Vektorraums V heißt **Erzeugendensystem**, falls* span(E) = V *ist.*

Hier zeigt sich einer der entscheidenden Gründe, warum Vektorräume in der Mathematik eine so große Rolle spielen: Alle Elemente des Vektorraums können oft durch Linearkombinationen aus einer relativ kleinen Teilmenge dargestellt werden.

> **Beispiele:**
>
> 1. In $V = \mathbb{R}^2$ ist $E = \{\begin{pmatrix}1\\0\end{pmatrix}, \begin{pmatrix}0\\1\end{pmatrix}\}$ ein Erzeugendensystem, aber auch $\tilde{E} = \{\begin{pmatrix}1\\0\end{pmatrix}, \begin{pmatrix}0\\1\end{pmatrix}, \begin{pmatrix}5\\-3\end{pmatrix}\}$ ist ein Erzeugendensystem.
>   Etwas allgemeiner kann man sich anhand der Definition klarmachen: Falls E ein Erzeugendensystem ist und $\tilde{E} \supset E$ eine Menge ist, die E enthält, dann muss auch $\tilde{E}$ ein Erzeugendensystem sein.
>
> 2. In $V = \mathbb{C}^2$ sind $E = \{\begin{pmatrix}1\\0\end{pmatrix}, \begin{pmatrix}0\\1\end{pmatrix}\}$ und $\tilde{E} = \{\begin{pmatrix}i\\0\end{pmatrix}, \begin{pmatrix}2\\3i\end{pmatrix}\}$ Erzeugendensysteme.
>
> 3. Für den Vektorraum P aller Polynome ist $E = \{1, x, x^2, x^3, x^4, \ldots\}$ ein Erzeugendensystem, denn jedes Polynom $p(x) = a_0 + a_1 x + a_2 x^2 + \ldots + a_n x^n$ mit beliebig großem Grad $n \in \mathbb{N}$ lässt sich als eine endliche(!) Linearkombination von Funktionen aus E schreiben.
>
> 4. Wir betrachten den Vektorraum $V = \{f : \mathbb{N} \to \mathbb{R}\}$ aller reellen Folgen. Die Teilmenge $E = \bigcup_{j \in \mathbb{N}} e_j$ aller Folgen
>
> $$e_j = (0, 0, \ldots, 0, \underbrace{1}_{j\text{-te Stelle}}, 0, 0, \ldots)$$
>
>   die an genau einer Stelle eine Eins und sonst Nullen enthalten, ist *kein* Erzeugendensystem, denn *endliche(!)* Linearkombinationen solcher Folgen liefern immer nur endliche Folgen, also solche, die ab einem Glied nur noch Nullen aufweisen.
>   Die Teilmenge E ist ein Erzeugendensystem für den Untervektorraum aller *endlichen* Folgen, denn mit Linearkombinationen aus E können beliebig lange endliche Folgen dargestellt werden.
>   Es ist schwierig, für die Menge *aller* reellen Folgen ein Erzeugendensystem hinzuschreiben, das deutlich kleiner als der Vektorraum selbst ist.

Aus Mengen konnten wir in *Mathematik für Physiker 1* neue Mengen konstruieren, indem wir Vereinigungen, Durchschnitte, Differenzen und Komplemente von Mengen gebildet haben. Um aus Unterräumen neue Unterräume zu konstruieren, kann man zwar nach Satz 7.3 den Durchschnitt bilden, die Vereinigung von zwei Untervektorräumen ist jedoch im allgemeinen kein Untervektorraum mehr (außer wenn der eine Unterraum bereits eine Teilmenge des anderen Unterraums ist).
Das scheitert daran, dass die Summe von zwei Vektoren aus den beiden Untervektorräumen nicht mehr in der Vereinigungsmenge liegt. Dies sollten Sie sich selbst anhand eines möglichst einfa-

chen Beispiels klarmachen.

An die Stelle der Vereinigung tritt die Summe von Untervektorräumen:

Definition. *(Summe)*
*Sei V ein Vektorraum über einem Körper $\mathbb{K}$ und seien U, W zwei Untervektorräume von V. Dann ist die **Summe** der beiden Unterräume definiert als*

$$U + W = \{u + w \in V;\ u \in U, w \in W\}$$

die Menge aller Vektoren, die sich als Summe eines Vektors aus U und eines Vektors aus W darstellen lässt.

Definition. *(direkte Summe)*
Sei V ein Vektorraum über einem Körper $\mathbb{K}$ und seien U, W zwei Untervektorräume von V. Falls

$$U + W = V \quad \text{und} \quad U \cap W = \{0\}$$

*ist, dann nennt man V die **direkte Summe** von U und W und schreibt $V = U \oplus W$.*
*W heißt dann ein **Komplement** von U in V.*

Bemerkung: Das Komplement ist nicht eindeutig, d.h wenn U ein Untervektorraum eines Vektorraums V ist, dann gibt es im allgemeinen viele Unterräume W mit $V = U \oplus W$.
Als Übungsaufgabe dürfen Sie selbst den folgenden Satz beweisen.

Satz 7.5.
Sei $V = U \oplus W$ die direkte Summe zweier Unterräume U und W. Dann lässt sich jeder Vektor $v \in V$ auf eindeutige Weise als $v = u + w$ mit $u \in U$ und $w \in W$ schreiben.

Bemerkung: Ein Ausblick - Die Helmholtz-Zerlegung
Aus den Physikvorlesungen sind Ihnen vielleicht die *Divergenz* und *Rotation* von Vektorfeldern bereits bekannt. Dabei kann man die glatten Vektorfelder im $\mathbb{R}^3$, also die Menge aller stetig differenzierbaren Abbildungen $f : \mathbb{R}^3 \to \mathbb{R}^3$ als einen reellen Vektorraum auffassen. Weil Summen und Vielfache divergenzfreier Vektorfelder wieder divergenzfrei sind, bilden die divergenzfreien Vektorfelder einen Untervektorraum. Ganz ähnlich ist auch die Menge aller rotationsfreien Vektorfelder ein Untervektorraum im Raum aller Vektorfelder.
Ein Satz von Helmholtz besagt, dass man alle Vektorfelder im $\mathbb{R}^3$, die in radialer Richtung schnell genug abklingen, eindeutig in eine Superposition eines rotationsfreien Vektorfeldes und eines divergenzfreien Vektorfeldes zerlegen kann. Mathematisch entspricht dies der Aussage, dass der Raum dieser Vektorfelder eine direkte Summe des Unterraums der rotationsfreien Vektorfelder und des Unterraums der divergenzfreien Vektorfelder ist.
In der Physik kann man dies dann ausnutzen, weil rotationsfreie Vektorfelder ein Potential und divergenzfreie Vektorfelder ein Vektorpotential besitzen.

7.6 Basis und Dimension

Eine wichtige Größe in einem Vektorraum ist die Anzahl an Vektoren, die mindestens nötig sind, um alle anderen Vektoren als Linearkombinationen dieser „Basisvektoren" darzustellen.

Definition. *(linear unabhängig)*
Sei V ein Vektorraum über dem Körper $\mathbb{K}$. Eine Menge $E \subset V$ heißt **linear unabhängig**, falls sich der Nullvektor nur als die triviale Linearkombination aus E darstellen lässt:

$$\sum_{j=1}^{k} \alpha_j e_j = 0 \Rightarrow \alpha_1 = \alpha_2 = \ldots = \alpha_k = 0$$

E heißt linear abhängig, falls E nicht linear unabhängig ist.

Satz 7.6.
Sei V ein Vektorraum über einem Körper $\mathbb{K}$ und $E = \{e_1, e_2, \ldots, e_n\} \subset V$. Dann sind äquivalent:

(i) E ist linear unabhängig

(ii) zu jedem $v \in \text{span}(E)$ gibt es eindeutig bestimmte $\alpha_1, \alpha_2, \ldots, \alpha_n \in \mathbb{K}$ mit $\sum_{j=1}^{n} \alpha_j e_j = v$

Beweis:

„$\Rightarrow$": Sei E linear unabhängig und $v \in \text{span}(E)$. Dann gibt es mindestens eine Darstellung von v als Linearkombination von Vektoren aus E. Seien nun

$$v = \sum_{j=1}^{n} \alpha_j e_j = \sum_{j=1}^{n} \beta_j e_j$$

zwei solche Darstellungen. Dann ist

$$0 = v - v = \sum_{j=1}^{n} \alpha_j e_j - \sum_{j=1}^{n} \beta_j e_j = \sum_{j=1}^{n} (\alpha_j - \beta_j) e_j$$

Da nach Voraussetzung E linear unabhängig ist, muss also $\alpha_j = \beta_j$ sein für alle j und die beiden Darstellungen stimmen überein. Es gibt also nur eine Möglichkeit v als Linearkombination von Vektoren aus E zu schreiben.

„$\Leftarrow$": folgt direkt aus der Definition, denn $0 = \sum_{j=1}^{n} 0 \cdot e_j$ ist *eine* Möglichkeit, den Nullvektor als Linearkombination aus E darzustellen. Nach Voraussetzung lässt sich jeder Vektor eindeutig darstellen, also ist es die *einzige* Möglichkeit und E ist linear unabhängig.

$\square$

Bemerkung: Wenn E eine linear unabhängige Menge ist und $\tilde{E} \subset E$ eine Teilmenge von E, dann ist auch $\tilde{E}$ linear unabhängig.
Analog ist für eine linear abhängige Menge E und $\tilde{E} \supset E$ auch $\tilde{E}$ linear abhängig.

Beispiele:

1. Sei V ein beliebiger Vektorraum und $v \in V$ ein Vektor. Dann ist die Menge $\{v\}$ linear unabhängig genau dann, wenn v nicht der Nullvektor ist,
denn: nach Satz 7.2(iv) folgt aus $\lambda \cdot v = 0$, falls $v \neq 0$ ist sofort $\lambda \neq 0$. Anderseits ist im Fall $v = 0$ für jedes beliebige λ immer $\lambda \cdot v = 0$, d.h. die Menge $\{0\}$ ist linear abhängig.

2. In einem beliebigen $\mathbb{K}$-Vektorraum V ist die zweielementige Menge $\{v_1, v_2\}$ genau dann linear unabhängig, wenn $v_1, v_2 \neq 0$ und $v_1 \neq \lambda v_2$ für alle $\lambda \in \mathbb{K}$,
denn: Falls $v_1 = \lambda v_2$, dann ist $1 \cdot v_1 + (-\lambda)v_2 = 0$ eine nichttriviale Linearkombination des Nullvektors und $\{v_1, v_2\}$ ist eine linear abhängige Menge.
Falls umgekehrt $\{v_1, v_2\}$ linear abhängig ist, dann gibt es $\lambda_1, \lambda_2 \in \mathbb{K}$ mit

$$\lambda_1 \cdot v_1 + \lambda_2 \cdot v_2 = 0$$

wobei λ_1 und λ_2 nicht beide Null sein dürfen. Ist $\lambda_1 = 0$, dann gilt also $\lambda_2 \cdot v_2 = 0$ mit $\lambda_2 \neq 0$. Aus Satz 7.2(iv) folgt dann wieder $v_2 = 0$.
Analog ergibt sich im Fall $\lambda_2 = 0$, dass $\lambda_1 \neq 0$ und somit $v_1 = 0$ sein muss.
Falls aber $\lambda_1, \lambda_2 \neq 0$ sind, dann gilt

$$v_1 = -\lambda_1^{-1}\lambda_2 \cdot v_2$$

und v_1 ist ein Vielfaches des Vektors v_2.

3. Im Vektorraum $V = \mathbb{R}^3$ sind die drei Vektoren $(1,0,0)$, $(1,1,0)$ und $(1,1,1)$ linear unabhängig, denn aus

$$\lambda_1 \cdot (1,0,0) + \lambda_2 \cdot (1,1,0) + \lambda_3 \cdot (1,1,1) = (\lambda_1, \lambda_2, \lambda_3) = (0,0,0)$$

folgt sofort $\lambda_1 = \lambda_2 = \lambda_3 = 0$.
Fügt man noch einen weiteren Vektor hinzu, zum Beispiel $(1,2,3)$, dann erhalten wir eine linear abhängige Menge $\{(1,0,0), (1,1,0), (1,1,1), (1,2,3)\}$, denn

$$1 \cdot (1,0,0) + 1 \cdot (1,1,0) + (-3) \cdot (1,1,1) + 1 \cdot (1,2,3) = (0,0,0).$$

Definition. *(Basis)*
*Sei V ein Vektorraum. Eine Teilmenge $B \subset V$ heißt **Basis** von V, wenn B ein linear unabhängiges Erzeugendensystem von V ist, also*

- *B linear unabhängig und*
- *span$(B) = V$ ist.*

Jeder Vektor aus V lässt sich also als eine Linearkombination von Basisvektoren aus B darstellen.

Beispiele:

1. In $V = \mathbb{R}^3$ oder $V = \mathbb{C}^3$ ist die Menge $\{(1,0,0),(0,1,0),(0,0,1)\}$ eine Basis, die *Standardbasis* oder *kanonische Basis*.

2. Der Vektorraum $V = \mathbb{R}^3$ besitzt aber noch (sehr) viele weitere Basen. Die Menge $\{(1,0,0),(1,1,0),(1,1,1)\}$, von der wir bereits gezeigt hatten, dass sie linear unabhängig ist, ist nur eine davon.

3. Der Vektorraum $V = \mathbb{R}^3$ enthält den Untervektorraum
$$U = \{(x_1, x_2, x_3) \in \mathbb{R}^3;\ x_1 + x_2 = 0\}.$$
Eine Basis von U ist die Menge $\{(1,-1,0),(0,0,1)\}$.

Zur Erinnerung noch einmal:
- Wenn wir zu einem Erzeugendensystem weitere Vektoren hinzufügen, bleibt die Menge ein Erzeugendensystem.
- Wenn wir von einer linear unabhängigen Menge Vektoren wegnehmen, bleibt die Menge linear unabhängig.

Eine Basis ist nun gerade so groß, dass sie noch linear unabhängig und schon ein Erzeugendensystem ist. Man kann zeigen, dass beide Eigenschaften verloren gehen, wenn man Vektoren zu einer Basis hinzufügt bzw. wegnimmt:

Satz 7.7. *(ohne Beweis)*
Für eine Teilmenge B eines Vektorraums V sind äquivalent:

1. *B ist eine Basis*

2. *B ist ein minimales Erzeugendensystem von V, d.h. jede echte Teilmenge von B ist kein Erzeugendensystem mehr*

3. *B ist eine maximale linear unabhängige Menge, d.h. jede Menge, die außer B noch weitere Vektoren enthält, ist linear abhängig.*

Man kann auch aus jeder linear unabhängigen Menge eine Basis machen, indem man sie vergrößert und aus jedem Erzeugendensystem eine Basis machen, indem man es geeignet verkleinert. Für die Theorie von Vektorräumen wichtig ist der folgende Satz, der sich allerdings nur unter Zuhilfenahme des Zornschen Lemmas, einer Aussage aus der Mengenlehre, beweisen lässt.

Satz 7.8. *(ohne Beweis)*
Seien $F \subseteq E \subseteq V$, wobei V ein Vektorraum, E ein Erzeugendensystem von V und F eine linear unabhängige Teilmenge von V sind. Dann existiert eine Basis B von V mit $F \subseteq B \subseteq E$.

Falls E und F endliche Mengen sind, besagt dieser Satz, dass man zu den Vektoren aus F noch einige Vektoren aus E hinzunehmen kann, so dass auf diese Weise eine Basis von V entsteht. Eine direkte Folgerung ist

Satz 7.9. *(Basisergänzungssatz)*
Sei V ein Vektorraum, E ein Erzeugendensystem von V und F eine linear unabhängige Teilmenge von V. Dann kann F mit Hilfe einer Teilmenge $E' \subseteq E$ zu einer Basis $B = F \cup E'$ ergänzt werden.

Beweis: Dies ist eine Konsequenz des vorigen Satzes. Mit E ist nämlich auch $F \cup E$ ein Erzeugendensystem von V. Es gibt also eine Basis B mit $F \subseteq B \subseteq F \cup E$. Damit ist $E' = B \setminus F \subseteq E$ bzw. $B = F \cup E'$. □

Betrachtet man die beiden extremen Spezialfälle $F = \emptyset$ und $E = V$ ergeben sich aus dem Basisergänzungssatz noch zwei Folgerungen:

Satz 7.10.
Sei V ein Vektorraum.

(i) *Jede linear unabhängige Teilmenge von V kann durch Hinzunahme weiterer Vektoren zu einer Basis ergänzt werden.*

(ii) *Jedes Erzeugendensystem von V besitzt eine Teilmenge, die eine Basis von V ist*

Hierbei handelt es sich um reine *Existenzsätze*. Sie besagen, dass es irgendeine Basis geben muss, geben aber keine Methode an, wie man eine Basis konstruktiv bestimmen kann. In der Tat gibt es sehr viele Vektorräume der Analysis wie beispielsweise $C^0([0,1])$, für die man keine explizite Basis angeben kann. Trotzdem gilt:

Satz 7.11. *(ohne Beweis)*
Jeder Vektorraum besitzt eine Basis.

Für uns, die wir hauptsächlich mit konkreten Vektorräumen zu tun haben, ist dieser Satz nicht ganz so wichtig, denn bei den Vektorräumen $\mathbb{R}^n$ oder $\mathbb{C}^n$ können wir explizit eine Basis angeben, und in den komplizierteren Vektorräumen, in denen man keine konkrete Basis kennt, werden wir in aller Regel auch nicht mit Basen arbeiten.
Wir werden uns nun auf Vektorräume konzentrieren, die ein endliches Erzeugendensystem besitzen.

Definition. *(endlich erzeugt)*
*Sei V ein Vektorraum, der eine endliche Menge $E = \{v_1, v_2, \ldots, v_k\}$ als Erzeugendensystem besitzt. Dann nennt man V **endlich erzeugt**.*

Ein Vektorraum besitzt im allgemeinen unendlich viele verschiedene Basen. In einem endlich erzeugten Vektorraum ist jedoch die Anzahl der Basisvektoren immer gleich. Das wollen wir als Nächstes zeigen.

Satz 7.12. *(Austauschlemma)*
Sei $\{b_1, \ldots, b_n\}$ eine Basis von V und
$$v = \lambda_1 b_1 + \ldots + \lambda_k b_k + \ldots + \lambda_n b_n \text{ mit } \lambda_k \neq 0.$$
Dann ist auch $\{b_1, \ldots, b_{k-1}, v, b_{k+1}, \ldots b_n\}$ eine Basis von V, man kann also b_k durch den Vektor v ersetzen.

Beweis: Fasst man die Darstellung von v als eine Gleichung für b_k auf, ergibt sich
$$b_k = v - \lambda_k^{-1}(\lambda_1 b_1 + \ldots + \lambda_{k-1} b_{k-1} + \lambda_{k+1} b_{k+1} + \ldots + \lambda_n b_n),$$
also ist $b_k \in \text{span}(b_1, \ldots, b_{k-1}, v, b_{k+1}, \ldots, b_n)$. Daher bilden diese Vektoren ein Erzeugendensystem von V. Man kann noch nachprüfen, dass sie auch linear unabhängig sind: Falls
$$\mu_1 b_1 + \mu_2 b_2 + \ldots + \mu_{k-1} b_{k-1} + \mu v + \mu_{k+1} b_{k+1} + \ldots + \mu_n b_n = 0$$
und man die Darstellung von $v = \sum_{j=1}^{n} \lambda_j b_j$ einsetzt, führt dies auf
$$(\mu_1 + \mu \lambda_1) b_1 + \ldots + (\mu_{k-1} + \mu \lambda_{k-1}) b_{k-1} + \mu \lambda_k b_k + (\mu_{k+1} + \mu \lambda_{k+1}) b_{k+1} + \ldots + (\mu_n + \mu \lambda_n) b_n = 0$$
Nach Voraussetzung ist $\lambda_k \neq 0$, wir dürfen also mit λ_k^{-1} multiplizieren und erhalten
$$\mu b_k + \lambda_k^{-1}((\mu_1 + \mu \lambda_1) b_1 + (\mu_2 + \mu \lambda_2) b_2 + \ldots + (\mu_n + \mu \lambda_n) b_n) = 0$$
Weil die Menge $\{b_1, \ldots, b_n\}$ linear unabhängig ist, ist zunächst $\mu = 0$ und daraus folgt dann auch $\mu_1 = \mu_2 = \ldots = \mu_{k-1} = \mu_{k+1} = \ldots = \mu_n$.
$\square$

Eine Konsequenz daraus ist

Satz 7.13. *(Austauschsatz von Steinitz)*
Ist $\{b_1, \ldots, b_n\}$ eine Basis von V und sind $a_1, \ldots, a_k \in V$ linear unabhängige Vektoren, dann ist $k \leq n$ und man kann die Vektoren $\{b_1, \ldots, b_n\}$ so umsortieren, dass $\{a_1, \ldots, a_k, b_{k+1}, \ldots, b_n\}$ eine Basis von V ist.

Beweis: Zunächst ist $a_1 \neq 0$, weil $\{a_1, \ldots, a_k\}$ linear unabhängig sind und daher gibt es eine nichttriviale Linearkombination
$$a_1 = \lambda_1 b_1 + \ldots + \lambda_n b_n.$$
Man darf nach Umsortieren der $b_1, \ldots, b_n$ annehmen, dass $\lambda_1 \neq 0$ ist. Nach dem Austauschlemma 7.12 ist dann $\{a_1, b_2, \ldots, b_n\}$ eine Basis. Daher kann man a_2 darstellen als
$$a_2 = \mu_1 a_1 + \mu_2 b_2 + \ldots + \mu_n b_n.$$
Aus $\mu_2 = 0, \ldots, \mu_n = 0$ würde $a_2 = \mu_1 a_1$ folgen; dann wären $a_1, a_2, \ldots, a_k$ aber linear abhängig. Mindestens einer der Koeffizienten $\mu_2, \ldots, \mu_n$ muss daher von Null verschieden sein. Nach Umsortieren der Vektoren $b_2, \ldots, b_n$ dürfen wir $\mu_2 \neq 0$ annehmen. Nach dem Austauschlemma 7.12 ist auch $\{a_1, a_2, b_3, \ldots, b_n\}$ eine Basis.
Falls $k \leq n$ ist, dann ergibt sich die Behauptung, indem man dieses Verfahren weiter fortsetzt bis die ersten k Vektoren ausgetauscht sind. Der Fall $k > n$ kann nicht eintreten, denn nachdem n Vektoren ausgetauscht sind, lässt sich a_k als Linearkombination dieser Vektoren darstellen. Die Menge $\{a_1, \ldots, a_k\}$ ist daher linear abhängig. □

Eine Folgerung aus dem vorhergehenden Satz ist, dass je zwei Basen eines Vektorraums die gleiche Anzahl von Elementen haben müssen:

Satz 7.14. *(Invarianz der Dimension)*
Sind $\{b_1, \ldots, b_n\}$ und $\{\tilde{b}_1, \ldots, \tilde{b}_m\}$ zwei Basen von V, dann ist $n = m$.

Beweisidee: Sei beispielsweise $m > n$. Dann könnte man nach dem Austauschsatz von Steinitz die Vektoren $\tilde{b}_1, \ldots, \tilde{b}_m$ so umsortieren, dass $\{b_1, \ldots, b_n, \tilde{b}_{n+1}, \ldots, \tilde{b}_m\}$ eine Basis von V wäre, insbesondere ein Erzeugendensystem von V. Weil eine Basis aber ein *minimales* Erzeugendensystem ist, kann dann die kleinere Menge $\{b_1, \ldots, b_n\}$ nicht ebenfalls ein Erzeugendensystem sein und erst recht keine Basis von V. Dies ist ein Widerspruch zur Annahme, damit ist die Annahme $m > n$ widerlegt. □

Dieser Satz rechtfertigt die folgende

Definition. *(Dimension)*
Sei V ein endlich erzeugter Vektorraum und $B = \{b_1, \ldots, b_n\}$ eine Basis von V. Dann heißt
$$\dim V = |B| = n$$
*die **Dimension** von V. Falls V kein endliches Erzeugendensystem (und damit auch keine endliche Basis) besitzt, dann heißt V unendlich dimensionaler Vektorraum und wir schreiben $\dim V = \infty$.*

Beispiele:

1. Der kleinste Vektorraum besteht nur aus dem Nullvektor: $V = \{0\}$. Die leere Menge ist eine Basis dieses Vektorraums, also ist $\dim V = 0$.

2. Für $V = \mathbb{R}^n$ ist $\dim V = n$, denn $B = \{e_1, \ldots, e_n\}$ mit $e_j = (0, \ldots, 0, \underbrace{1}_{\text{j-te Stelle}}, 0, \ldots, 0)$ ist eine Basis, die sogenannte *kanonische Basis* oder *Standardbasis*.

3. Gleiches gilt für $V = \mathbb{C}^n$

4. Der Raum aller reellen Folgen ist ein unendlich dimensionaler Vektorraum, denn die Folgen $e_j = (0, 0, \ldots, 0, \underbrace{1}_{\text{j-te Stelle}}, 0, \ldots)$ bilden eine unendliche, linear unabhängige Menge. Diese kann nach dem Basisergänzungssatz zu einer Basis gemacht werden, indem weitere Folgen hinzukommen. Dadurch sind es natürlich immer noch unendlich viele Folgen und der Vektorraum ist nicht endlich erzeugt.

Dieselben Argumente aus dem Basisergänzungssatz angewandt auf endlich dimensionale Vektorräume zeigen den folgenden

Satz 7.15.
Sei V ein Vektorraum mit $\dim V = n$. Dann gilt:

(i) Ist $F \subset V$ eine linear unabhängige Menge, so ist $|F| \leq n$.

(ii) Ist E ein Erzeugendensystem von V, dann ist $|E| \geq n$.

(iii) Eine linear unabhängige Menge F mit $|F| = n$ ist eine Basis.
Ein Erzeugendensystem E mit $|E| = n$ ist eine Basis.

Beweisidee: Ein Erzeugendensystem kann man zu einer Basis machen, indem man es verkleinert, also muss es mindestens so viele Vektoren enthalten, wie eine Basis. Wenn ein Erzeugendensystem n Vektoren enthält, dann ist es minimal, da keine Menge mit weniger als n Elementen eine Basis sein kann. Damit ist ein Erzeugendensystem mit n Vektoren automatisch eine Basis.
Die Argumente für linear unabhängige Mengen sind sinngemäß dieselben: Da F sich zu einer Basis erweitern lässt, kann die Menge F höchstens $\dim V$ Elemente enthalten. Ist $|F| = n$, dann ist F bereits eine Basis, da keine Menge mit mehr als n Elementen eine Basis sein kann. □

7.7 Die Dimensionsformel für Untervektorräume

Beim Abzählen von Elementen in endlichen Mengen A und B stößt man schnell auf die Formel

$$|A \cup B| = |A| + |B| - |A \cap B|$$

in Worten: Die Anzahl der Elemente von $A \cup B$ erhält man, indem man die Anzahl der Elemente von A und von B addiert und anschließend die doppelt gezählten Elemente (das sind gerade diejenigen aus $A \cap B$) wieder abzieht.
Einen ähnlichen Zusammenhang gibt es zwischen den Dimensionen verschiedener Unterräume eines Vektorraums. Wie schon früher im Kapitel ist es nicht sinnvoll, die Vereinigung von Unterräumen zu betrachten, da diese im allgemeinen kein Unterraum mehr ist, sondern an die Stelle der Vereinigung tritt wieder die Summe von Unterräumen.

Satz 7.16. *(Dimensionsformel für Untervektorräume)*
Sei W ein Vektorraum über einem Körper $\mathbb{K}$ und U, V seien zwei endlich-dimensionale Untervektorräume von W. Dann gilt die Dimensionsformel

$$\dim(U + V) = \dim U + \dim V - \dim(U \cap V)$$

In Anlehnung an das Beispiel der Mengen oben, werden hier die „linear unabhängigen Richtungen" in den verschiedenen Unterräumen gezählt. Die Anzahl der „verschiedenen" Richtungen in der Summe $U + V$ ist die Summe der Richtungen aus U und der Richtungen aus V minus der gemeinsamen Richtungen, d.h. der Dimension von $U \cap V$.
Nun aber zum **Beweis der Dimensionsformel**:
Wir benutzen die folgende Hierarchie von Untervektorräumen

$$\begin{array}{ccc} & U+V & \\ \subseteq & & \supseteq \\ U & & V \\ \supseteq & & \subseteq \\ & U \cap V & \end{array}$$

und beginnen mit dem kleinsten Unterraum $U \cap V$.
Dieser besitzt eine Basis $B_d = \{b_1, b_2, \ldots, b_r\}$, die sich nach Satz 7.9 zu einer Basis

$$B_1 = \{b_1, b_2, \ldots, b_r, x_1, \ldots, x_n\}$$

von U ergänzen lässt. Genauso kann man B_d als linear unabhängige Teilmenge von V auffassen und sie ebenfalls nach Satz 7.9 zu einer Basis

$$B_2 = \{b_1, b_2, \ldots, b_r, y_1, \ldots, y_m\}$$

von V erweitern. Da jeder Vektor aus U sich als Linearkombination aus B_1 und jeder Vektor aus V sich als Linearkombination aus B_2 darstellen lässt, ist $B_1 \cup B_2$ ein Erzeugendensystem von $U + V$. Wir zeigen nun, dass $B_1 \cup B_2$ sogar eine Basis von $U + V$ ist, d.h. dass $B_1 \cup B_2$ linear unabhängig ist. Dazu betrachten wir eine Linearkombination

$$\lambda_1 b_1 + \lambda_2 b_2 + \ldots \lambda_r b_r + \mu_1 x_1 + \ldots + \mu_n x_n + \nu_1 y_1 + \ldots + \nu_m y_m = 0$$

und versuchen zu beweisen, dass dann $\lambda_1 = \ldots = \lambda_r = \mu_1 = \ldots = \mu_n = \nu_1 = \ldots = \nu_m = 0$ sein muss. Zunächst schreiben wir diese Summe nur geringfügig um:

$$\underbrace{\lambda_1 b_1 + \lambda_2 b_2 + \ldots \lambda_r b_r}_{\in U \cap V} + \underbrace{\mu_1 x_1 + \ldots + \mu_n x_n}_{\in U} = \underbrace{-\nu_1 y_1 - \ldots - \nu_m y_m}_{\in V} \qquad (*)$$

und bemerken, dass auf der linken Seite ein Vektor aus U steht. Der Vektor auf der rechten Seite muss also in $U \cap V$ liegen und lässt sich daher als eine Linearkombination von $\{b_1, \ldots, b_r\}$ darstellen:

$$-\nu_1 y_1 - \ldots - \nu_m y_m = \tilde{\lambda}_1 b_1 + \ldots + \tilde{\lambda}_r b_r.$$

Bringt man wieder alles auf eine Seite und nutzt aus, dass B_2 linear unabhängig ist, so folgt aus

$$\nu_1 y_1 + \ldots + \nu_m y_m + \tilde{\lambda}_1 b_1 + \ldots + \tilde{\lambda}_r b_r = 0$$

direkt $\nu_1 = \ldots = \nu_m = \tilde{\lambda}_1 = \ldots = \tilde{\lambda}_r = 0$. Damit wird aus $(*)$

$$\underbrace{\lambda_1 b_1 + \lambda_2 b_2 + \ldots \lambda_r b_r}_{\in U \cap V} + \underbrace{\mu_1 x_1 + \ldots + \mu_n x_n}_{\in U} = 0$$

und wegen der linearen Unabhängigkeit von B_1 ist auch $\lambda_1 = \ldots = \lambda_r = \mu_1 = \ldots = \mu_n = 0$ und die lineare Unabhängigkeit von $B_1 \cup B_2$ ist gezeigt.

Nun haben wir Basen von allen beteiligten Unterräumen und durch pures Abzählen erhalten wir die Dimensionen

$$\begin{aligned} \dim(U \cap V) &= |B_d| = r \\ \dim U &= |B_1| = r + n \\ \dim V &= |B_2| = r + m \\ \dim(U + V) &= |B_1 \cup B_2| = r + m + n \end{aligned}$$

aus denen sich die Dimensionsformel dann direkt ergibt. □

Satz 7.17.
Sei $W = U \oplus V$ die direkte Summe zweier endlich-dimensionaler Unterräume U und V. Dann gilt

$$\dim W = \dim U + \dim V.$$

Beweis: Die Tatsache, dass W direkte Summe von U und V ist, bedeutet einerseits $W = U + V$, also $\dim W = \dim(U + V)$ und andererseits $U \cap V = \{0\}$, d.h. $\dim(U \cap V) = 0$. □

Nach diesem Kapitel sollten Sie

... lineare Gleichungssysteme mit dem Gauß-Verfahren lösen können

... erklären können, was die Zeilenstufenform einer Matrix ist

... wissen, was (in der Mathematik) eine Gruppe ist

... die Definition eines Vektorraums wiedergeben können

... wissen, was ein Untervektorraum ist und in konkreten Beispielen untersuchen können, ob eine Teilmenge eines Vektorraums ein Unterraum ist

... wissen, wie die Summe zweier Untervektorräume gebildet wird und was eine direkte Summe von Untervektorräumen auszeichnet

... die Begriffe linear unabhängig, Erzeugendensystem und Basis erklären können und wissen, wie sie miteinander zusammenhängen

... den Basisergänzungssatz wiedergeben können

... wissen, was die Dimension eines Vektorraums ist

... einen vom $\mathbb{R}^n$ bzw. $\mathbb{C}^n$ verschiedenen n-dimensionalen Vektorraum angeben können

... einen unendlich-dimensionalen Vektorraum kennen und

... die Dimensionsformel für Untervektorräume angeben und in konkreten Situationen anwenden können

Aufgaben zu Kapitel 7

1. Wenn man die Partialbruchzerlegung für ein Integral der Form $\int \frac{ax+b}{(x-c)(x-d)}\,dx$ durchführt und die Nullstellen c und d des Nennerpolynoms reell und verschieden sind, dann erhält man aus dem Ansatz
   $$\frac{ax+b}{(x-c)(x-d)} = \frac{A}{x-c} + \frac{B}{x-d}$$
   ein lineares Gleichungssystem für die Koeffizienten A und B. Zeigen Sie, dass dieses immer eine eindeutige Lösung besitzt.
   Untersuchen Sie auch den Ansatz
   $$\frac{ax+b}{(x-c)^2} = \frac{A}{x-c} + \frac{B}{(x-c)^2}$$
   für den Fall einer doppelten Nullstelle.

2. Finden Sie ein Polynom p dritten Grades, das die Bedingungen
   $$p(1) = 2, \quad p'(1) = 17, \quad p(-1) = -4 \quad \text{und} \quad p'(-1) = -3$$
   erfüllt.

3. Jemand behauptet: „*Jedes lineare Gleichungssystem, das gleich viele Unbekannte wie Gleichungen besitzt, hat eine eindeutige Lösung. Jedes lineare Gleichungssystem mit mehr Unbekannten als Gleichungen hat unendlich viele Lösungen und jedes lineare Gleichungssystem mit mehr Gleichungen als Unbekannten besitzt überhaupt keine Lösung.*"
   Zeigen Sie durch Gegenbeispiele, dass alle drei Regeln falsch sind.
   Beschreiben Sie außerdem in Worten, was das Besondere an Ihren Gegenbeispielen ist und wie man noch mehr Gegenbeispiele konstruieren könnte.

4. Berechnen Sie für mindestens fünf verschiedene Vektoren $x = \begin{pmatrix} x_1 \\ x_2 \end{pmatrix} \in \mathbb{R}^2$ und die Matrix
   $$A = \begin{pmatrix} 1 & 2 \\ 0 & 1 \end{pmatrix}$$
   das Produkt $y = Ax$ und zeichnen Sie die entsprechenden Vektoren in ein Koordinatensystem ein.
   Wie kann man die Abbildung $x \mapsto Ax$ geometrisch beschreiben?
   Finden Sie anschaulich die 2×2-Matrix B, die umgekehrt den Vektor y auf den Vektor x abbildet, d.h. $x = By$.
   Was ändert sich, wenn man in der Matrix A die 2 durch eine andere Zahl ersetzt.

5. Wir betrachten $V = \{\begin{pmatrix} x_1 \\ x_2 \end{pmatrix}; x_1, x_2 \in \mathbb{R}\}$ mit der Addition $\begin{pmatrix} u_1 \\ u_2 \end{pmatrix} + \begin{pmatrix} v_1 \\ v_2 \end{pmatrix} = \begin{pmatrix} u_1 + v_1 \\ u_2 + v_2 \end{pmatrix}$.

   (a) Wird V mit der skalaren Multiplikation $\lambda \cdot \begin{pmatrix} u_1 \\ u_2 \end{pmatrix} = \begin{pmatrix} -\lambda u_1 \\ -\lambda u_2 \end{pmatrix}$ zu einem Vektorraum?

   (b) Wird V mit der skalaren Multiplikation $\lambda \cdot \begin{pmatrix} u_1 \\ u_2 \end{pmatrix} = \begin{pmatrix} \lambda u_1 \\ 0 \end{pmatrix}$ zu einem Vektorraum?

   (c) Wird V mit der skalaren Multiplikation $\lambda \cdot \begin{pmatrix} u_1 \\ u_2 \end{pmatrix} = \begin{pmatrix} \lambda u_2 \\ \lambda u_1 \end{pmatrix}$ zu einem Vektorraum?

6. Zeigen Sie dass die Menge

$$\ell^2 = \{(a_1, a_2, a_3, \ldots);\ \sum_{k=1}^{\infty} a_k^2 < \infty\}$$

der quadratsummierbaren Folgen einen reellen Vektorraum bilden.
Beachten Sie, dass es nicht offensichtlich ist, dass die Summe von zwei quadratsummierbaren Folgen ebenfalls quadratsummierbar ist.

7. Welche der folgenden Mengen U_i sind Untervektorräume der Vektorräume V_i ?
   (i) $V_1 = \mathbb{R}^2$, $U_1 = \{(x_1, x_2) \in \mathbb{R}^2;\ 3x_1 - 5x_2 = 7\}$
   (ii) $V_2 = \mathbb{C}^3$, $U_2 = \{(z_1, z_2, z_3) \in \mathbb{C}^3;\ 20z_1 - 17z_2 + 2017z_3 = 0\}$
   (iii) $V_3 = \mathbb{R}^2$, $U_3 = \{(x_1, x_2) \in \mathbb{R}^3;\ x_1 - x_2 \geq 0\}$
   (iv) $V_4 = C^0([0,1], \mathbb{R})$, $U_4 = \{f \in C^0([0,1], \mathbb{R});\ \int_0^1 x^3 f(x)\, \mathrm{d}x = 0\}$

8. Sei V ein Vektorraum und U, W seien Untervektorräume von V.
   (a) Zeigen Sie, dass die *Summe* $U + W = \{v \in V;\ v = u + w \text{ mit } u \in U \text{ und } w \in W\}$ ein Untervektorraum von V ist.
   (b) Falls $U \cap W = \{0\}$ ist, dann schreibt man statt $U + W$ meist $U \oplus W$ und nennt dies die *direkte Summe* von U und W.
   Zeigen Sie, dass V genau dann die direkte Summe von U und W ist, falls sich jeder Vektor $v \in V$ auf eindeutige Weise als $v = u + w$ mit $u \in U$ und $w \in W$ schreiben lässt.

9. Sei V ein Vektorraum über dem Körper $\mathbb{K}$.
   (i) Zeigen Sie: Für $M_1, M_2 \subset V$ gilt $\mathrm{span}(M_1 \cup M_2) = \mathrm{span}(M_1) + \mathrm{span}(M_2)$.
   (ii) Zeigen Sie durch ein Gegenbeispiel:
   Für $M_1, M_2 \subset V$ ist im allgemeinen $\mathrm{span}(M_1 \cap M_2) \neq \mathrm{span}(M_1) \cap \mathrm{span}(M_2)$.

10. (a) Zeigen Sie, dass die Vektoren $\begin{pmatrix} -1 \\ 0 \\ 2 \\ 3 \end{pmatrix}, \begin{pmatrix} 1 \\ 4 \\ -1 \\ 2 \end{pmatrix}$ und $\begin{pmatrix} 2 \\ -3 \\ 1 \\ 0 \end{pmatrix}$ im $\mathbb{R}^4$ linear unabhängig sind.

    (b) Zeigen Sie, dass die Vektoren $\begin{pmatrix} -250 \\ 0 \\ 373 \end{pmatrix}, \begin{pmatrix} 507 \\ 100 \\ 432 \end{pmatrix}$ und $\begin{pmatrix} 2647 \\ 100 \\ -177 \end{pmatrix}$ im $\mathbb{R}^3$ linear unabhängig sind (mit möglichst wenig Aufwand natürlich...).

    (c) Zeigen Sie, dass die Funktionen $f_1(x) = x$, $f_2(x) = x + 1$ und $f_3(x) = |x|$ im Vektorraum $C^0(\mathbb{R})$ der stetigen Funktionen linear unabhängig sind.

11. Sei P_3 der Vektorraum der Polynome vom Grad kleiner oder gleich 3.
    Geben Sie eine Basis von P_3 an und bestimmen Sie die Dimension von P_3.
    Machen Sie sich klar, dass
    $$W = \{p \in P_3;\ p(2) = p(0)\}$$
    ein Untervektorraum des Vektorraumes P_3 ist und geben Sie (natürlich mit Begründung!) eine Basis von W an.

12. Sei $n \geq 3$. Bestimmen Sie die Dimension der folgenden Untervektorräume von $\mathbb{C}^n$. Dass es sich dabei tatsächlich um Untervektorräume handelt, müssen Sie nicht zeigen.

    (i) $W_1 := \{(z_1, z_2, \ldots, z_n) \in \mathbb{C}^n;\ z_1 = z_2 = z_3\}$.

    (ii) $W_2 := \{(z_1, z_2, \ldots, z_n) \in \mathbb{C}^n;\ z_1 + \cdots + z_n = 0\}$

    (iii) $W_1 \cap W_2$ und (iv) $W_1 + W_2$

13. Sei $U = \{x \in \mathbb{R}^4;\ x_1 + 2x_3 = x_2 + 3x_4\}$. Geben Sie eine Basis des Unterraums U an und bestimmen Sie ein Komplement von U in $\mathbb{R}^4$.

14. Seien U und V Untervektorräume des Vektorraums $\mathbb{R}^4$ mit der Dimension $\dim U = 3$ und $\dim V = 2$. Welche Werte kann die Dimension $\dim (U \cap V)$ annehmen? Geben Sie für jeden der möglichen Fälle ein konkretes Beispiel für U und V an und begründen Sie kurz, warum andere Werte nicht vorkommen können.

15. Sei V ein reeller Vektorraum. Wir setzen $V_\mathbb{C} = \{(x, y);\ x, y \in V\}$ und definieren die Vektoraddition in $V_\mathbb{C}$ durch
$$(x, y) + (\tilde{x}, \tilde{y}) = (x + \tilde{x}, y + \tilde{y})$$
und die skalare Multiplikation mit $\lambda = \alpha + \beta i \in \mathbb{C}$ durch
$$(\alpha + \beta i) \cdot (x, y) = (\alpha x - \beta y, \alpha y + \beta x).$$
Zeigen Sie, dass $V_\mathbb{C}$ auf diese Weise zu einem Vektorraum über $\mathbb{C}$ wird.
Man nennt $V_\mathbb{C}$ die *Komplexifizierung* von V.

8 Lineare Abbildungen

8.1 Grundlegende Definitionen

Definition. *(lineare Abbildung)*
Seien V, W zwei Vektorräume über demselben Körper $\mathbb{K}$.
*Eine Abbildung $f : V \to W$ heißt **lineare Abbildung**, falls*

(i) $f(x + y) = f(x) + f(y)$ *für alle $x, y \in V$ und*

(ii) $f(\lambda \cdot x) = \lambda \cdot f(x)$ *für alle $x \in V$ und alle $\lambda \in \mathbb{K}$.*

Bemerkungen:

1. Falls f eine lineare Abbildung ist, dann muss $f(0) = 0$ sein, d.h. der Nullvektor von V wird auf den Nullvektor von W abgebildet. Dies folgt aus der kurzen Rechnung

$$f(0) = f(0 + 0) = f(0) + f(0).$$

   Diese Eigenschaft lässt sich gelegentlich nutzen, um schnell zu erkennen, dass eine Abbildung *nicht* linear ist.

2. Falls der Vektorraum V (oder beide Vektorräume V und W) unendlich-dimensional sind, dann nennt man lineare Abbildungen oft auch *Operatoren*. So werden in der Quantenmechanik Objekte durch Funktionen („Wellenfunktionen") beschrieben, die Elemente eines Vektorraums sind und die Operatoren ordnen diesen Funktionen einen quantenmechanischen Impuls, Drehimpuls etc. zu.

3. Die Linearität von Abbildungen entspricht in manchen Situationen dem Superpositionsprinzip aus der Physik.

Beispiele:

1. Seien V, W beliebige Vektorräume. Die *Nullabbildung*, die jeden Vektor aus V auf den Nullvektor von W abbildet ist eine lineare Abbildung (aber nicht besonders interessant).

2. Sei $V = \mathbb{R}^n$ und A eine $m \times n$-Matrix. Dann wird durch die Matrix-Vektor-Multiplikation eine Abbildung $f : \mathbb{R}^n \to \mathbb{R}^m$ definiert, indem einem Vektor $x \in \mathbb{R}^n$ der Vektor $Ax \in \mathbb{R}^m$ zugeordnet wird.

   Konkret ist zum Beispiel für $n = 3$, $m = 2$ und $A = \begin{pmatrix} 1 & -2 & 3 \\ 0 & 4 & -7 \end{pmatrix}$ diese Abbildung

$$f(x) = Ax = \begin{pmatrix} 1 & -2 & 3 \\ 0 & 4 & -7 \end{pmatrix} \begin{pmatrix} x_1 \\ x_2 \\ x_3 \end{pmatrix} = \begin{pmatrix} x_1 - 2x_2 + 3x_3 \\ 4x_2 - 7x_3 \end{pmatrix}.$$

   Man beachte, dass die Spalten der Matrix A gerade die Bilder der Standard-Basisvektoren $e_1 = \begin{pmatrix} 1 \\ 0 \\ 0 \end{pmatrix}$, $e_2 = \begin{pmatrix} 0 \\ 1 \\ 0 \end{pmatrix}$ und $e_3 = \begin{pmatrix} 0 \\ 0 \\ 1 \end{pmatrix}$ unter A enthalten.

3. Sei $V = \mathbb{R}^n$. Die Abbildung $\pi_j : \mathbb{R}^n \to \mathbb{R}$ mit $\pi_j(x_1, x_2, \ldots, x_n) = x_j$ ist linear, denn für $x = (x_1, x_2, \ldots, x_n)$ und $y = (y_1, y_2, \ldots, y_n)$ ist

$$\pi_j(x+y) = \pi_j(x_1 + y_1, x_2 + y_2, \ldots, x_n + y_n) = x_j + y_j = \pi_j(x) + \pi_j(y)$$
$$\pi_j(\alpha \cdot x) = \pi_j(\alpha x_1, \alpha x_2, \ldots, \alpha x_n) = \alpha x_j = \alpha \pi_j(x)$$

Die Abbildungen π_j heißen die *Projektionen* auf die j-te Komponente des Vektors.

4. Projektionen lassen sich auch ohne die explizite Darstellung eines Vektors als n-Tupel definieren, also *koordinatenfrei*.

Sei dazu $W = U \oplus V$ die direkte Summe der zwei Unterräume U und V. Jedes $x \in W$ besitzt also eine eindeutige Zerlegung $x = x_U + x_V$ mit $x_U \in U$ und $x_V \in V$ (siehe Übungsaufgabe zu Kapitel 7).

Definiert man nun die Abbildung $\pi_U : W \to U$ dadurch, dass dem Vektor $x \in W$ der Vektor $x_U \in U$ zugeordnet wird, dann erhält man ebenfalls eine lineare Abbildung, die *Projektion auf den Unterraum U*. Man beachte, dass die Abbildung nicht allein von U, sondern auch vom gewählten Komplement V abhängt.

Um die Linearität zu verifizieren seien $x = x_U + x_V$ und $y = y_U + y_V$ aus W gegeben. Dann ist

$$x + y = x_U + x_V + y_U + y_V = \underbrace{(x_U + y_U)}_{\in U} + \underbrace{(x_V + y_V)}_{\in V}$$

die eindeutige Zerlegung von $x + y$ und somit $\pi_U(x+y) = x_U + y_U = \pi_U(x) + \pi_U(y)$. Ganz genauso ist

$$\lambda \cdot x = \lambda(x_U + x_V) = \underbrace{(\lambda x_U)}_{\in U} + \underbrace{(\lambda x_V)}_{\in V}$$

die eindeutige Zerlegung des Vektors λx. Daher ist $\pi_U(\lambda x) = \lambda x_U = \lambda \pi_U(x)$.

5. Sei $V = C^1(\mathbb{R}, \mathbb{R})$ der Vektorraum der stetig differenzierbaren Funktionen, d.h. der differenzierbaren Funktionen, deren Ableitung eine stetige Funktion ist. Dann ist die Abbildung $D : C^1(\mathbb{R}, \mathbb{R}) \to C^0(\mathbb{R}, \mathbb{R})$ mit $Df = f'$, die jeder Funktion ihre Ableitung zuordnet eine lineare Abbildung. Die Linearität gehörte mit zu den Rechenregeln für Ableitungen, die wir in *Mathematik für Physiker 1* bewiesen haben. D wird auch als *Differentialoperator* bezeichnet.

6. Sei $V = C^0([0,1], \mathbb{R})$ der Vektorraum der stetigen Funktionen $f : [0,1] \to \mathbb{R}$, dann ist wegen der Eigenschaften des Integrals aus *Mathematik für Physiker 1* die Abbildung $I : C^0([0,1], \mathbb{R}) \to \mathbb{R}$ mit

$$I(f) = \int_0^1 f(t)\, dt$$

eine lineare Abbildung.

Bemerkung: Als direkte Folgerung aus der Definition der Linearität kann man leicht zeigen, dass die Hintereinanderausführung von zwei linearen Abbildungen selbst wieder eine lineare Abbildung ist, d.h. es gilt:
Sind U, V und W drei Vektorräume über $\mathbb{K} = \mathbb{R}$ oder $\mathbb{C}$ und $f : U \to V$ sowie $g : V \to W$ lineare Abbildungen, dann ist auch die Verkettung $g \circ f : U \to W$ eine lineare Abbildung.

Satz 8.1.
Sei $f : V \to W$ eine lineare Abbildung zwischen zwei $\mathbb{K}$-Vektorräumen V und W.
Dann sind die beiden Mengen

$$\begin{aligned} \mathrm{Kern}(f) &= \{v \in V;\ f(v) = 0\} \subseteq V \quad \text{und} \\ \mathrm{Bild}(f) &= \{w \in W;\ w = f(v)\ \text{für ein}\ v \in V\} \subseteq W \end{aligned}$$

Untervektorräume von V bzw. von W.

Dieser Satz ergibt sich aus dem folgenden, allgemeineren Satz, indem man $U = V$ bzw. $Z = \{0\}$ wählt.

Satz 8.2.
Seien V, W zwei $\mathbb{K}$-Vektorräume und $f : V \to W$ eine lineare Abbildung.

(i) *Ist $U \subseteq V$ ein Untervektorraum von V, dann ist $f(U) \subseteq W$ ein Untervektorraum von W.*

(ii) *Ist $Z \subseteq W$ ein Untervektorraum von W, dann ist das Urbild $f^{-1}(Z) \subseteq V$ ein Untervektorraum von V.*

Beweis: Wir benutzen jeweils das Unterraumkriterium.

(i) Seien $x_1, x_2 \in f(U)$, das heißt $x_1 = f(u_1)$ und $x_2 = f(u_2)$ mit u_1, u_2 aus U. Weil U ein Untervektorraum ist, liegt auch $u_1 + u_2 \in U$.
Dann ist $f(u_1 + u_2) = f(u_1) + f(u_2) = x_1 + x_2 \in f(U)$ und $f(\lambda u_1) = \lambda f(u_1) = \lambda x_1 \in f(U)$.

(ii) Seien $v_1, v_2 \in V$ mit $f(v_1), f(v_2) \in Z$. Dann ist $f(v_1 + v_2) = f(v_1) + f(v_2) \in Z$, weil Z ein Untervektorraum ist. Damit ist $v_1 + v_2 \in f^{-1}(Z)$. Auf ähnliche Weise folgt aus $f(\lambda v_1) \in Z$, dass $\lambda v_1 \in f^{-1}(Z)$. Damit ist $f^{-1}(Z)$ ein Untervektorraum von V.

□

An dieser Stelle sei an einige Definitionen erinnert, die am Anfang von *Mathematik für Physiker 1* schon aufgetaucht sind und dort auch immer wieder benutzt wurden: Eine Abbildung $f : V \to W$ zwischen zwei Mengen V und W heißt *injektiv*, wenn aus $f(v_1) = f(v_2)$ sofort $v_1 = v_2$ folgt. Es gibt also keine zwei verschiedenen Elemente, die auf dasselbe Element von W abgebildet werden.

Bemerkung: Injektivität lässt sich im Fall linearer Abbildungen also charakterisieren durch *Eine lineare Abbildung $f : V \to W$ zwischen zwei Vektorräumen ist genau dann injektiv, wenn* $\mathrm{Kern}(f) = \{0\}$.

denn: Sei f injektiv und $v \in \mathrm{Kern}(f)$ beliebig, d.h. $f(v) = 0$. Da bei linearen Abbildungen auf jeden Fall $f(0) = 0$ ist, folgt aus der Injektivität sofort $v = 0$.
Falls f nicht injektiv ist, dann gibt es $v_1 \neq v_2$ mit $f(v_1) = f(v_2)$. Wegen der Linearität von f ist dann $f(v_1 - v_2) = 0$, d.h. $v_1 - v_2 \in \mathrm{Kern}(f)$ und damit $\mathrm{Kern}(f) \neq \{0\}$.

Die Abbildung $f : V \to W$ heißt *surjektiv*, wenn zu jedem $w \in W$ (mindestens) ein $v \in V$ existiert, mit $f(v) = w$.
Eine Abbildung ist *bijektiv*, wenn sie sowohl injektiv als auch surjektiv ist. Jedes Element aus W besitzt dann genau ein Urbild. Diese Urbilder legen die Umkehrabbildung $f^{-1} : W \to V$ fest. Lineare Abbildungen haben die angenehme Eigenschaft, dass auch ihre Umkehrabbildung, wenn sie denn existiert, linear ist:

Satz 8.3.
Ist $f: V \to W$ eine lineare, bijektive Abbildung, dann ist auch die Umkehrabbildung $f^{-1}: W \to V$ linear.

Beweis: Übungsaufgabe

Definition. *(Isomorphismus)*
*Eine bijektive lineare Abbildung $f: V \to W$ heißt **Isomorphismus**. Die Vektorräume V und W nennt man dann isomorph, geschrieben $V \cong W$.*

Der vorige Satz besagt, dass für einen Isomorphismus $f: V \to W$ auch $f^{-1}: W \to V$ ein Isomorphismus ist.
Vektorräume, die isomorph sind, sind in einem gewissen Sinne „gleich". Die Abbildung f übersetzt die Vektoraddition aus V in die Vektoraddition in W.
Isomorphismen dienen dazu, Vektorräume zu klassifizieren. Wenn $U \cong V$ und $V \cong W$, dann ist auch $U \cong W$. Man kann also beispielsweise alle Vektorräume in eine „Schublade" packen, die isomorph zu $\mathbb{R}^n$ sind. Es wird sich später zeigen, dass in diesem Sinne alle n-dimensionalen reellen Vektorräume „gleich" sind. Dazu ein

Beispiel:
Sei $V = P_2$ der Vektorraum der quadratischen Polynome mit reellen Koeffizienten und $W = \mathbb{R}^3$. Dann ist die Abbildung $f: V \to W$, die einem Polynom $p(x) = a_0 + a_1 x + a_2 x^2$ den Vektor $(a_0, a_1, a_2) \in \mathbb{R}^3$ zuordnet, ein Isomorphismus.
Wenn $q(x) = b_0 + b_1 x + b_2 x^2$ ein weiteres quadratisches Polynom ist mit $f(q) = (b_0, b_1, b_2)$, dann kann man p und q direkt zum Polynom $(a_0 + b_0) + (a_1 + b_1)x + (a_2 + b_2)x^2$ addieren oder man kann $f(p) + f(q) = (a_0 + b_0, a_1 + b_1, a_2 + b_2)$ im $\mathbb{R}^3$ berechnen und diesen Vektor aus dem $\mathbb{R}^3$ in das Polynom $(a_0 + b_0) + (a_1 + b_1)x + (a_2 + b_2)x^2$ „zurückübersetzen". Die Isomorphie $P_2 \cong \mathbb{R}^3$ der Vektorräume bedeutet, dass das Ergebnis in beiden Fällen dasselbe sein muss.

Im allgemeinen sind lineare Abbildungen natürlich nicht bijektiv, aber man kann den Urbildraum aufteilen in den Kern (also alle Vektoren, die auf Null abgebildet werden) und dazu komplementäre Richtungen. Dann gilt:

Satz 8.4.
Sei $f: V \to W$ eine lineare Abbildung zwischen zwei $\mathbb{K}$-Vektorräumen und $V = U \oplus \operatorname{Kern}(f)$. Dann ist die Einschränkung $f|_U: U \to \operatorname{Bild}(f)$ ein Isomorphismus.

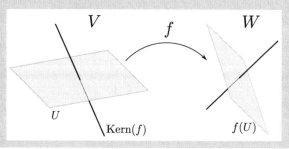

Beweis: Um zu zeigen, dass $f|_U: U \to \operatorname{Bild}(f)$ bijektiv ist, zeigen wir getrennt die Surjektivität und die Injektivität.

Surjektivität: Sei $y \in \text{Bild}(f)$, d.h. es gibt ein $x \in V$ mit $f(x) = y$. Da $V = U \oplus \text{Kern}(f)$ gibt es eine eindeutige Zerlegung $x = x_1 + x_2$ mit $x_1 \in U$ und $x_2 \in \text{Kern}(f)$. Dann ist aber $f(x_1) = f(x) - f(x_2) = y - 0 = y$, d.h. $y \in f(U)$.

Injektivität: Wir benutzen hier gleich einmal die Bemerkung auf der vorhergehenden Seite. Falls $x \in U$ mit $f(x) = 0$, dann ist $x \in U \cap \text{Kern}(f)$ und da die Summe $U \oplus \text{Kern}(f)$ eine *direkte* Summe ist, muss $x = 0$ sein. Also ist $\text{Kern}(f|_U) = \{0\}$.

□

In vielen Fällen ist der Kern einer linearen Abbildung gleichzeitig die Lösungsmenge einer Gleichung.

Definition.
Sei $f : V \to W$ eine lineare Abbildung zwischen zwei $\mathbb{K}$-Vektorräumen. Dann nennt man

$$f(x) = 0$$

eine homogene, lineare Gleichung und für ein $b \in W \setminus \{0\}$

$$f(x) = b$$

eine inhomogene, lineare Gleichung.

Die Lösungsmenge $\mathcal{L}_{f,0}$ der homogenen, linearen Gleichung ist gerade der der Kern von f und auch für die Lösungsmenge $\mathcal{L}_{f,b}$ der inhomogenen, linearen Gleichung spielt der Kern eine wichtige Rolle.

Satz 8.5.
Sei $f : V \to W$ eine lineare Abbildung und $b \in W \setminus \{0\}$. Dann ist die Lösungsmenge der inhomogenen, linearen Gleichung $f(x) = b$ entweder leer oder es ist

$$\mathcal{L}_{f,b} = x_0 + \text{Kern}(f) := \{x_0 + x;\ x \in \text{Kern}(f)\}$$

für eine beliebige Lösung x_0 der inhomogenen, linearen Gleichung, kurz:

Allgemeine Lösung der inhomogenen Gleichung =
spezielle Lösung der inhomogenen Gleichung + allgemeine Lösung der homogenen Gleichung

Beweis: Falls eine Lösung x_0 existiert, dann ist für jedes $x \in \text{Kern}(f)$ auch $x_0 + x \in \mathcal{L}_{f,b}$, da ja $f(x_0 + x) = f(x_0) + f(x) = b + 0 = b$ ist.
Andererseits kann man jede Lösung $z \in \mathcal{L}_{f,b}$ zerlegen in $z = x_0 + (z - x_0)$ wobei

$$f(z - x_0) = f(z) - f(x_0) = b - b = 0,$$

d.h. $z - x_0 \in \text{Kern}(f)$ und $z \in x_0 + \text{Kern}(f)$.

□

Bemerkung: Die Lösung einer linearen Gleichung ist eindeutig, wenn $\text{Kern}(f) = \{0\}$ ist.

Beispiele:

1. Lineare Gleichungssysteme haben wir schon betrachtet und werden wir später im Zusammenhang mit Matrizen weiter untersuchen.

   Sei $V = \mathbb{R}^3$, dann ist eine lineare Abbildung $A : \mathbb{R}^3 \to \mathbb{R}^3$ gegeben durch $A(x_1, x_2, x_3) = (x_1 + x_2, 2x_2 - x_3, x_1 - 3x_3)$. Der Kern von f besteht nur aus dem Nullvektor, also besitzt jede Gleichung $A(x_1, x_2, x_3) = (b_1, b_2, b_3)$ höchstens eine Lösung.

2. Auch lineare Differentialgleichungen sind lineare Gleichungen im Sinne der obigen Definition. Betrachtet man beispielsweise den Differentialoperator $D : C^1(\mathbb{R}) \to C^0(\mathbb{R})$ mit $D(f) = f'$, dann ist die lineare Gleichung $Df = g$ mit $g \in C^0(\mathbb{R})$ nur eine andere Schreibweise für $f'(x) = g(x)$. Falls $G \in C^0(\mathbb{R})$ *eine spezielle Lösung der Gleichung ist, also eine Stammfunktion von g*, dann erhält man die allgemeine Lösung, indem man zu G noch Elemente des Kerns von D addiert.
   Der Kern von D besteht aus allen Funktionen $h \in C^1(\mathbb{R})$ mit $Dh = h' = 0$, also aus den konstanten Funktionen.
   Damit ist die Lösungsmenge der inhomogenen Gleichung $Df = g$

   $$\mathcal{L}_{D,g} = \{G + c;\ c \in \mathbb{R}\}.$$

3. Auf ähnliche Art kann man auch einen Differentialoperator $L : C^1(\mathbb{R}) \to C^0(\mathbb{R})$ mit $L(f) = f' - f$ untersuchen. Die Linearität folgt direkt aus der Tatsache, dass $L = D - \mathrm{Id}$ die Differenz zweier linearer Abbildungen ist. Für $g \in C^0(\mathbb{R})$ ist $Lf = g$ gerade die lineare Differentialgleichung

   $$f'(x) = f(x) + g(x)$$

   Da solche Differentialgleichungen (und Systeme von linearen Differentialgleichungen) in der Physik häufig auftreten, behandeln wir die zugehörigen Lösungsmethoden ausführlich in einem späteren Kapitel.

8.2 Lineare Abbildungen und Basen

Eine lineare Abbildung $f : V \to W$ ist bereits durch die Vektoren festgelegt, auf die die Basisvektoren $b_1, b_2, \ldots, b_n$ von V abgebildet werden:

Satz 8.6.
Sei V ein endlich-dimensionaler Vektorraum mit einer Basis $\{b_1, b_2, \ldots, b_n\}$ und $f, g : V \to W$ seien zwei lineare Abbildungen, für die $f(b_1) = g(b_1), f(b_2) = g(b_2), \ldots, f(b_n) = g(b_n)$ gilt. Dann ist $f = g$. Zu vorgegebenen $w_1, w_2, \ldots, w_n \in W$ existiert also genau eine lineare Abbildung $f : V \to W$ mit $f(b_1) = w_1, f(b_2) = w_2, \ldots, f(b_n) = w_n$.

Beweis: Sei $v \in V$ beliebig. Da $\{b_1, b_2, \ldots, b_n\}$ eine Basis von V ist, gibt es eine eindeutige Darstellung $v = \alpha_1 b_1 + \alpha_2 b_2 + \ldots + \alpha_n b_n$.
Dann ist aber

$$\begin{aligned} f(v) = f(\alpha_1 b_1 + \ldots + \alpha_n b_n) &= \alpha_1 f(b_1) + \ldots + \alpha_n f(b_n) \\ &= \alpha_1 g(b_1) + \ldots + \alpha_n g(b_n) = g(\alpha_1 b_1 + \ldots + \alpha_n b_n) = g(v). \end{aligned}$$

Um zu gegebenen $w_1, w_2, \ldots, w_n \in W$ eine entsprechende lineare Abbildung zu definieren, setzt man für $v = \alpha_1 b_1 + \alpha_2 b_2 + \ldots + \alpha_n b_n$

$$f(v) = \alpha_1 w_1 + \alpha_2 w_2 + \ldots + \alpha_n w_n.$$

□

Bemerkung: Die Tatsache, dass die Basis endlich viele Elemente besitzt, spielt hier *keine* Rolle. Man hätte ganz genauso (endliche) Linearkombinationen einer unendlichen Basis betrachten können. Das Eindeutigkeitsresultat aus Satz 8.6 gilt also ganz allgemein.

Eine lineare Abbildung ist also eindeutig festgelegt, wenn die Bilder der Basisvektoren festgelegt sind. Insbesondere kann man herausfinden, ob eine lineare Abbildung injektiv bzw. surjektiv ist, indem man allein die Bilder von Basisvektoren betrachtet.

Satz 8.7.
Sei V ein $\mathbb{K}$-Vektorraum mit Basis $\{b_1, b_2, \ldots, b_n\}$ und $f : V \to W$ eine lineare Abbildung. Dann gilt:

(i) f ist injektiv $\Leftrightarrow \{f(b_1), f(b_2), \ldots, f(b_n)\}$ ist linear unabhängig.

(ii) f ist surjektiv $\Leftrightarrow \{f(b_1), f(b_2), \ldots, f(b_n)\}$ ist ein Erzeugendensystem von W.

(iii) f ist bijektiv $\Leftrightarrow \{f(b_1), f(b_2), \ldots, f(b_n)\}$ ist eine Basis von W.

Beweis:

(i) Sei f injektiv. Wir betrachten eine Linearkombination der Bildvektoren:

$$\alpha_1 f(b_1) + \alpha_2 f(b_2) + \ldots + \alpha_n f(b_n) = 0.$$

Da f linear ist, gilt dann

$$f(\alpha_1 b_1 + \alpha_2 b_2 + \ldots + \alpha_n b_n) = 0$$

und aus der Injektivität von f folgt $\alpha_1 b_1 + \alpha_2 b_2 + \ldots + \alpha_n b_n = 0$. Nun sind die b_j Basisvektoren und damit linear unabhängig, also muss $\alpha_1 = \ldots = \alpha_n = 0$ sein, die Bilder der Basisvektoren sind also linear unabhängig.

Falls umgekehrt die Bilder der Basisvektoren linear unabhängig sind, dann gilt für ein beliebiges $v \in \text{Kern}(f)$: Stellt man v als Linearkombination $v = \alpha_1 b_1 + \alpha_2 b_2 + \ldots + \alpha_n b_n$ dar, dann ist

$$f(v) = f(\alpha_1 b_1 + \alpha_2 b_2 + \ldots + \alpha_n b_n) = \alpha_1 f(b_1) + \alpha_2 f(b_2) + \ldots + \alpha_n f(b_n) = 0.$$

Wegen der linearen Unabhängigkeit der Vektoren $f(b_1), \ldots, f(b_n)$ ist $\alpha_1 = \ldots = \alpha_n = 0$ und damit auch $v = 0$.

(ii) Da $f(V) = \{\alpha_1 f(b_1) + \alpha_2 f(b_2) + \ldots + \alpha_n f(b_n); \alpha_j \in \mathbb{K}\} = \text{span}(f(b_1), \ldots, f(b_n))$ ist f genau dann surjektiv, wenn $\text{span}(f(b_1), \ldots, f(b_n)) = W$ ist. Nach Definition ist dies genau dann der Fall, wenn $\{f(b_1), \ldots, f(b_n)\}$ ein Erzeugendensystem von W ist.

(iii) folgt unmittelbar aus (i) und (ii).

□

Eine Konsequenz aus Teil (iii) ist die folgende Aussage zu isomorphen Vektorräumen:

Satz 8.8.
Seien V, W zwei endlich-dimensionale $\mathbb{K}$-Vektorräume und $f : V \to W$ ein Isomorphismus. Dann ist $\dim V = \dim W$.

Dies ergibt sich aus der Tatsache, dass die Basen $\{b_1, \ldots, b_n\}$ von V und $\{f(b_1), \ldots, f(b_n)\}$ von W dieselbe Anzahl an Elementen haben.

Zwei $\mathbb{R}$-Vektorräume können also nur dann isomorph sein, wenn ihre Dimension übereinstimmt. Bald werden wir die Umkehrung dieser Aussage zeigen und nachweisen, dass zwei $\mathbb{R}$-Vektorräume (oder auch zwei $\mathbb{C}$-Vektorräume) automatisch isomorph sind, wenn ihre Dimension übereinstimmt.

Für die Untersuchung einer linearen Abbildung $f : V \to W$ kann es nützlich sein, Basen in V und W so zu wählen, dass die Abbildung möglichst einfach dargestellt werden kann. Dies ist ein „Motiv", das uns im weiteren Verlauf immer wieder begegnen wird. Was wir unter „möglichst einfach" verstehen, wird jeweils vom Kontext abhängen. Wir betrachten jetzt den Fall $V \neq W$, später werden wir dann den Fall $V = W$ untersuchen, der etwas komplizierter ist, weil man die Basen im Urbild und im Bild nicht unabhängig voneinander wählen kann.

Satz 8.9.
Seien V und W zwei endlich-dimensionale $\mathbb{K}$-Vektorräume und $f : V \to W$ eine lineare Abbildung. Dann kann man Basen

$$\{v_1, \ldots, v_r, u_1, \ldots, u_d\} \quad \text{von} \quad V,$$
$$\{w_1, \ldots, w_r, w_{r+1}, \ldots, w_m\} \quad \text{von} \quad W$$

so wählen, dass gilt:

(i) $\{u_1, \ldots, u_d\}$ ist eine Basis von $\mathrm{Kern}(f)$, d.h. $f(u_j) = 0$,

(ii) $\{w_1, \ldots, w_r\}$ ist eine Basis von $\mathrm{Bild}(f)$,

(iii) $f(v_1) = w_1, f(v_2) = w_2, \ldots, f(v_r) = w_r$.

1. Beweis: Zunächst ein kurzer Beweis, der die Aussage auf schon bekannte Sätze zurückführt. Da V endlich-dimensional ist, ist auch der Unterraum $\mathrm{Kern}(f)$ endlich-dimensional und wir können eine Basis $\{u_1, \ldots, u_d\}$ dieses Unterraums wählen. Mit Hilfe des Basisergänzungssatzes 7.9 ergänzt man diese durch Vektoren $v_1, \ldots, v_r$ zu einer Basis von V. Der Unterraum $\tilde{V} = \mathrm{span}(v_1, \ldots, v_r)$ ist komplementär zu $\mathrm{Kern}(f)$, d.h. es ist $V = \mathrm{Kern}(f) \oplus \tilde{V}$. Nach Satz 8.4 ist $f|_{\tilde{V}} : \tilde{V} \to \mathrm{Bild}(f)$ bijektiv. Dann ist nach Satz 8.7 (iii) $\{f(v_1), \ldots, f(v_r)\}$ eine Basis von $\mathrm{Bild}(f)$, die sich wieder nach dem Basisergänzungssatz zu einer Basis von W vervollständigen lässt. □

2. Beweis: Da $\mathrm{Kern}(f)$ ein endlich-dimensionaler $\mathbb{K}$-Vektorraum ist, kann man zunächst eine Basis $\{u_1, \ldots, u_d\}$ von $\mathrm{Kern}(f)$ wählen und diese nach dem Basisergänzungssatz durch Vektoren $v_1, \ldots, v_r$ zu einer Basis von V ergänzen.
Wir setzen nun einfach $w_1 = f(v_1), w_2 = f(v_2), \ldots, w_r = f(v_r)$ und zeigen, dass $\{w_1, \ldots, w_r\}$ eine Basis von $\mathrm{Bild}(f)$ ist. Dazu zeigen wir als erstes, dass $\{w_1, \ldots, w_r\}$ ein Erzeugendensystem von $\mathrm{Bild}(f)$ ist. Wenn $y \in \mathrm{Bild}(f)$ liegt, heißt das ja nichts anderes als $y = f(x)$ für ein $x \in V$. Eine Basis von V kennen wir bereits also ist

$$x = \alpha_1 v_1 + \ldots + \alpha_r v_r + \beta_1 u_1 + \ldots + \beta_d u_d$$

und damit (wieder mal wegen der Linearität von f)

$$y = f(x) = \alpha_1 \underbrace{f(v_1)}_{=w_1} + \ldots + \alpha_r \underbrace{f(v_r)}_{=w_r} + \beta_1 \underbrace{f(u_1)}_{=0} + \ldots + \beta_d \underbrace{f(u_d)}_{=0} = \alpha_1 w_1 + \ldots + \alpha_r w_r$$

Also ist $y \in \text{span}(w_1, \ldots, w_r)$ und da $y \in \text{Bild}(f)$ beliebig war, ist $\{w_1, \ldots, w_r\}$ ein Erzeugendensystem von $\text{Bild}(f)$. Die Menge $\{w_1, \ldots, w_r\}$ ist auch linear unabhängig, denn

$$\begin{aligned} & \beta_1 w_1 + \beta_2 w_2 + \ldots + \beta_r w_r &=& 0 \\ \Leftrightarrow\ & \beta_1 f(v_1) + \beta_2 f(v_2) + \ldots + \beta_r f(v_r) &=& 0 \\ \Leftrightarrow\ & f(\beta_1 v_1 + \beta_2 v_2 + \ldots + \beta_r v_r) &=& 0 \\ \Leftrightarrow\ & \beta_1 v_1 + \beta_2 v_2 + \ldots + \beta_r v_r &=& 0 \\ \Rightarrow\ & \beta_1 = \beta_2 = \ldots = \beta_r &=& 0. \end{aligned}$$

Die Menge $\{w_1, \ldots, w_r\}$ kann nun noch mit Hilfe des Basisergänzungssatzes zu einer Basis von W vergrößert werden. □

Eine Konsequenz dieses Satzes ist die folgende *Dimensionsformel für lineare Abbildungen*:

Satz 8.10.
Seien V und W zwei endlich-dimensionale $\mathbb{K}$-Vektorräume und $f : V \to W$ eine lineare Abbildung. Dann gilt
$$\dim V = \dim \text{Kern}(f) + \dim \text{Bild}(f).$$

Beweis: Wählt man Basen wie in Satz 8.9, dann ist $\dim V = r + d$ und $\dim \text{Kern}(f) = d$ sowie $\dim \text{Bild}(f) = r$. □

Definition. *(Rang)*
*Man nennt $\text{Rang}(f) := \dim \text{Bild}(f)$ den **Rang** der linearen Abbildung f.*

Eine andere, äquivalente Version der Dimensionsformel ist daher

$$\dim V = \dim \text{Kern}(f) + \text{Rang}(f).$$

Wir notieren noch eine Konsequenz der Dimensionsformel.

Satz 8.11.
Sei $f : V \to W$ eine lineare Abbildung zwischen zwei endlich-dimensionalen Vektorräumen V und W. Dann gilt:

(i) Falls f injektiv ist, dann ist $\dim V \leq \dim W$

(ii) Falls f surjektiv ist, dann ist $\dim V \geq \dim W$

(iii) Falls $\dim V = \dim W$ ist, dann ist f genau dann injektiv, wenn f surjektiv ist.

Beweis:

(i) Falls f injektiv ist, dann ist $\text{Kern} f = \{0\}$, d.h. $\dim \text{Kern} f = 0$. Damit ist nach der Dimensionsformel $\dim V = \text{Rang} f \leq \dim W$, da $\text{Bild}(f) \subseteq W$.

(ii) Falls f surjektiv ist, dann ist $\operatorname{Rang}(f) = \dim W$, da $\operatorname{Bild}(f) = W$. Nach der Dimensionsformel ist dann $\dim V = \dim \operatorname{Kern}(f) + \dim W \geq \dim W$.

(iii) Sei f injektiv und B eine Basis von V. Nach Satz 8.7 (i) ist die Menge $f(B)$ linear unabhängig in W. Wenn die Menge $f(B)$ *keine* Basis von W wäre, dann könnte man sie nach dem Basisergänzungssatz 7.9 zu einer Basis erweitern, dann wäre aber $\dim W > \dim V$ im Widerspruch zur Voraussetzung. Also muss $f(B)$ schon eine Basis von W sein. Damit ist $\operatorname{Bild}(f) = W$, d.h. f ist surjektiv.

Falls f surjektiv ist, dann folgt aus der Dimensionsformel sofort

$$\dim \operatorname{Kern}(f) = \dim V - \operatorname{Rang}(f) = \dim V - \dim W = 0$$

und f ist auch injektiv. □

Bemerkung: Teil (iii) gilt nicht für lineare Abbildungen zwischen unendlich-dimensionalen Vektorräumen. Dort gibt es lineare Abbildungen, die injektiv und nicht surjektiv und Abbildungen, die surjektiv, aber nicht injektiv sind. In einer der Übungsaufgaben sollen Sie sich dafür Beispiele überlegen. Das folgende Resultat sagt, dass jeder endlich-dimensionale $\mathbb{K}$-Vektorraum durch seine Dimension „bis auf Isomorphie" eindeutig festgelegt ist. Was bedeutet das? Es besagt, dass es, abgesehen von den unterschiedliche Arten, Vektoren und Vektoraddition hinzuschreiben, genau einen reellen Vektorraum der Dimension n gibt.

Satz 8.12.
Sei V ein beliebiger $\mathbb{R}$-Vektorraum der Dimension n. Dann ist V isomorph zum Vektorraum $\mathbb{R}^n$, genauer: Zu jeder geordneten Basis $B = (b_1, b_2, \ldots, b_n)$ gibt es einen Isomorphismus Φ_B, der eindeutig durch

$$\Phi_B(b_i) = e_i = (0, \ldots, 0, 1, 0, \ldots, 0)$$

festgelegt wird. Umgekehrt wird auch durch jeden Isomorphismus $\Phi : V \to \mathbb{R}^n$ eine geordnete Basis $(\Phi^{-1}(e_1), \ldots, \Phi^{-1}(e_n))$ von V bestimmt.

Beweis: Sei $B = (b_1, b_2, \ldots, b_n)$ eine geordnete Basis von V. Dann bestimmt nach dem zweiten Teil von Satz 8.6 die Festlegung $\Phi_B(b_j) = e_j$ eindeutig eine lineare Abbildung $\Phi_B : V \to \mathbb{R}^n$. Wegen Satz 8.7 (iii) ist Φ_B bijektiv, also ein Isomorphismus.
Falls umgekehrt $\Phi : V \to \mathbb{R}^n$ ein Isomorphismus ist, dann ist auch $\Phi^{-1} : \mathbb{R}^n \to V$ ein Isomorphismus und nach Satz 8.7 (iii) ist dann $(\Phi^{-1}(e_1), \ldots, \Phi^{-1}(e_n))$ eine (geordnete) Basis von V. □

Bemerkung: Statt $\mathbb{R}^n$ kann man dieselben Argumente auch auf einen komplexen Vektorraum V und $\mathbb{C}^n$ anwenden. Jeder n-dimensionale komplexe Vektorraum ist daher isomorph zum $\mathbb{C}^n$.

Satz 8.13.
Sei V ein endlich-dimensionaler $\mathbb{K}$-Vektorraum. Dann ist ein $\mathbb{K}$-Vektorraum W genau dann isomorph zu V, wenn $\dim V = \dim W$ ist.

Beweis: Dass aus $V \cong W$ die Gleichung $\dim V = \dim W$ folgt, war der Inhalt von Satz 8.8. Falls umgekehrt $\dim V = \dim W = n$ ist, dann gilt nach dem vorigen Satz $V \cong \mathbb{K}^n$ und $W \cong \mathbb{K}^n$. Da Isomorphie von Vektorräumen eine *Äquivalenzrelation* ist (siehe Übungsaufgabe), ist wegen der Symmetrie auch $\mathbb{K}^n \cong W$ und schließlich wegen der Transitivität auch $V \cong W$. □

Definition. *(Koordinatensystem)*
*Ist $B = (b_1, b_2, \ldots, b_n)$ eine geordnete Basis eines Vektorraums V, dann heißt der Isomorphismus Φ_B aus Satz 8.12 ein **Koordinatensystem** von V.*
Für $x \in V$ sind $\Phi_B(x) = (x_1, x_2, \ldots, x_n) \in \mathbb{K}^n$ die Koordinaten von x bezüglich der Basis B.
*Hat man im selben Vektorraum V zwei Basen $B = (b_1, b_2, \ldots, b_n)$ und $C = (c_1, c_2, \ldots, c_n)$, so heißt der Isomorphismus $T_{B,C} = \Phi_C \circ \Phi_B^{-1} : \mathbb{K}^n \to \mathbb{K}^n$ **Koordinatentransformation**.*

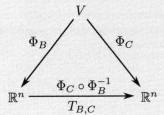

Mit Hilfe von Koordinaten kann man also statt in einem n-dimensionalen $\mathbb{R}$-Vektorraum V im $\mathbb{R}^n$ rechnen. Insbesondere kann man auf diese Weise lineare Abbildungen elegant durch Matrizen beschreiben. Dies wird im nächsten Kapitel genauer erklärt.

8.3 Vektorräume linearer Abbildungen und Dualräume

Definition.
Seien V und W zwei $\mathbb{K}$-Vektorräume. Dann bezeichnen wir mit

$$\mathcal{L}(V,W) := \{f : V \to W;\ f \text{ ist linear}\}$$

die Menge aller linearen Abbildungen versehen mit der punktweisen Addition $(f+g)(x) = f(x) + g(x)$ und der punktweisen skalaren Multiplikation $(\alpha \cdot f)(x) = \alpha \cdot f(x)$.
*Im Fall $V = W$ schreiben wir statt $\mathcal{L}(V, V)$ auch kurz $\mathcal{L}(V)$ und nennen die entsprechenden linearen Abbildungen **Endomorphismen**.*

Sie bildet selbst wieder einen $\mathbb{K}$-Vektorraum, dessen Dimension wir nun bestimmen.

Satz 8.14.
Seien V, W zwei endlich-dimensionale $\mathbb{K}$-Vektorräume. Dann ist $\mathcal{L}(V,W)$ ein Vektorraum über $\mathbb{K}$ der Dimension
$$\dim \mathcal{L}(V,W) = \dim V \cdot \dim W.$$

Beweisidee: Wählen Sie beliebige Basen $(b_1, \ldots, b_n)$ von V und $(c_1, \ldots, c_m)$ von W und zeigen Sie, dass die nm linearen Abbildungen $f_{ij} : V \to W$ mit

$$f_{ij}(b_k) = \begin{cases} 0 & \text{falls } k \neq i \\ c_j & \text{falls } k = i \end{cases}$$

eine Basis von $\mathcal{L}(V, W)$ bilden. □

Der Spezialfall $W = \mathbb{K}$ erhält noch einen eigenen Namen.

Definition. *(Dualraum)*
Sei V ein $\mathbb{K}$-Vektorraum. Dann heißt der Vektorraum $V^* := \mathcal{L}(V, \mathbb{K})$ **Dualraum** von V. Die Elemente aus V^* heißen auch Linearformen.

Speziell in diesem Fall lautet Satz 8.14 dann wie folgt:

Satz 8.15.
Sei V ein endlich-dimensionaler $\mathbb{K}$-Vektorraum mit Basis $(b_1, \ldots, b_n)$. Dann bilden die Linearformen $(b_1^*, b_2^*, \ldots, b_n^*)$ mit
$$b_i^*(b_k) = \begin{cases} 0 & \text{falls } k \neq i \\ 1 & \text{falls } k = i \end{cases}$$
eine Basis von V^*, die zu $(b_1, \ldots, b_n)$ duale Basis.

Bemerkung: Insbesondere ist dann $\dim V^* = \dim V \cdot \dim \mathbb{K}^1 = n = \dim V$ und nach Satz 8.13 sind V und V^* isomorph. Das ist manchmal recht praktisch, weil man beispielsweise $\mathbb{R}^n$ und $(\mathbb{R}^n)^*$ nicht unbedingt unterscheiden muss, aber hin und wieder kann es auch Verwirrung stiften...

Nach diesem Kapitel sollten Sie

- ... wissen, was eine lineare Abbildung ist

- ... bei konkreten Abbildungen überprüfen können, ob es sich um lineare Abbildungen handelt

- ... die Begriffe *Kern* und *Bild* kennen, und wissen, wie der Kern einer linearen Abbildung mit deren Injektivität zusammenhängt

- ... wissen, was ein Isomorphismus ist und was Isomorphie von Vektorräumen mit der Dimension zu tun hat

- ... wissen, dass eine lineare Abbildung bereits durch die Bilder der Basisvektoren eindeutig festgelegt wird

- ... den Zusammenhang zwischen den Lösungsmengen inhomogener und homogener linearer Gleichungen kennen

- ... wissen, wann das Bild einer Basis $\{b_1, \ldots, b_n\}$ des Vektorraum V unter einer linearen Abbildung $f : V \to W$ eine Basis von W ist

- ... die Dimensionsformel für lineare Abbildungen aufschreiben und in konkreten Situationen anwenden können

- ... erklären können, wie man in einem endlich-dimensionalen Vektorraum Koordinaten einführen kann

- ... den Dualraum eines Vektorraums definieren können

Aufgaben zu Kapitel 8

1. Entscheiden Sie (mit Begründung), ob folgende Abbildungen linear sind:

   (a) $A_1 : \mathbb{R}^3 \to \mathbb{R}^2$ mit $A_1(x, y, z) = (x - y, x + y - 3z)$,

   (b) $A_2 : \mathbb{R}^3 \to \mathbb{R}$ mit $A_2(x, y, z) = |x - y| + |y - z| + |z - x|$,

   (c) $A_3 : \mathbb{C}^2 \to \mathbb{C}^2$ mit $A_3(z_1, z_2) = (iz_2, -iz_1)$

   (d) $A_4 : C^0([-2, 2], \mathbb{R}) \to \mathbb{R}$ mit $A_4(f) = 5f(2) - f(0)$

   (e) $A_5 : P \to P$ mit $P = \{p : \mathbb{R} \to \mathbb{R};\ p \text{ ist ein Polynom beliebigen Grades}\}$ und $(A_5(p))(x) = (xp(x))'$

   (f) $A_6 : C^0(\mathbb{R}) \to C^0(\mathbb{R})$ mit $(A_6(f))(x) = e^x \cdot f(x)$

2. Zeigen Sie: Sind V und W Vektorräume über dem selben Körper $\mathbb{K}$ und ist $f : V \to W$ eine bijektive lineare Abbildung, dann ist auch die Umkehrabbildung $f^{-1} : W \to V$ automatisch linear.

   Hinweis: Achten Sie bei dieser Aufgabe, die sich in wenigen Zeilen lösen lässt, darauf, sauber zu argumentieren, d.h. machen Sie deutlich, an welchen Stellen Sie welche Voraussetzungen benutzen.

3. Sei $V = \{a : \mathbb{N} \to \mathbb{R}\}$ der Vektorraum der reellen Zahlenfolgen.

   (a) Zeigen Sie, das die Abbildung $f : V \to V$, die einer Zahlenfolge $(a_1, a_2, a_3, \ldots)$ die neue Folge $(0, a_3, a_4, a_5, a_6, a_7, \ldots)$ zuordnet, linear ist und bestimmen Sie Kern und Bild dieser Abbildung.

   (b) Geben Sie (natürlich mit Begründung) eine lineare Abbildung $g : V \to V$ an, die injektiv, aber nicht surjektiv ist.

   (c) Geben Sie eine lineare Abbildung $h : V \to V$ an, die surjektiv, aber nicht injektiv ist.

4. (a) Man kann $\mathbb{C}^2 = \{(z_1, z_2);\ z_1, z_2 \in \mathbb{C}\}$ als $\mathbb{R}$-Vektorraum auffassen, wenn man bei der skalaren Multiplikation nur reelle Faktoren λ zulässt. Zeigen Sie, dass $\mathbb{C}^2 \cong \mathbb{R}^4$, indem Sie einen passenden Isomorphismus angeben.

   (b) Wir betrachten den Untervektorraum

   $$M = \left\{ \begin{pmatrix} a & b \\ c & d \end{pmatrix} \in M(2 \times 2, \mathbb{R});\ a = -d \text{ und } c = 2b \right\}$$

   des Vektorraums aller reellen 2×2-Matrizen. Zeigen Sie, dass $M \cong \mathbb{R}^2$, indem Sie einen Isomorphismus $\Phi : M \to \mathbb{R}^2$ angeben.

5. Sei V der Vektorraum aller stetigen Funktionen $f : [-1, 1] \to \mathbb{R}$ mit der üblichen punktweisen Addition und skalaren Multiplikation von Funktionen.

   Wir definieren

   $$V_1 = \{f \in V;\ \int_{-1}^1 f(x)\,\mathrm{d}x = 0\} \quad \text{und} \quad V_2 = \{f \in V;\ f \text{ ist konstant}\}.$$

   (a) Zeigen Sie, dass V_1 und V_2 Untervektorräume von V sind.

   (b) Zeigen Sie, dass $V = V_1 \oplus V_2$.

6. Die lineare Abbildung $T : \mathbb{R}^2 \to \mathbb{R}^3$ bilde den Vektor $a_1 = \begin{pmatrix} 1 \\ 2 \end{pmatrix}$ auf $T(a_1) = \begin{pmatrix} 1 \\ 2 \\ 0 \end{pmatrix}$ und den Vektor $a_2 = \begin{pmatrix} -2 \\ 1 \end{pmatrix}$ auf $T(a_2) = \begin{pmatrix} 0 \\ 1 \\ 1 \end{pmatrix}$ ab.

    Was sind dann die Bilder $T(e_1)$, $T(e_2)$ und $T(b)$ für $e_1 = \begin{pmatrix} 1 \\ 0 \end{pmatrix}$, $e_2 = \begin{pmatrix} 0 \\ 1 \end{pmatrix}$ und $b = \begin{pmatrix} 4 \\ -3 \end{pmatrix}$?

7. Seien V und W endlich-dimensionale $\mathbb{R}$-Vektorräume und f_1 und f_2 seien lineare Abbildungen von V nach W.

    (a) Zeigen Sie:
    $$\dim \text{Bild}(f_1 + f_2) \leq \dim \text{Bild} f_1 + \dim \text{Bild} f_2$$

    (b) Leiten Sie, beispielsweise mit Hilfe der Ungleichung aus Aufgabenteil (a), eine Ungleichung her, die zwischen $\dim V$, $\dim \text{Kern} f_1$, $\dim \text{Kern} f_2$ und $\dim \text{Kern}(f_1 + f_2)$ besteht.

    (c) Finden Sie ein Beispiel, für das
    $$\dim \text{Bild}(f_1 + f_2) = \dim \text{Bild} f_1 + \dim \text{Bild} f_2$$
    d.h. geben Sie konkrete Vektorräume und Abbildungen an, für die in (a) das Gleichheitszeichen gilt.

8. Sei V ein Vektorraum, der sich als direkte Summe $V = U_1 \oplus U_2$ zweier Untervektorräume U_1 und U_2 darstellen lässt, W ein weiterer Vektorraum und $f : V \to W$ ein Vektorraum-Isomorphismus.

    Zeigen Sie, dass dann $W = f(U_1) \oplus f(U_2)$ ist.

9. Sei V ein endlich-dimensionaler reeller oder komplexer Vektorraum. Zeigen Sie, dass genau dann eine lineare Abbildung $f : V \to V$ mit $\text{Bild}(f) = \text{Kern}(f)$ existiert, wenn die Dimension von V gerade ist.

10. Seien V ein reeller oder komplexer Vektorraum und die linearen Abbildungen $P, Q : V \to V$ seien Projektionen, d.h. es ist $P \circ P = P$ und $Q \circ Q = Q$. Zeigen Sie

    (i) $P \circ Q = P \Leftrightarrow \text{Kern}(Q) \subseteq \text{Kern}(P)$

    (ii) $P \circ Q = Q \Leftrightarrow \text{Bild}(Q) \subset \text{Bild}(P)$

    (iii) Sei $P \circ Q = Q \circ P$. Dann ist $P \circ Q$ eine Projektion mit
    $$\text{Bild}(P \circ Q) = \text{Bild}(P) \cap \text{Bild}(Q) \quad \text{und} \quad \text{Kern}(P \circ Q) = \text{Kern}(P) + \text{Kern}(Q)$$

11. Sei V ein reeller oder komplexer Vektorraum und $f : V \to V$ eine lineare Abbildung. Weiter sei $f^\ell := \underbrace{f \circ \cdots \circ f}_{\ell} \in \mathcal{L}(V)$ für $\ell \in \mathbb{N}$.

    Zeigen Sie:

    (i) Es gilt $\text{Kern}(f^\ell) \subseteq \text{Kern}(f^{\ell+1})$ für alle $\ell \in \mathbb{N}$.

    (ii) Falls $\text{Kern}(f^\ell) = \text{Kern}(f^{\ell+1})$ für ein $\ell \in \mathbb{N}$, dann gilt $\text{Kern}(f^k) = \text{Kern}(f^\ell)$ für alle $k \geq \ell$.

    (iii) Ist $\dim V = n$ und ist $f^\ell = 0$ die Nullabbildung für ein $\ell \in \mathbb{N}$, dann gilt $f^n = 0$.

12. Seien V ein Vektorraum, der sich als direkte Summe $V = U_1 \oplus U_2$ zweier Untervektorräume U_1 und U_2 darstellen lässt. Sei W ein weiterer Vektorraum und $f : V \to W$ ein linearer Isomorphismus.
    Zeigen Sie, dass dann $W = f(U_1) \oplus f(U_2)$ ist.

13. Zeigen Sie, dass die Isomorphie von Vektorräumen die folgenden Eigenschaften erfüllt: Für beliebige $\mathbb{K}$-Vektorräume U, V, W gilt
    (a) $V \simeq V$ (Reflexivität)
    (b) falls $V \simeq W$, dann ist auch $W \simeq V$ (Symmetrie)
    (c) falls $U \simeq V$ und $V \simeq W$, dann ist auch $U \simeq W$ (Transitivität)

    Bemerkung: Die Eigenschaften (a)-(c) sagen aus, dass die Isomorphie von Vektorräumen eine *Äquivalenzrelation* ist. Äquivalenzrelationen kann man als eine Verallgemeinerung der Gleichheit von Mengen auffassen, bzw. als mathematisch präzise Version des Klassifizierens von ähnlichen Objekten in verschiedene *Äquivalenzklassen*.

14. Sei M eine nichtleere Menge, V ein $\mathbb{K}$-Vektorraum und $f : M \to M$ eine beliebige Abbildung. Mit V^M bezeichnet man die Menge aller Abbildungen $\phi : M \to V$, die mit der üblichen Addition und skalaren Multiplikation von Funktionen einen $\mathbb{K}$-Vektorraum bildet.
    Zeigen Sie, dass die Abbildung $F : V^M \to V^M$, die jeder Abbildung $\phi \in V^M$ die Abbildung $\phi \circ f$ zuordnet, eine lineare Abbildung ist.

15. Seien V, W zwei endlich-dimensionale $\mathbb{R}$-Vektorräume mit Basen $(b_1, \ldots, b_n)$ von V und $(c_1, \ldots, c_m)$ von W.
    Zeigen Sie, dass die $n \cdot m$ linearen Abbildungen $f_{ij} : V \to W$ mit
    $$f_{ij}(b_k) = \begin{cases} 0 & \text{falls } k \neq i \\ c_j & \text{falls } k = i \end{cases}$$
    eine Basis von $\mathcal{L}(V, W)$ bilden.

16. Seien V, W zwei endlich-dimensionale $\mathbb{K}$-Vektorräume und V^* bzw. W^* ihre Dualräume. Zeigen Sie, dass $L(V, W)$ isomorph zu $L(W^*, V^*)$ ist, indem Sie *nur* mit den Dimensionen der beteiligten Vektorräume argumentieren.

9 Matrizen

9.1 Rechnen mit Matrizen

Da alle endlich-dimensionalen reellen bzw. komplexen Vektorräume isomorph zu einem der Vektorräume $\mathbb{R}^n$ oder $\mathbb{C}^n$ sind, lassen sich konkrete Rechnungen in der Linearen Algebra meist in diesen Vektorräumen durchführen. Dabei sind Matrizen ein wichtiges Hilfsmittel, um lineare Abbildungen $\mathbb{K}^n \to \mathbb{K}^m$ zu beschreiben.

Sei $A : \mathbb{K}^n \to \mathbb{K}^m$ eine beliebige lineare Abbildung und $(e_1, e_2, \ldots, e_n)$ die Standardbasis des $\mathbb{K}^n$. Nach Satz 8.6 ist A durch die Bilder der Basisvektoren eindeutig festgelegt. Bezeichnen wir diese Bilder mit $\{A(e_1), A(e_2), \ldots, A(e_n)\}$, wobei

$$A(e_j) = \begin{pmatrix} a_{1j} \\ a_{2j} \\ \vdots \\ a_{mj} \end{pmatrix} \in \mathbb{K}^m,$$

dann gilt für einen beliebigen Vektor $x = \sum_{j=1}^{n} x_j e_j$:

$$A(x) = A(\sum_{j=1}^{n} x_j e_j) = \sum_{j=1}^{n} x_j A(e_j) = \begin{pmatrix} a_{11}x_1 + \ldots + a_{1n}x_n \\ a_{21}x_1 + \ldots + a_{2n}x_n \\ \vdots \\ a_{m1}x_1 + \ldots + a_{mn}x_n \end{pmatrix}.$$

Auf diese Weise erhält man noch einmal einen anderen Blick auf das Matrix-Vektor-Produkt

$$\begin{pmatrix} a_{11} & a_{12} & \ldots & a_{1n} \\ a_{21} & a_{22} & \ldots & a_{2n} \\ \vdots & \vdots & \ddots & \vdots \\ a_{m1} & a_{m2} & \ldots & a_{mn} \end{pmatrix} \begin{pmatrix} x_1 \\ x_2 \\ \vdots \\ x_n \end{pmatrix} = \begin{pmatrix} a_{11}x_1 + \ldots + a_{1n}x_n \\ a_{21}x_1 + \ldots + a_{2n}x_n \\ \vdots \\ a_{m1}x_1 + \ldots + a_{mn}x_n \end{pmatrix}.$$

Die identische Abbildung Id bildet jeden der Standardbasisvektoren e_j auf sich selbst ab. Daher entspricht ihr die $n \times n$-Matrix

$$E_n := \begin{pmatrix} 1 & 0 & \ldots & 0 \\ 0 & 1 & \ldots & 0 \\ \vdots & \vdots & \ddots & \vdots \\ 0 & 0 & \ldots & 1 \end{pmatrix}.$$

Die Matrix E_n heißt *Einheitsmatrix*.

Eine $1 \times n$-Matrix kann man ebenso wie eine $m \times 1$-Matrix als einen Vektor des $\mathbb{K}^n$ auffassen. Aus diesem Grund nennen wir $1 \times n$-Matrizen auch *Zeilenvektoren* und $m \times 1$-Matrizen auch *Spaltenvektoren*.

Bemerkung: Da man zu jeder linearen Abbildung $A : \mathbb{K}^n \to \mathbb{K}^m$ eine passende Matrix finden kann und umgekehrt auch jede $m \times n$-Matrix A durch $x \mapsto Ax$ eine lineare Abbildung $\mathbb{K}^n \to \mathbb{K}^m$ definiert, entsprechen in endlich-dimensionalen Vektorräumen die Matrizen genau den linearen Abbildungen. Aus diesem Grund werden wir ab jetzt meistens nicht mehr zwischen Matrizen und den zugehörigen linearen Abbildungen unterscheiden.

Historisch führte diese Korrespondenz zwischen Matrizen und linearen Abbildungen dazu, dass viele Ideen aus der Funktionalanalysis und Quantenmechanik, die sich mit unendlich-dimensionalen Vektorräumen befassen, durch Resultate mit Matrizen motiviert sind. Einigen Arbeiten Heisenbergs liegt beispielsweise die Vorstellung zugrunde, dass lineare Abbildungen in allgemeineren Vektorräumen durch unendlich große Matrizen beschrieben werden können.

Definition.
Wir bezeichnen mit $M(m \times n, \mathbb{K})$ die Menge aller $m \times n$-Matrizen. Im Fall $m = n$ schreiben wir $M(n, \mathbb{K})$ statt $M(n \times n, \mathbb{K})$.

Bemerkung: Die Menge $M(m \times n, \mathbb{K})$ aller $m \times n$-Matrizen mit Koeffizienten in $\mathbb{K}$ bildet selbst wieder einen $\mathbb{K}$-Vektorraum, wenn man die Addition und skalare Multiplikation von Matrizen definiert durch

$$\begin{pmatrix} a_{11} & \cdots & a_{1n} \\ \vdots & \ddots & \vdots \\ a_{m1} & \cdots & a_{mn} \end{pmatrix} + \begin{pmatrix} b_{11} & \cdots & b_{1n} \\ \vdots & \ddots & \vdots \\ b_{m1} & \cdots & b_{mn} \end{pmatrix} = \begin{pmatrix} a_{11} + b_{11} & \cdots & a_{1n} + b_{1n} \\ \vdots & \ddots & \vdots \\ a_{m1} + b_{m1} & \cdots & a_{mn} + b_{mn} \end{pmatrix}$$

$$\lambda \cdot \begin{pmatrix} a_{11} & \cdots & a_{1n} \\ \vdots & \ddots & \vdots \\ a_{m1} & \cdots & a_{mn} \end{pmatrix} = \begin{pmatrix} \lambda a_{11} & \cdots & \lambda a_{1n} \\ \vdots & \ddots & \vdots \\ \lambda a_{m1} & \cdots & \lambda a_{mn} \end{pmatrix}.$$

Die Dimension dieses Vektorraums ist $\dim M(m \times n, \mathbb{K}) = m \cdot n$, denn er ist isomorph zu dem in Abschnitt 8.3 definierten Vektorraum $\mathcal{L}(\mathbb{K}^n, \mathbb{K}^m)$, dessen Dimension in Satz 8.14 bzw. der entsprechenden Übungsaufgabe bestimmt wurde. Wir werden im nächsten Abschnitt sehen, dass die dort angegebene Basis der Abbildungen f_{ij} gerade denjenigen Matrizen entspricht, die genau einen Eintrag 1 und ansonsten lauter Nullen enthalten.

Auch ohne diesen Hintergrund ist es verhältnismäßig einfach einzusehen, dass die $m \cdot n$ Matrizen mit genau einer Eins und ansonsten verschwindenden Einträgen eine Basis von $M(m \times n, \mathbb{K})$ bilden.

Die Multiplikation von Matrizen lässt sich so definieren, dass sie genau der Hintereinanderausführung der zugehörigen linearen Abbildungen entspricht.

Dazu betrachten wir zwei lineare Abbildungen $B : \mathbb{R}^n \to \mathbb{R}^\ell$ und $A : \mathbb{R}^\ell \to \mathbb{R}^m$, die durch die beiden Matrizen $A = (a_{ij})$ und $B = (b_{ij})$ dargestellt werden.

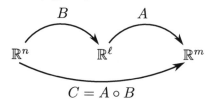

Dann ist auch die Verknüpfung $C = A \circ B : \mathbb{R}^n \to \mathbb{R}^m$ dieser beiden Abbildungen eine lineare Abbildung und wird damit durch eine Matrix beschrieben, deren Spaltenvektoren die Bilder der Standardbasisvektoren sind. Wegen

$$B(e_j) = \begin{pmatrix} b_{1j} \\ b_{2j} \\ \vdots \\ b_{\ell j} \end{pmatrix} = \sum_{k=1}^{\ell} b_{kj} e_k$$

ist also

$$C(e_j) = A(B(e_j)) = \begin{pmatrix} a_{11} & a_{12} & \ldots & a_{1\ell} \\ a_{21} & a_{22} & \ldots & a_{2\ell} \\ \vdots & \vdots & \ddots & \vdots \\ a_{m1} & a_{m2} & \ldots & a_{m\ell} \end{pmatrix} \begin{pmatrix} b_{1j} \\ b_{2j} \\ \vdots \\ b_{\ell j} \end{pmatrix} = \begin{pmatrix} \sum_{k=1}^{\ell} a_{1k} b_{kj} \\ \sum_{k=1}^{\ell} a_{2k} b_{kj} \\ \vdots \\ \sum_{k=1}^{\ell} a_{mk} b_{kj} \end{pmatrix}.$$

Definition.
Das Produkt $C = AB$ einer $m \times \ell$-Matrix A und einer $\ell \times n$-Matrix B ist eine $m \times n$-Matrix $C = (c_{ij})$ mit

$$c_{ij} = \sum_{k=1}^{\ell} a_{ik} b_{kj}.$$

Bemerkung: Damit man das Produkt $A \cdot B$ zweier Matrizen bilden kann, muss die Spaltenzahl von A mit der Anzahl der Zeilen von B übereinstimmen. In allen anderen Fällen ist das Produkt $A \cdot B$ nicht definiert.

Schematisch lässt sich die Multiplikation von zwei Matrizen folgendermaßen auffassen:

$$\begin{pmatrix} \cdots \cdots \\ \cdots \cdots \\ a_{i1} \ldots a_{i\ell} \\ \cdots \cdots \\ \cdots \cdots \end{pmatrix} \begin{pmatrix} \vdots & \vdots & b_{1j} & \vdots & \vdots \\ \vdots & \vdots & \vdots & \vdots & \vdots \\ \vdots & \vdots & b_{\ell j} & \vdots & \vdots \end{pmatrix} = \begin{pmatrix} \vdots & \vdots & \vdots & \vdots & \vdots \\ \vdots & \vdots & c_{ij} & \vdots & \vdots \\ \vdots & \vdots & \vdots & \vdots & \vdots \end{pmatrix}.$$

Der Koeffizient C_{ij} der Produktmatrix steht in der i-ten Zeile und j-ten Spalte und berechnet sich aus der i-ten Zeile von A und der j-ten Spalte von B. Diese Berechnung erfolgt genau wie beim aus den *Mathematischen Methoden* bekannten Standardskalarprodukt von zwei Vektoren aus dem $\mathbb{K}^{\ell}$.

Bemerkung: Die Matrizenmultiplikation ist assoziativ, d.h. für drei Matrizen geeigneter Größen ist

$$(A \cdot B) \cdot C = A \cdot (B \cdot C).$$

Die Matrizenmultiplikation ist aber nicht kommutativ, da im allgemeinen

$$A \cdot B \neq B \cdot A.$$

Nun können wir einige der Sätze aus dem vorigen Kapitel in die Sprache der Matrizen übertragen.

Satz 9.1.
Sei $A \in M(m \times n, \mathbb{K})$. Dann gilt:

(i) *$A : \mathbb{K}^n \to \mathbb{K}^m$ ist genau dann injektiv, wenn die Spaltenvektoren $\{A(e_1), \ldots, A(e_n)\} \subset \mathbb{K}^m$ von A linear unabhängig sind. Insbesondere ist dann $n \leq m$.*

(ii) *$A : \mathbb{K}^n \to \mathbb{K}^m$ ist genau dann surjektiv, wenn die Spaltenvektoren $\{A(e_1), \ldots, A(e_n)\} \subset \mathbb{K}^m$ ein Erzeugendensystem des $\mathbb{K}^m$ bilden. Insbesondere gilt $m \leq n$.*

(iii) *A ist genau dann bijektiv, wenn die Spaltenvektoren $\{A(e_1), \ldots, A(e_n)\} \subset \mathbb{K}^m$ eine Basis von $\mathbb{K}^m$ sind. Insbesondere ist dann $m = n$.*

Beweis: Wir wenden dazu Satz 8.7 an. Sei dazu $\{e_1, e_2, \ldots, e_n\}$ die Standardbasis des $\mathbb{K}^n$. Diese wird auf die Menge $\{A(e_1), \ldots, A(e_n)\}$ abgebildet. Nach Satz 8.7(i) ist A injektiv genau dann, wenn diese Menge linear unabhängig ist. Nach Teil (ii) des Satzes ist A surjektiv genau dann, wenn $\{A(e_1), \ldots, A(e_n)\}$ ein Erzeugendensystem des Bildraum $\mathbb{K}^m$ ist und nach Teil (iii) bijektiv genau dann, wenn $\{A(e_1), \ldots, A(e_n)\}$ eine Basis des $\mathbb{K}^m$ ist.
Die Aussagen über die Dimensionen ergeben sich aus Korollar 8.11.

□

Definition. *(invertierbar)*
Sei $A \in M(n, \mathbb{K})$ eine Matrix, die einer bijektiven linearen Abbildung $A : \mathbb{K}^n \to \mathbb{K}^n$ entspricht. Dann heißt A **invertierbar** *und die zugehörige Matrix der Umkehrabbildung bezeichnen wir mit A^{-1}. Es gilt dann*

$$A \cdot A^{-1} = A^{-1} \cdot A = E_n.$$

Bemerkung: Für die Inverse einer Produktmatrix gilt:

$$(A \cdot B)^{-1} = B^{-1} \cdot A^{-1},$$

denn

$$B^{-1} \cdot \underbrace{A^{-1} \cdot A}_{=E_n} \cdot B = B^{-1} \cdot B = E_n \quad \text{und} \quad A \cdot B \cdot B^{-1} \cdot A^{-1} = A^{-1} \cdot A = E_n.$$

Eine invertierbare Matrix nennt man auch *regulär*, eine nicht-invertierbare Matrix *singulär*.

Bemerkung: Die Menge aller invertierbaren $n \times n$-Matrizen bilden mit der Matrizenmultiplikation als Verknüpfung die *allgemeine, lineare Gruppe $GL(n, \mathbb{K})$*. Die Assoziativität gilt allgemein bei der Multiplikation von Matrizen, das neutrale Element ist die Einheitsmatrix E_n und zu jeder Matrix $A \in GL(n, \mathbb{K})$ existiert als inverses Element die inverse Matrix A^{-1}.

Insbesondere wird in Zukunft „Sei $A \in GL(n, \mathbb{K})$" die Kurzversion von „Sei A eine invertierbare $n \times n$-Matrix" sein.

9.2 Darstellung linearer Abbildungen durch Matrizen

Am Ende des vorigen Kapitels hatten wir den Begriff des Koordinatensystems eingeführt. Diese Koordinatensysteme können wir nun benutzen, um lineare Abbildungen zwischen zwei Vektorräumen durch Matrizen zu beschreiben.

Definition. *(Matrixdarstellung)*
Seien V und W $\mathbb{K}$-Vektorräume, $B = (b_1, \ldots, b_n)$ eine geordnete Basis von V und $C = (c_1, \ldots, c_m)$ eine geordnete Basis von W. Die zugehörigen Koordinatensysteme bezeichnen wir wie am Ende von Kapitel 8 mit $\Phi_B : V \to \mathbb{K}^n$ und $\Phi_C : W \to \mathbb{K}^m$. Dann heißt die Matrix der linearen Abbildung

$$\Phi_C \circ f \circ \Phi_B^{-1} : \mathbb{K}^n \to \mathbb{K}^m$$

Matrixdarstellung *von f bezüglich der Basen B und C. Wir nennen diese Matrix $M_{B,C}(f)$.*

Schematisch sieht das so aus:

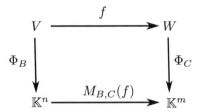

Dieses *kommutative Diagramm* ist so zu verstehen, dass die Verkettung von Abbildungen mit dem selben Ausgangs- und Endpunkt übereinstimmen. Im Diagramm kann man von V nach $\mathbb{K}^m$ gelangen, indem man „rechts herum" geht und $\Phi_C \circ f$ anwendet. Man kann aber auch „links herum" gehen und zuerst Φ_B und dann $M_{B,C}(f)$ ausführen. Das Diagramm „behauptet", dass diese beiden Abbildungen gleich sind.

Satz 9.2.
Sei V ein Vektorraum mit der geordneten Basis $B = (b_1, \ldots, b_n)$ und W ein Vektorraum mit der geordneten Basis $C = (c_1, \ldots, c_m)$.
Bezeichnet man die Matrixdarstellung der linearen Abbildung $f : V \to W$ bezüglich der Basen B und C mit $(a_{ij}) = A = M_{B,C}(f) \in M(m \times n, \mathbb{K})$, so erfüllen die Koeffizienten a_{ij} die Gleichungen

$$f(b_j) = \sum_{i=1}^{m} a_{ij} c_i$$

mit $j = 1, 2, \ldots, n$ und werden durch sie eindeutig festgelegt.

Beweis: Sei $A = (a_{ij}) = M_{B,C}(f)$ die Matrixdarstellung von f, dann ist das Bild des j-ten Standardvektors e_j unter Φ_B^{-1} gerade b_j, d.h.

$$\Phi_C \circ f \circ \Phi_B^{-1}(e_j) = \Phi_C(f(b_j)).$$

Andererseits ist

$$(M_{B,C}(f))(e_j) = \begin{pmatrix} a_{1j} \\ a_{2j} \\ \vdots \\ a_{mj} \end{pmatrix}$$

also

$$f(b_j) = \Phi_C^{-1}(a_{1j}, a_{2j}, \ldots, a_{mj}) = \sum_{i=1}^{m} a_{ij} c_i.$$

Die Eindeutigkeit der Darstellung ergibt sich aus der Tatsache, dass C eine Basis ist. □

Beispiel:
Sei P_3 der (vierdimensionale) Vektorraum der Polynome vom Grad kleiner gleich drei und P_2 der (dreidimensionale) Vektorraum der quadratischen Polynome. Als lineare Abbildung betrachten wir den Differentialoperator D, der jeder Funktion ihre Ableitung zuordnet.
Seien $B = \{1, x, x^2, x^3\}$ und $C = (1, x, x^2)$ Basen in P_3 beziehungsweise in P_2. Wegen

$$\begin{aligned} D(b_1) &= 0 \\ D(b_2) &= 1 = 1 \cdot c_0 \\ D(b_3) &= 2x = 2 \cdot c_1 \\ D(b_4) &= 3x^2 = 3 \cdot c_2 \end{aligned}$$

lautet die Matrixdarstellung

$$M_{B,C}(D) = \begin{pmatrix} 0 & 1 & 0 & 0 \\ 0 & 0 & 2 & 0 \\ 0 & 0 & 0 & 3 \end{pmatrix}.$$

Bemerkung: Etwas abstrakter betrachtet, kann man $M_{B,C}$ als eine Abbildung auffassen, die jeder linearen Abbildung $f : V \to W$ eine $m \times n$-Matrix $M_{B,C}(f)$ zuordnet. Man kann zeigen, dass diese Abbildung $M_{B,C} : \mathcal{L}(V, W) \to M(m \times n, \mathbb{K})$ ein Isomorphismus ist.

Für lineare Abbildungen $B : \mathbb{K}^n \to \mathbb{K}^\ell$ mit $x \mapsto Bx$ und $A : \mathbb{K}^\ell \to \mathbb{K}^m$ mit $y \mapsto Ay$, die durch die Matrizen B und A definiert sind, entspricht die Hintereinanderausführung $A \circ B$ der linearen Abbildungen der Multiplikation $A \cdot B$ der entsprechenden Matrizen.
Ganz analog gilt für Matrixdarstellungen von linearen Abbildungen:

Satz 9.3.
Seien $f : U \to V$ und $g : V \to W$ lineare Abbildungen zwischen Vektorräumen endlicher Dimension. B Basis von U, C Basis von V und D Basis von W. Dann gilt für die zugehörigen Matrixdarstellungen

$$M_{B,D}(g \circ f) = M_{C,D}(g) \cdot M_{B,C}(f),$$

d.h. die Hintereinanderausführung von linearen Abbildungen übersetzt sich wieder in die Matrizenmultiplikation.

Beweis: Wir betrachten das kommutative Diagramm, das sich aus dem „Zusammenkleben" der beiden Diagramme für die Matrixdarstellungen von f und von g ergibt.

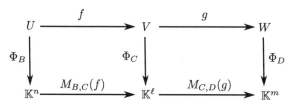

Die zugehörige Rechnung ist wieder ein Einzeiler:

$$M_{B,D}(g \circ f) = \Phi_D \circ (g \circ f) \circ \Phi_B^{-1} = \Phi_D \circ g \circ \underbrace{\Phi_C \circ \Phi_C^{-1}}_{=\mathrm{Id}} \circ f \circ \Phi_B^{-1} = M_{C,D}(g) \cdot M_{B,C}(f).$$

□

Ohne weitere Arbeit können wir aus dem Satz 9.2 über die Matrixdarstellung von linearen Abbildungen auch die Matrix zu einer Koordinatentransformation bestimmen.
Dazu betrachten wir dasselbe Diagramm wie oben mit einer speziellen Wahl:

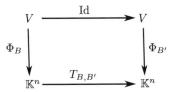

Weil wir im selben Vektorraum unterschiedliche Koordinatensysteme einführen, ist zwar $V = W$ derselbe Vektorraum, allerdings einmal mit einer Basis B und einmal mit einer Basis B'. Andererseits bleiben die Vektoren selbst unverändert, sie sollen nur in einer anderen Basis ausgedrückt werden, die lineare Abbildung f ist hier also einfach die Identität. Damit ergibt sich

Satz 9.4.
*Sei V ein $\mathbb{K}$-Vektorraum und $B = (b_1, \ldots, b_n)$ sowie $B' = (b'_1, \ldots, b'_n)$ seien zwei geordnete Basen von V mit zugehörigen Koordinatensystemen $\Phi_B : V \to \mathbb{K}^n$ und $\Phi_{B'} : V \to \mathbb{K}^n$.
Dann erfüllt die zur Koordinatentransformation $T_{B,B'} = \Phi_{B'} \circ \Phi_B^{-1}$ gehörende Transformationsmatrix $T = (t_{ij})$ die Gleichungen*

$$b_j = \sum_{i=1}^n t_{ij} b'_i$$

für $j = 1, 2, \ldots, n$.

Um die Spalten der Transformationsmatrix zu berechnen, muss man also die Vektoren der Basis B als Linearkombination der Vektoren aus B' darstellen.
Ein Vektor $v = \sum_{i=1}^n x_i b_i = \sum_{i=1}^n x'_i b'_i$ hat bezüglich B die Koordinaten $x = (x_1, x_2, \ldots, x_n)$ und bezüglich B' die Koordinaten $x' = (x'_1, x'_2, \ldots, x'_n)$. Mittels $x' = T_{B,B'} x$ kann man diese Koordinaten ineinander umrechnen.

Bemerkung: Die Koordinatentransformation $T_{B',B}$ hat als Matrix die inverse Matrix zu $T_{B,B'}$, denn

$$(T_{B,B'})^{-1} = (\Phi_{B'} \circ \Phi_B^{-1})^{-1} = (\Phi_B^{-1})^{-1} \circ \Phi_{B'}^{-1} = \Phi_B \circ \Phi_{B'}^{-1} = T_{B',B} \,.$$

Beispiel:
Betrachte im Vektorraum $V = \mathbb{R}^3$ die Standardbasis $B = ((1,0,0), (0,1,0), (0,0,1))$ und eine „andere Basis" $B' = ((1,1,0), (0,1,1), (1,0,1))$.
Man sieht sofort ein, dass

$$\begin{aligned}
b_1 &= \tfrac{1}{2}b'_1 - \tfrac{1}{2}b'_2 + \tfrac{1}{2}b'_3 = t_{11}b'_1 + t_{21}b'_2 + t_{31}b'_3 \\
b_2 &= \tfrac{1}{2}b'_1 + \tfrac{1}{2}b'_2 - \tfrac{1}{2}b'_3 = t_{12}b'_1 + t_{22}b'_2 + t_{32}b'_3 \\
b_3 &= -\tfrac{1}{2}b'_1 + \tfrac{1}{2}b'_2 + \tfrac{1}{2}b'_3 = t_{13}b'_1 + t_{23}b'_2 + t_{33}b'_3 \,.
\end{aligned}$$

Daraus ergibt sich als Matrix der Koordinatentransformation $T_{B,B'} = \begin{pmatrix} \tfrac{1}{2} & \tfrac{1}{2} & -\tfrac{1}{2} \\ -\tfrac{1}{2} & \tfrac{1}{2} & \tfrac{1}{2} \\ \tfrac{1}{2} & -\tfrac{1}{2} & \tfrac{1}{2} \end{pmatrix}$.

Beides, Matrixdarstellung und Koordinatenwechsel, lässt sich natürlich auch kombinieren. Wenn man die Matrixdarstellung einer linearen Abbildung $f : V \to W$ bezüglich Basen B und C bereits kennt, dann lässt sich die Matrixdarstellung bezüglich anderer Basen B' und C' mit Hilfe der Transformationsmatrizen $T_{B,B'}$ und $T_{C,C'}$ berechnen.

Graphisch steckt folgendes Diagramm hinter dieser Umrechnung:

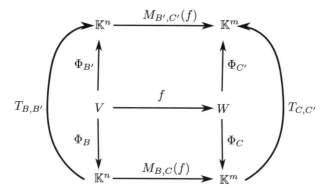

Als Satz formuliert gilt also:

Satz 9.5.
Sei $f : V \to W$ eine lineare Abbildung, $B = (b_1, \ldots, b_n)$ und $B' = (b'_1, \ldots, b'_n)$ seien zwei Basen von V und $C = (c_1, \ldots, c_m)$ sowie $C' = (c'_1, \ldots, c'_m)$ seien Basen von W. Dann hängen die Matrixdarstellungen $M_{B,C}(f)$ und $M_{B',C'}(f)$ von f wie folgt zusammen:

$$M_{B',C'}(f) = T_{C,C'} \cdot M_{B,C}(f) \cdot T_{B,B'}^{-1} = T_{C,C'} \cdot M_{B,C}(f) \cdot T_{B',B}.$$

Beweis: Nach der Definition der Matrixdarstellung ist

$$M_{B,C}(f) = \Phi_C \circ f \circ \Phi_B^{-1} \text{ und } M_{B',C'}(f) = \Phi_{C'} \circ f \circ \Phi_{B'}^{-1}.$$

Damit ist

$$M_{B',C'}(f) = \underbrace{\Phi_{C'} \circ \Phi_C^{-1}}_{=T_{C,C'}} \circ \Phi_C \circ f \circ \Phi_B^{-1} \underbrace{\circ \Phi_B \circ \Phi_{B'}^{-1}}_{=T_{B',B}} = T_{C,C'} \circ M_{B,C}(f) \circ (T_{B,B'})^{-1}.$$

□

Der wichtige Spezialfall $V = W$ mit $B = C$ und $B' = C'$ wird uns noch einige Male begegnen. Dabei ist $f : V \to V$ ein Endomorphismus eines Vektorraums V, der bezüglich zweier verschiedener Basen B und B' dargestellt werden soll. Da der Bildraum und der Urbildraum derselbe Vektorraum sind, will man nicht unabhängig in beiden die Koordinaten wechseln, sondern es soll sich um dieselbe Koordinatentransformation im Bildraum und im Urbildraum handeln. Nach Satz 9.5 gilt dann

$$M_{B',B'}(f) = T_{B,B'} \cdot M_{B,B}(f) \cdot T_{B,B'}^{-1}.$$

9.3 Der Rang einer Matrix

Der *Rang* einer linearen Abbildung f war in Abschnitt 8.2 definiert worden als die Dimension des Bildes von f. Da das Bild der Matrixdarstellung aus allen Linearkombinationen der Spaltenvektoren besteht, ist der Rang gerade die Dimension des von den Spaltenvektoren der Matrix aufgespannten Raumes.

Definition. *(Spalten-/Zeilenrang)*
*Für eine $m \times n$-Matrix A ist der **Spaltenrang** die maximale Anzahl der linear unabhängigen Spaltenvektoren der Matrix. Analog ist der **Zeilenrang** die maximale Anzahl der linear unabhängigen Zeilen der Matrix.*

Im Verlauf des Kapitels werden wir sehen, dass Zeilenrang und Spaltenrang einer Matrix immer übereinstimmen, offensichtlich ist dies aber nicht.
Zunächst werden wir daher unter dem Rang der Matrix immer den Spaltenrang verstehen.

Satz 9.6.
Sei $f : V \to W$ eine lineare Abbildung und $\psi : V' \to V$ sowie $\varphi : W \to W'$ seien Isomorphismen. Dann ist $\mathrm{Rang}(f) = \mathrm{Rang}(\varphi \circ f \circ \psi)$, d.h. verknüpft man eine lineare Abbildung mit Isomorphismen, so ändert dies den Rang nicht.

Beweis: Da ψ ein Isomorphismus ist, gilt $\mathrm{Bild}(\psi) = V$ und damit $\mathrm{Bild}(f) = \mathrm{Bild}(f \circ \psi)$, so dass $\dim \mathrm{Bild}(f) = \dim \mathrm{Bild}(f \circ \psi)$ ist. Da φ ebenfalls ein Isomorphismus ist, ist auch die Einschränkung $\varphi|_{\mathrm{Bild}(f \circ \psi)}$ ein Isomorphismus. Da ein Isomorphismus nach Korollar 8.8 die Dimension nicht ändert, ist auch $\dim \mathrm{Bild}(\varphi \circ f \circ \psi) = \dim \mathrm{Bild}(f \circ \psi)$. □

Besonders interessiert uns der Fall, dass ψ und φ Koordinatensysteme sind. Dabei geht es darum, Koordinaten zu wählen, für die die Matrixdarstellung einer linearen Abbildung f eine möglichst einfache Gestalt hat.

Satz 9.7.
Sei $f : V \to W$ eine lineare Abbildung mit $\mathrm{Rang}(f) = r$. Dann gibt es Basen $B = (b_1, b_2, \ldots, b_n)$ von V und $C = (c_1, \ldots, c_m)$ von W, so dass für die Matrixdarstellung $M_{B,C}(f)$ von f bezüglich der Basen B und C gilt:
$$M_{B,C}(f) = \left(\begin{array}{c|c} E_r & 0_{r \times (n-r)} \\ \hline 0_{(m-r) \times r} & 0_{(m-r) \times (n-r)} \end{array} \right).$$

Bemerkung: Diesen Satz kann man als eine andere Version von Satz 8.9 mit Hilfe von Matrixdarstellungen auffassen. Die Matrixdarstellung lässt sich dabei folgendermaßen interpretieren:
- In den neuen Basen wird der erste Basisvektor b_1 auf c_1 abgebildet, b_2 auf c_2 usw. bis zu b_r, der auf c_r abgebildet wird.
- Die (möglicherweise vorhandenen) weiteren Basisvektoren $b_{r+1}, b_{r+2}, \ldots, b_n$ in V werden alle auf den Nullvektor abgebildet.
- Die (möglicherweise vorhandenen) weiteren Basisvektoren $c_{r+1}, c_{r+2}, \ldots, c_m$ in W kommen im Bild von f nicht vor.

Schematisch sieht das so aus:

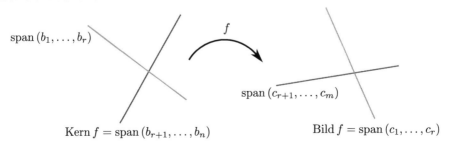

Beweis: Wie im Beweis von Satz 8.9 wählen wir ein Komplement U zu Kern(f), d.h. einen Unterraum U mit $U \oplus$ Kern$(f) = V$. Nach Satz 8.4 ist $f : U \to$ Bild(f) ein Isomorphismus. Sei $(c_1, \ldots, c_r)$ eine Basis von Bild(f), dann ist $(f^{-1}(c_1), \ldots, f^{-1}(c_r))$ eine Basis von U. Wir nennen nun diese Vektoren $b_i := f^{-1}(c_i)$ und ergänzen sie durch Vektoren $(b_{r+1}, \ldots, b_n)$ aus dem Kern von f zu einer Basis von V. Ebenso ergänzen wir auf beliebige Weise $(c_1, \ldots, c_r)$ durch Vektoren $(c_{r+1}, \ldots, c_m)$ zu einer Basis von W.

Um die Matrixdarstellung $M_{B,C}(f)$ von f zu bestimmen, betrachtet man die Bilder der Basisvektoren $b_1, \ldots, b_n$ unter f. Wegen $f(b_j) = c_j$ enthalten die ersten r Spalten der Matrixdarstellung $M_{B,C}(f)$ genau eine Eins auf der Diagonalen und ansonsten lauter Nullen. In den letzten $n - r$ Spalten stehen nur Nullen, denn $f(b_j) = 0$ für $j = r+1, \ldots, m$.

□

Falls $f : \mathbb{R}^n \to \mathbb{R}^m$ schon durch eine Matrix beschrieben wird, dann ergibt sich aus dem vorigen Satz sofort eine Aussage über Matrizen.

Satz 9.8.
Sei $A \in M(m \times n, \mathbb{K})$ eine Matrix mit Rang $A = r$.
Dann gibt es invertierbare Matrizen $T \in GL(n, \mathbb{K})$ und $S \in GL(m, \mathbb{K})$ mit

$$S \cdot A \cdot T^{-1} = \left(\begin{array}{c|c} E_r & 0_{r \times (n-r)} \\ \hline 0_{(m-r) \times r} & 0_{(m-r) \times (n-r)} \end{array} \right).$$

Eine wichtige Folgerung besteht darin, dass sich Matrizen mit demselben Rang durch invertierbare Koordinatentransformationen ineinander überführen lassen.

Bemerkung: Seien $A, B \in M(m \times n, \mathbb{K})$, dann gilt:

$$\text{Rang}(A) = \text{Rang}(B) \Leftrightarrow \text{ es gibt } S \in GL(m, \mathbb{K}) \text{ und } T \in GL(n, \mathbb{K}) \text{ mit } S \cdot A \cdot T^{-1} = B,$$

denn: es gibt nach dem vorhergehenden Korollar $S_1, S_2 \in GL(m, \mathbb{K})$ und $T_1, T_2 \in GL(n, \mathbb{K})$ mit

$$S_1 \cdot A \cdot T_1^{-1} = \left(\begin{array}{c|c} E_r & 0_{r \times (n-r)} \\ \hline 0_{(m-r) \times r} & 0_{(m-r) \times (n-r)} \end{array} \right) = S_2 \cdot B \cdot T_2^{-1}.$$

Dann ist aber

$$B = S_2^{-1} \cdot S_1 \cdot A \cdot T_1^{-1} \cdot T_2 = S \cdot A \cdot T^{-1}$$

mit $S = S_2^{-1} \cdot S_1$ und $T = T_2^{-1} \cdot T_1$.

Man könnte sich also auf den Standpunkt stellen, dass es (abgesehen von der Wahl der geeigneten Koordinaten) nur jeweils eine lineare Abbildung $f : \mathbb{R}^n \to \mathbb{R}^m$ mit Rang r gibt.

Definition. *(Transponierte)*
*Ist $A \in M(m \times n, \mathbb{K})$ mit $A = (a_{ij})$ eine beliebige Matrix, dann heißt die Matrix $A^T \in M(n \times m, \mathbb{K})$ mit $(A^T)_{ij} = (a_{ji})$ die zu A **transponierte Matrix**. Aus der i-ten Zeile von A wird die i-te Spalte von A^T und aus der j-ten Spalte von A die j-te Zeile von A^T.*

Beispiel:
$$\begin{pmatrix} 3 & 0 & -5 \\ 2 & -4 & 1 \end{pmatrix}^T = \begin{pmatrix} 3 & 2 \\ 0 & -4 \\ -5 & 1 \end{pmatrix}.$$

Es ist leicht einzusehen, dass für $m \times n$-Matrizen A_1, A_2 immer $(A_1 + A_2)^T = A_1^T + A_2^T$ gilt. Etwas mehr aufpassen muss man bei der Transposition eines Matrizenprodukts.

Satz 9.9.
Sind $A \in M(m \times \ell, \mathbb{K}), B \in M(\ell \times n, \mathbb{K})$ zwei Matrizen, dann gilt
$$(A \cdot B)^T = B^T \cdot A^T.$$

Beweis: Falls $A = (a_{ij})$ und $B = (b_{ij})$, dann gilt für die transponierten Matrizen $A^T = (\tilde{a}_{ji})$ mit $\tilde{a}_{ij} = a_{ji}$ und $B^T = (\tilde{b}_{ij})$ mit $\tilde{b}_{ij} = b_{ji}$.

Die Matrix $C = AB$ hat die Koeffizienten $c_{ij} = \sum_{k=1}^{\ell} a_{ik} b_{kj}$, d.h. die dazu transponierte Matrix $C^T = (\tilde{c}_{ij})$ hat die Koeffizienten
$$\tilde{c}_{ij} = c_{ji} = \sum_{k=1}^{\ell} a_{jk} b_{ki}.$$

Andererseits hat die Matrix $D = B^T \cdot A^T$ die Koeffizienten
$$d_{ij} = \sum_{k=1}^{\ell} \tilde{b}_{ik} \tilde{a}_{kj} = \sum_{k=1}^{\ell} b_{ki} a_{jk} = \tilde{c}_{ij}.$$
$\square$

Bemerkung: Als Konsequenz aus dieser Rechenregel ist für invertierbare Matrizen $A \in GL(n, \mathbb{K})$ auch A^T invertierbar mit inverser Matrix $(A^T)^{-1} = (A^{-1})^T$. Man findet für $(A^T)^{-1}$ gelegentlich auch die Kurzschreibweise A^{-T}.

Satz 9.10.
Ist $A \in M(m \times n, \mathbb{K})$ eine beliebige Matrix, dann gilt Rang $A = $ Rang A^T.

Beweis: Ist Rang $A = r$, dann gibt es invertierbare Matrizen $T \in GL(n, \mathbb{K})$ und $S \in GL(m, \mathbb{K})$ mit
$$S \cdot A \cdot T^{-1} = \left(\begin{array}{c|c} E_r & 0_{r \times (n-r)} \\ \hline 0_{(m-r) \times r} & 0_{(m-r) \times (n-r)} \end{array} \right).$$

Bildet man auf beiden Seiten die transponierte Matrix, erhält man
$$(S \cdot A \cdot T^{-1})^T = \left(\begin{array}{c|c} E_r & 0_{r \times (n-r)} \\ \hline 0_{(m-r) \times r} & 0_{(m-r) \times (n-r)} \end{array} \right) \Leftrightarrow (T^{-1})^T \cdot A^T \cdot S^T = \left(\begin{array}{c|c} E_r & 0_{(m-r) \times r} \\ \hline 0_{r \times (n-r)} & 0_{(n-r) \times (m-r)} \end{array} \right).$$

Da mit S und T auch S^T und $(T^{-1})^T$ invertierbar sind, ist daher Rang$(A^T) = r = $ Rang(A). $\square$

Bemerkung: Insbesondere ist der Spaltenrang von A^T gleich dem Spaltenrang von A. Da aber der Spaltenrang von A^T gerade der Zeilenrang von A ist, stimmen für jede Matrix der Spalten- und der Zeilenrang überein. Das rechtfertigt im Nachhinein, dass wir immer nur vom „Rang" einer Matrix sprechen.

9.4 Ein zweiter Blick auf das Gauß-Verfahren

Lineare Gleichungssysteme von m Gleichungen in n Unbekannten lassen sich in der Form $Ax = b$ mit

$$A = \begin{pmatrix} a_{11} & a_{12} & \cdots & a_{1n} \\ a_{21} & a_{22} & \cdots & a_{2n} \\ \vdots & \vdots & \ddots & \vdots \\ a_{m1} & a_{m2} & \cdots & a_{mn} \end{pmatrix} \in M(m \times n, \mathbb{K}), \quad x = \begin{pmatrix} x_1 \\ x_2 \\ \vdots \\ x_n \end{pmatrix} \in \mathbb{K}^n \text{ und } b = \begin{pmatrix} b_1 \\ b_2 \\ \vdots \\ b_m \end{pmatrix} \in \mathbb{K}^m$$

schreiben und mit dem Gaußschen Eliminationsverfahren lösen. Wie zu Beginn der Vorlesung besprochen bringt man dabei die erweiterte Koeffizientenmatrix

$$(A, b) = \begin{pmatrix} a_{11} & a_{12} & \cdots & a_{1n} & b_1 \\ a_{21} & a_{22} & \cdots & a_{2n} & b_2 \\ \vdots & \vdots & \ddots & \vdots & \vdots \\ a_{m1} & a_{m2} & \cdots & a_{mn} & b_m \end{pmatrix} \in M(m \times (n+1), \mathbb{K})$$

durch die elementaren Zeilenumformungen

- Vertauschen von Zeilen
- Multiplikation einer Zeile mit einer Zahl $\lambda \in \mathbb{K} \setminus \{0\}$
- Addition des λ-fachen einer Zeile zu einer anderen Zeile

in die sogenannte Zeilenstufenform

$$\begin{pmatrix} 0\ldots 0 & c_{1j_1}\ldots & \cdots & \cdots & \cdots & \cdots & \cdots & c_{1n} \\ \vdots & \vdots & 0\ldots 0 & c_{2j_2}\ldots & \cdots & \ddots & \cdots & c_{2n} \\ \vdots & \vdots & \vdots & \vdots & 0\ldots 0 & c_{3j_3}\ldots & \cdots & c_{3n} \\ \vdots & \vdots & \vdots & \vdots & \vdots & 0\ldots 0 & \ddots & \vdots \\ \vdots & \vdots & \vdots & \vdots & \vdots & \vdots & \ddots & \vdots \\ 0\ldots 0 & 0\ldots 0 & 0\ldots 0 & 0\ldots 0 & \ddots & c_{rj_r} & \cdots & c_{rn} \\ 0\ldots 0 & 0\ldots 0 & 0\ldots 0 & 0\ldots 0 & \cdots & 0 & \cdots & 0 \\ \vdots & \vdots & \vdots & \vdots & \vdots & \vdots & \cdots & \vdots \\ 0\ldots 0 & 0\ldots 0 & 0\ldots 0 & 0\ldots 0 & \cdots & 0 & \cdots & 0 \end{pmatrix}.$$

Satz 9.11.
Sei $A \in M(m \times n, \mathbb{K})$ mit Rang $A = r$ und $b \in \mathbb{K}^m$ so, dass die erweiterte Koeffizientenmatrix (A, b) in Zeilenstufenform ist. Dann besitzt das lineare Gleichungssystem $Ax = b$ genau dann eine Lösung, wenn $b_{r+1} = b_{r+2} = \ldots = b_m = 0$ ist.

Beweis: Wegen der Zeilenstufenform ist entweder $b_{r+1} = b_{r+2} = \ldots = b_m = 0$ oder $b_{r+1} \neq 0$. In diesem Fall lautet die $(r+1)$-te Zeile des Gleichungssystems $0 \cdot x_1 + 0 \cdot x_2 + \ldots + 0 \cdot x_n = b_{r+1}$ und wird durch keine Wahl von x gelöst.
Falls $b_{r+1} = b_{r+2} = \ldots = b_m = 0$, dann ist $b \in \text{span}(e_1, e_2, \ldots, e_r) = \text{Bild}(A)$ und es muss (mindestens) ein $x \in \mathbb{K}^n$ geben mit $Ax = b$. □

Falls $A \in M(m \times n, \mathbb{K})$ eine Matrix in Zeilenstufenform mit $\text{Rang}\, A = r$ ist, dann bestehen die letzten $m - r$ Zeilen der Matrix nur aus Nullen. Das lineare Gleichungssystem $Ax = b$ besitzt keine Lösung, falls $b_{r+1} \neq 0$ ist. Die Tatsache $b_{r+1} \neq 0$ bedeutet, dass $\text{Rang}(A, b) = r + 1 > \text{Rang}\, A$ ist. Diese Bedingung ist also ein Kriterium für die Nichtexistenz von Lösungen.
Wir zeigen als nächstes, wie man alle Lösungen bestimmt, wenn $\text{Rang}\, A = \text{Rang}(A, b)$ ist.

Satz 9.12.
Sei $A \in M(m \times n, \mathbb{K})$ eine Matrix mit $\text{Rang}\, A = r$ in Zeilenstufenform und $j_1, \ldots, j_r$ seien wie oben die Spalten, bei denen ein neuer Eintrag in der nächsten Zeile hinzukommt.
Definiert man $J = \{j_1, j_2, \ldots, j_r\}$ und $\bar{J} = \{1, 2, \ldots, n\} \setminus J$, dann gilt:
Für beliebige Wahl der x_i mit $i \in \bar{J}$ gibt es eindeutige $x_{j_1}, x_{j_2}, \ldots, x_{j_r}$, so dass das Gleichungssystem
$$Ax = b$$
mit einem vorgegebenen Vektor $b \in \mathbb{K}^m$ erfüllt ist.

Beweis: Das Gleichungssystem lässt sich „von unten nach oben" eindeutig lösen. Die r-te Zeile lautet
$$a_{rj_r} \underbrace{x_{j_r}}_{\text{unbekannt}} + a_{r,j_r+1} \underbrace{x_{j_r+1}}_{\text{vorgegeben}} + \ldots + a_{rn} \underbrace{x_n}_{\text{vorgegeben}} = b_r$$
Diese Gleichung lässt sich eindeutig nach x_{j_r} auflösen:
$$x_{j_r} = \frac{1}{a_{rj_r}} \left(b_r - \sum_{i=j_r+1}^{n} a_{ri} x_i \right).$$
Auf dieselbe Weise liefert die $(r-1)$-te Zeile eindeutig $x_{j_{r-1}}$, die $(r-2)$-te Zeile eindeutig $x_{j_{r-2}}$ usw. bis man schließlich aus der ersten Zeile eindeutig x_{j_1} bestimmt. □

Das Verfahren in seiner Allgemeinheit liest sich mit all den Indizes in der Theorie wesentlich komplizierter als es in der Praxis ist, wenn statt all der doppelt indizierten Größen konkrete Zahlen stehen. Trotzdem ist es bei solchen Algorithmen wichtig, sich klarzumachen, dass sie in *jedem* möglichen Fall eine Lösung liefern sollen (und das sogar noch in möglichst wenigen Schritten…).

Satz 9.13.
Das lineare Gleichungssystem $Ax = b$ mit $A \in M(m \times n, \mathbb{K})$ besitzt

- *keine Lösung, falls $\text{Rang}\, A < \text{Rang}(A, b)$ ist*
- *genau eine Lösung, falls $\text{Rang}\, A = \text{Rang}(A, b) = n$ ist und*
- *unendlich viele Lösungen, falls $\text{Rang}\, A = \text{Rang}(A, b) < n$ ist.*

Beweis: Wir haben in Satz 9.11 gesehen, dass ein lineares Gleichungssystem $Ax = b$ genau dann keine Lösung besitzt, wenn $\text{Rang}\, A < \text{Rang}(A, b)$ ist. Da immer $\text{Rang}\, A \leq \text{Rang}(A, b)$, ist die Lösbarkeit also äquivalent zu $\text{Rang}\, A = \text{Rang}(A, b)$.

In Satz 9.12 hatten wir die Lösungen bestimmt. Diese Lösung ist eindeutig, wenn die Menge $\bar{J}$ leer ist und folglich $J = \{1, 2, \ldots, n\}$. In diesem Fall hat die Zeilenstufenform des linearen Gleichungssystems genau n Stufen mit nichtverschwindenden Einträgen.

Falls die Menge $\bar{J}$ nicht leer ist, dann besteht J aus weniger als n Elementen, die Zeilenstufenform hat weniger als n Zeilen mit nichtverschwindenden Einträgen und der Rang von A ist kleiner als n. □

Das Gauß-Verfahren kann nicht nur zur Lösung von linearen Gleichungssystemen benutzt werden, sondern hat auch weitere Anwendungen:

1. Rangbestimmung bei Matrizen

   Die elementaren Zeilenumformungen verändern nicht den Rang einer Matrix A. Das sieht man am besten am Zeilenrang (der ja nach Satz 9.10 mit dem Spaltenrang der Matrix übereinstimmt). Die Anzahl linear unabhängiger Zeilen ändert sich nicht, wenn man zwei dieser Zeilen vertauscht oder eine der Zeilen mit einer Zahl $\lambda \neq 0$ multipliziert.

   Weniger offensichtlich ist, dass auch die Addition eines Vielfachen einer Zeile zu einer anderen Zeile den Spaltenrang nicht beeinflusst.

   Seien daher $z_1, \ldots, z_m$ die Spaltenvektoren der Matrix und $Z = \text{span}(z_1, \ldots, z_m)$ der von ihnen aufgespannte Raum. Der (Zeilen-)rang von A ist dann gerade die Dimension von Z. Mit einem Argument, das wir so ähnlich schon früher beim Austauschlemma Satz 7.12 benutzt haben, zeigen wir, dass sich die lineare Hülle nicht ändert, wenn man z_k durch $z'_k = z_k + \lambda z_\ell$ ersetzt, dass also die Menge

   $$Z' = \text{span}(z_1, \ldots, z_{k-1}, z'_k, z_{k+1}, \ldots, z_m)$$

   mit Z übereinstimmt.

   Zunächst ist $Z' \subseteq Z$ wegen $z'_k = z_k + \lambda z_\ell$, denn jeder Vektor, der sich als Linearkombination von $z_1, \ldots, z_{k-1}, z'_k, z_{k+1}, \ldots, z_m$ darstellen lässt, lässt sich ebenfalls als Linearkombination von $z_1, \ldots, z_{k-1}, z_k, z_{k+1}, \ldots, z_m$ schreiben. Umgekehrt ist wegen $z_k = z'_k - \lambda z_\ell$ auch $Z \subseteq Z'$, also ist $Z = Z'$ und damit auch $\dim Z = \dim Z'$. Der Zeilenrang ändert sich also auch nicht, wenn man das λ-fache der ℓ-ten Zeile zur k-ten Zeile addiert.

   Eine gegebene Matrix A können wir nach Satz 7.1 in Zeilenstufenform bringen. Für Matrizen in Zeilenstufenform gilt dann:

   Der Rang einer Matrix in Zeilenstufenform ist gleich der Anzahl der Zeilen, die nicht nur Nullen enthalten.

2. Bestimmung von inversen Matrizen (*Gauß-Jordan-Verfahren*)

   Die Berechnung der inversen Matrix einer $n \times n$-Matrix $A \in GL(n, \mathbb{K})$ kann man zurückführen auf das Lösen von n linearen Gleichungssystemen $Ax = b$, bei denen für b jeweils ein Standardbasisvektor eingesetzt wird (siehe Tutorium).

   Da wir für das Lösen von linearen Gleichungssystemen das Gaußsche Eliminationsverfahren anwenden, modifizieren wir dieses einfach und berechnen die Lösung simultan für n verschiedene rechte Seiten. Dazu schreibt man neben die Matrix A die Einheitsmatrix E_n. Man bringt die Matrix A dann nicht nur in Dreiecksform, sondern benutzt elementare Zeilenumformungen, bis aus A die Einheitsmatrix geworden ist. Die Matrix, die dann auf der rechten Seite steht, ist gerade die inverse Matrix A^{-1}.

Beispiel: Wir wollen die Inverse der Matrix

$$A = \begin{pmatrix} 1 & 3 & 5 \\ 2 & 2 & -4 \\ -2 & -3 & 1 \end{pmatrix}$$

bestimmen. Dazu schreiben wir zunächst neben die Matrix A die Einheitsmatrix.

$$\left(\begin{array}{rrr|rrr} 1 & 3 & 5 & 1 & 0 & 0 \\ 2 & 2 & -4 & 0 & 1 & 0 \\ -2 & -3 & 1 & 0 & 0 & 1 \end{array} \right)$$

Um die linke Seite dieses Schemas in die Einheitsmatrix zu überführen addieren wir zunächst Vielfache der ersten Zeile zu den beiden anderen Zeilen, um in der ersten Spalte zwei Nullen zu erzeugen:

$$\left(\begin{array}{rrr|rrr} 1 & 3 & 5 & 1 & 0 & 0 \\ 0 & -4 & -14 & -2 & 1 & 0 \\ 0 & 3 & 11 & 2 & 0 & 1 \end{array} \right)$$

Indem man ein Vielfaches der zweiten Zeile zur dritten Zeile addiert, bringt man die linke Seite in Dreiecksgestalt:

$$\left(\begin{array}{rrr|rrr} 1 & 3 & 5 & 1 & 0 & 0 \\ 0 & -4 & -14 & -2 & 1 & 0 \\ 0 & 0 & 2 & 2 & 3 & 4 \end{array} \right)$$

Teilt man die letzte Zeile durch zwei, so stehen in der letzten Zeile schon die gewünschten Einträge.

$$\left(\begin{array}{rrr|rrr} 1 & 3 & 5 & 1 & 0 & 0 \\ 0 & -4 & -14 & -2 & 1 & 0 \\ 0 & 0 & 1 & 1 & \frac{3}{2} & 2 \end{array} \right)$$

Nun arbeitet man sich wieder nach oben und addiert Vielfache der letzten Zeile zur ersten und zweiten Zeile, um in der dritten Spalte die notwendigen Nullen zu erzeugen.

$$\left(\begin{array}{rrr|rrr} 1 & 3 & 0 & -4 & -\frac{15}{2} & -10 \\ 0 & -4 & 0 & 12 & 22 & 28 \\ 0 & 0 & 1 & 1 & \frac{3}{2} & 2 \end{array} \right)$$

Nun kann man den zweiten Eintrag der Diagonale auf 1 normieren:

$$\left(\begin{array}{rrr|rrr} 1 & 3 & 0 & -4 & -\frac{15}{2} & -10 \\ 0 & 1 & 0 & -3 & -\frac{11}{2} & -7 \\ 0 & 0 & 1 & 1 & \frac{3}{2} & 2 \end{array} \right)$$

und schließlich auch in der zweiten Spalte noch eine Null erzeugen.

$$\left(\begin{array}{rrr|rrr} 1 & 0 & 0 & 5 & 9 & 11 \\ 0 & 1 & 0 & -3 & -\frac{11}{2} & -7 \\ 0 & 0 & 1 & 1 & \frac{3}{2} & 2 \end{array} \right)$$

Auf der linken Seite steht nun die 3×3-Einheitsmatrix. Die Inverse von A ist daher

$$A^{-1} = \begin{pmatrix} 5 & 9 & 11 \\ -3 & -\frac{11}{2} & -7 \\ 1 & \frac{3}{2} & 2 \end{pmatrix}.$$

Nach diesem Kapitel sollte man

... wissen, dass sich alle linearen Abbildungen zwischen endlich-dimensionalen Vektorräumen durch Matrizen darstellen lassen

... wissen, wie man mit Matrizen rechnet (insbesondere Matrixmultiplikation, Inverse, transponierte Matrix)

... zu einer gegebenen linearen Abbildung $f : V \to W$ und Basen B, C die Matrixdarstellung $M_{B,C}(f)$ bestimmen können

... die Transformationsmatrix $T_{B,B'}$ für eine Koordinatentransformation von der Basis B in die Basis B' berechnen können

... wissen, wie Surjektivität und Injektivität einer linearen Abbildung mit den Spaltenvektoren der zugehörigen Matrix zusammenhängen

... den Rang einer Matrix bestimmen können

... das Gauß-Jordan-Verfahren zur Bestimmung der inversen Matrix anwenden können

Aufgaben zu Kapitel 9

1. Gegeben seien die vier Matrizen

$$A = \begin{pmatrix} 1 & 0 & 2 \\ 2 & 1 & 0 \\ 0 & 2 & 1 \end{pmatrix}, \ B = \begin{pmatrix} 1 & 4 & 1 & 1 \\ -1 & -1 & -6 & -1 \end{pmatrix}, \ C = \begin{pmatrix} 1 \\ 2 \\ 3 \\ 4 \end{pmatrix} \text{ und } D = \begin{pmatrix} 1 & -4 \\ 2 & 5 \\ -3 & 0 \end{pmatrix}$$

Bestimmen Sie diejenigen der 16 Matrizenprodukte $A \cdot A, A \cdot B, A \cdot C, A \cdot D, B \cdot A, \ldots, D \cdot C, D \cdot D$, die überhaupt definiert sind, und berechnen Sie sie.

2. (a) Gegeben seien die Vektoren

$$v_1 = \begin{pmatrix} 2 \\ 0 \\ 0 \\ 1 \end{pmatrix}, \ v_2 = \begin{pmatrix} 0 \\ 1 \\ 0 \\ 3 \end{pmatrix}, \ w_1 = \begin{pmatrix} 1 \\ 1 \\ 0 \\ 0 \end{pmatrix} \text{ und } w_2 = \begin{pmatrix} 0 \\ 0 \\ 1 \\ 1 \end{pmatrix}.$$

Finden Sie eine 4×4-Matrix A, so dass für die lineare Abbildung $F : \mathbb{R}^4 \to \mathbb{R}^4$ mit $F(x) = Ax$ gilt: Kern$(F) = $ span(v_1, v_2) und Bild$(F) = $ span(w_1, w_2).

(b) Finden Sie *alle* 4×4-Matrizen A, die die in (a) geforderten Eigenschaften haben.

3. (a) Finden Sie zwei 2×2-Matrizen A, B mit $AB \neq BA$.
   Gilt dann die „binomische Formel" $(A+B)^2 = A^2 + 2AB + B^2$?

   (b) Finden Sie eine 2×2-Matrix N, deren Einträge *alle* ungleich Null sind, mit $N^2 = 0$.

   (c) Finden Sie 2×2-Matrizen $R \neq S$ und T mit $RT = ST$. (Man darf also bei Matrixprodukten nicht einfach „kürzen".)

4. Sei P_4 der (5-dimensionale) Vektorraum der Polynome vom Grad kleiner gleich 4. Als (nummerierte) Basis von P_n wählen wir $B = \{1, x, x^2, x^3, x^4\}$.

   (a) Bestimmen Sie die Matrix $M_{B,B}(L)$ der linearen Abbildung $L : P_4 \to P_4$ mit

   $$L(p) = q \quad \text{mit} \quad q(x) = p(x-1)$$

   (b) Bestimmen Sie die Matrix $M_{B,B}(D)$ der linearen Abbildung $D : P_4 \to P_4$ mit

   $$D(p) = r \quad \text{mit} \quad r(x) = p(x+1).$$

   (c) Berechnen Sie die Matrixprodukte $M_{B,B}(L) M_{B,B}(D)$ und $M_{B,B}(D) M_{B,B}(L)$.

5. Bei der Anwendung mathematische Software (z.B. Sage, Matlab, Maple,...) kann man Matrizen dazu verwenden, Listen von Zahlen geschickt zu manipulieren. Überlegen Sie sich, welche Matrizen A man verwenden muss, um aus einer Liste $(x_1, x_2, \ldots, x_5)$, aufgefasst als Spaltenvektor,

   (a) die Liste (x_1, x_3, x_5),

   (b) die Liste $(x_5, x_1, x_4, x_2, x_3)$,

   (c) die Summe $x_1 - 2x_2 + 3x_3 - 4x_4 + 5x_5$

   zu erzeugen. Gelingt es Ihnen auch, mit Hilfe einer Matrix, aus der Liste $(x_1, x_2, \ldots, x_n)$ die Zahl $x_1^2 + 4x_2^2 + 9x_3^2 + \ldots + n^2 x_n^2$ zu erzeugen?

6. Bestimmen Sie den Rang der Matrizen

   $$A = \begin{pmatrix} 2 & -6 & 12 & 18 \\ 5 & -17 & 26 & 39 \\ 1 & -5 & 2 & 3 \end{pmatrix} \quad \text{und} \quad B = \begin{pmatrix} 2 & 1 & 4 & 3 & 1 \\ 1 & 2 & 2 & 0 & -5 \\ 1 & -1 & 2 & 3 & 2 \\ 1 & 1 & 2 & 1 & 0 \end{pmatrix}.$$

7. Sei V der Vektorraum der reellen 2×2-Matrizen und die Abbildung $T : V \to V$ definiert als $T(A) = A + A^T$.

   (a) Zeigen Sie, dass $\dim V = 4$ ist, und dass die Matrizen

   $$b_1 = \begin{pmatrix} 1 & 0 \\ 0 & 0 \end{pmatrix}, \quad b_2 = \begin{pmatrix} 0 & 1 \\ 0 & 0 \end{pmatrix}, b_3 = \begin{pmatrix} 0 & 0 \\ 1 & 0 \end{pmatrix}, b_4 = \begin{pmatrix} 0 & 0 \\ 0 & 1 \end{pmatrix}$$

   eine Basis von V bilden.

   (b) Zeigen Sie, dass T eine lineare Abbildung ist und geben Sie die Matrixdarstellung von T bezüglich der Basis $B = (b_1, b_2, b_3, b_4)$ an.

   (c) Bestimmen Sie eine Basis von Bild(T) und eine Basis von Kern(T).

8. Gegeben sei das lineare Gleichungssystem
$$\begin{pmatrix} 1 & 1 & a \\ b & 1 & 2 \\ 3 & 0 & 1 \end{pmatrix} x = \begin{pmatrix} 1 \\ 1 \\ 1 \end{pmatrix}$$
mit reellen Parametern $a, b \in \mathbb{R}$.

   (a) Bestimmen Sie die Lösung des Gleichungssystems für $a = 3$ und $b = 2$.

   (b) Für welche $a, b \in \mathbb{R}$ hat das Gleichungssystem

   – genau eine Lösung,

   – keine Lösung bzw.

   – unendlich viele Lösungen ?

9. Bestimmen Sie die inverse Matrix U^{-1} zur Matrix
$$U = \begin{pmatrix} 1 & 1 & 1 & 1 \\ 0 & 1 & 1 & 1 \\ 0 & 0 & 1 & 1 \\ 0 & 0 & 0 & 1 \end{pmatrix}.$$

   Hinweis: Die inverse Matrix hat wieder Dreiecksgestalt.

10. Benutzen Sie das Gauß-Jordan-Verfahren, um die Inverse der komplexen Matrix
$$A = \begin{pmatrix} 2 & 0 & i \\ 1 & -3 & -i \\ i & 1 & 1 \end{pmatrix}$$
zu bestimmen. Ermitteln Sie damit die Lösung des Gleichungssystems $Ax = \begin{pmatrix} 1 \\ 1-i \\ 1+i \end{pmatrix}$.

11. Die lineare Abbildung $f : \mathbb{R}^3 \to \mathbb{R}^3$ sei gegeben als $f(x) = Ax$ mit der Matrix
$$A := \begin{pmatrix} 2 & -2 & -2 \\ -1 & 3 & 1 \\ 1 & 5 & -1 \end{pmatrix}.$$

Bestimmen Sie $r \in \mathbb{N}$ sowie Basen B und B' von $\mathbb{R}^3$, so dass die Matrixdarstellung $M_{B,B'}(f)$ die Form
$$M_{B,B'}(f) = \begin{pmatrix} E_r & 0 \\ 0 & 0 \end{pmatrix} = R$$
hat. Geben Sie auch invertierbare Matrizen S und $T \in GL(3, \mathbb{R})$ an, so dass $S \cdot A \cdot T = R$ ist.

10 Determinanten

10.1 Definition von Determinanten

Determinanten von Matrizen sind Ihnen vermutlich schon in der Schule oder in den *Mathematischen Methoden* begegnet. Sie erlauben, bestimmte Eigenschaften einer quadratischen Matrix mit Hilfe einer einzelnen Größe zu bestimmen, beispielsweise um zu entscheiden, ob eine Matrix invertierbar ist oder nicht. Am häufigsten werden wir in den folgenden Kapiteln mit Determinanten zu tun haben, wenn es darum geht, Eigenwerte einer quadratischen Matrix zu bestimmen. Determinanten haben aber in euklidischen Vektorräumen (also Vektorräumen mit Skalarprodukt, Abstands- und Winkelmessung) auch mit der Festlegung einer Orientierung und mit der Änderung von Volumina unter linearen Abbildungen zu tun und spielen eine Rolle bei der Transformation mehrdimensionaler Integrale.

Aus mathematischer Sicht ist es befriedigender, Determinanten nicht als ein Rechenverfahren zu definieren, das man auf quadratische Matrizen anwenden kann, sondern die Determinante als Abbildung mit bestimmten Eigenschaften einführen.

Definition. *(Determinante)*
Sei $\mathbb{K} = \mathbb{R}$ oder $\mathbb{C}$ und $n \in \mathbb{N}$ eine natürliche Zahl. Eine Abbildung

$$\det : M(n, \mathbb{K}) \to \mathbb{K}$$
$$A \mapsto \det(A)$$

*heißt Determinantenabbildung oder **Determinante**, falls die folgenden drei Eigenschaften erfüllt sind:*

1. *det ist linear bezüglich jeder Zeile:*

$$\det \begin{pmatrix} \text{---} & a_1 & \text{---} \\ & \vdots & \\ \text{---} & a_j + \tilde{a}_j & \text{---} \\ & \vdots & \\ \text{---} & a_n & \text{---} \end{pmatrix} = \det \begin{pmatrix} \text{---} & a_1 & \text{---} \\ & \vdots & \\ \text{---} & a_j & \text{---} \\ & \vdots & \\ \text{---} & a_n & \text{---} \end{pmatrix} + \det \begin{pmatrix} \text{---} & a_1 & \text{---} \\ & \vdots & \\ \text{---} & \tilde{a}_j & \text{---} \\ & \vdots & \\ \text{---} & a_n & \text{---} \end{pmatrix}$$

und

$$\det \begin{pmatrix} \text{---} & a_1 & \text{---} \\ & \vdots & \\ \text{---} & \lambda a_j & \text{---} \\ & \vdots & \\ \text{---} & a_n & \text{---} \end{pmatrix} = \lambda \det \begin{pmatrix} \text{---} & a_1 & \text{---} \\ & \vdots & \\ \text{---} & a_j & \text{---} \\ & \vdots & \\ \text{---} & a_n & \text{---} \end{pmatrix}.$$

2. *det ist alternierend, d.h. $\det(A) = 0$, falls zwei Zeilen der Matrix A übereinstimmen.*

3. *det ist normiert, d.h. $\det(E_n) = 1$.*

Wir schreiben für die Determinante der Matrix $A = (a_{ij})$

$$\det \begin{pmatrix} a_{11} & \cdots & a_{1n} \\ \vdots & \ddots & \vdots \\ a_{n1} & \cdots & a_{nn} \end{pmatrix} \text{ oder } \begin{vmatrix} a_{11} & \cdots & a_{1n} \\ \vdots & \ddots & \vdots \\ a_{n1} & \cdots & a_{nn} \end{vmatrix}.$$

Bemerkung: Die Determinante ändert ihr Vorzeichen, wenn man zwei Zeilen einer Matrix vertauscht:

$$\det\begin{pmatrix} \text{---}\ a_1\ \text{---} \\ \vdots \\ \text{---}\ a_i\ \text{---} \\ \vdots \\ \text{---}\ a_j\ \text{---} \\ \vdots \\ \text{---}\ a_n\ \text{---} \end{pmatrix} = -\det\begin{pmatrix} \text{---}\ a_1\ \text{---} \\ \vdots \\ \text{---}\ a_j\ \text{---} \\ \vdots \\ \text{---}\ a_i\ \text{---} \\ \vdots \\ \text{---}\ a_n\ \text{---} \end{pmatrix},$$

denn weil die Determinante alternierend und linear bezüglich der Zeilen ist, gilt

$$0 = \det\begin{pmatrix} \text{---}\ a_1\ \text{---} \\ \vdots \\ \text{---}\ a_i+a_j\ \text{---} \\ \vdots \\ \text{---}\ a_i+a_j\ \text{---} \\ \vdots \\ \text{---}\ a_n\ \text{---} \end{pmatrix} = \det\begin{pmatrix} \text{---}\ a_1\ \text{---} \\ \vdots \\ \text{---}\ a_i\ \text{---} \\ \vdots \\ \text{---}\ a_i+a_j\ \text{---} \\ \vdots \\ \text{---}\ a_n\ \text{---} \end{pmatrix} + \det\begin{pmatrix} \text{---}\ a_1\ \text{---} \\ \vdots \\ \text{---}\ a_j\ \text{---} \\ \vdots \\ \text{---}\ a_i+a_j\ \text{---} \\ \vdots \\ \text{---}\ a_n\ \text{---} \end{pmatrix}$$

$$= \underbrace{\det\begin{pmatrix} \text{---}\ a_1\ \text{---} \\ \vdots \\ \text{---}\ a_i\ \text{---} \\ \vdots \\ \text{---}\ a_i\ \text{---} \\ \vdots \\ \text{---}\ a_n\ \text{---} \end{pmatrix}}_{=0} + \det\begin{pmatrix} \text{---}\ a_1\ \text{---} \\ \vdots \\ \text{---}\ a_i\ \text{---} \\ \vdots \\ \text{---}\ a_j\ \text{---} \\ \vdots \\ \text{---}\ a_n\ \text{---} \end{pmatrix} + \det\begin{pmatrix} \text{---}\ a_1\ \text{---} \\ \vdots \\ \text{---}\ a_j\ \text{---} \\ \vdots \\ \text{---}\ a_i\ \text{---} \\ \vdots \\ \text{---}\ a_n\ \text{---} \end{pmatrix} + \underbrace{\det\begin{pmatrix} \text{---}\ a_1\ \text{---} \\ \vdots \\ \text{---}\ a_j\ \text{---} \\ \vdots \\ \text{---}\ a_j\ \text{---} \\ \vdots \\ \text{---}\ a_n\ \text{---} \end{pmatrix}}_{=0}$$

Beispiel:
Ausschließlich mit Hilfe der drei Eigenschaften von Determinanten berechnen wir

$$\begin{aligned}
\det\begin{pmatrix} a & b \\ c & d \end{pmatrix} &= \det\begin{pmatrix} a & 0 \\ c & d \end{pmatrix} + \det\begin{pmatrix} 0 & b \\ c & d \end{pmatrix} \\
&= a\cdot\det\begin{pmatrix} 1 & 0 \\ c & d \end{pmatrix} + b\cdot\det\begin{pmatrix} 0 & 1 \\ c & d \end{pmatrix} \\
&= a\cdot\det\begin{pmatrix} 1 & 0 \\ c & 0 \end{pmatrix} + a\cdot\det\begin{pmatrix} 1 & 0 \\ 0 & d \end{pmatrix} + b\cdot\det\begin{pmatrix} 0 & 1 \\ c & 0 \end{pmatrix} + b\cdot\det\begin{pmatrix} 0 & 1 \\ 0 & d \end{pmatrix} \\
&= ac\cdot\underbrace{\det\begin{pmatrix} 1 & 0 \\ 1 & 0 \end{pmatrix}}_{=0} + ad\cdot\underbrace{\det\begin{pmatrix} 1 & 0 \\ 0 & 1 \end{pmatrix}}_{=1} + bc\cdot\underbrace{\det\begin{pmatrix} 0 & 1 \\ 1 & 0 \end{pmatrix}}_{=-\det\begin{pmatrix} 1 & 0 \\ 0 & 1 \end{pmatrix}=-1} + bd\cdot\underbrace{\det\begin{pmatrix} 0 & 1 \\ 0 & 1 \end{pmatrix}}_{=0} \\
&= ad - bc
\end{aligned}$$

Um zu zeigen, dass es genau eine Determinantenabbildung gibt, benötigen wir die in Kapitel 7 eingeführte symmetrische Gruppe $\mathcal{S}_n$ der Permutationen von $\{1, 2, 3, \ldots, n\}$. Sie war definiert als die Menge der bijektiven Abbildungen $\{1, 2, 3, \ldots, n\} \to \{1, 2, 3, \ldots, n\}$ mit der Hintereinanderausführung als Gruppenverknüpfung.
Permutationen $\sigma \in \mathcal{S}_n$ kann man kompakt in der Form

$$\begin{pmatrix} 1 & 2 & 3 & \ldots & n \\ \sigma(1) & \sigma(2) & \sigma(3) & \ldots & \sigma(n) \end{pmatrix}$$

angeben. Die Zahl in der oberen Zeile wird also auf die darunterstehende Zahl abgebildet.
An dieser Stelle sei an die Tatsache erinnert, dass es genau $n!$ Permutationen von n Objekten gibt, die Gruppe $\mathcal{S}_n$ besteht also aus $n!$ Elementen.
Unter den Permutationen gibt es solche, die besonders einfach sind:

Definition. *(Transposition)*
*Eine **Transposition** ist eine Permutation, die genau zwei Elemente vertauscht. Schreibweise:*

$$\tau_{ij} = \begin{pmatrix} 1 & \ldots & i & \ldots & j & \ldots & n \\ 1 & \ldots & j & \ldots & i & \ldots & n \end{pmatrix}$$

Die Transpositionen sind jeweils ihr eigenes inverses Element: $\tau_{ij}^{-1} = \tau_{ij}$.

Satz 10.1.
Jede Permutation lässt sich als Hintereinanderausführung von höchstens $n - 1$ Transpositionen darstellen.

Anschaulich kann man dabei so vorgehen, dass man eine vorgegebene Permutation σ sukzessive erzeugt, indem man durch eine Transposition zunächst das Element $\sigma(1)$ an die erste Position bringt, dann durch eine weitere Transposition das Element $\sigma(2)$ an die zweite Position usw., bis nach $n - 1$ Transpositionen die ersten $n - 1$ Elemente an der richtigen Stelle sind. Dann muss aber auch das verbleibende, n-te Element an der passenden Stelle sein, daher genügen $n - 1$ Transpositionen.
Formaler Beweis: Wir zeigen, dass es zu jedem $\sigma \in \mathcal{S}_n$ Transpositionen $\tau_1, \tau_2, \ldots, \tau_k$ gibt mit $k \leq n - 1$ und

$$\sigma = \tau_k \circ \tau_{k-1} \circ \ldots \circ \tau_2 \circ \tau_1.$$

Diese Behauptung kann man mit vollständiger Induktion nach n beweisen.

Zum Induktionsanfang betrachten wir den Fall $n = 2$. Für $n = 2$ besteht $\mathcal{S}_2$ nur aus zwei Elementen:

$$\mathcal{S}_2 = \left\{ \begin{pmatrix} 1 & 2 \\ 1 & 2 \end{pmatrix}, \begin{pmatrix} 1 & 2 \\ 2 & 1 \end{pmatrix} \right\} = \{\text{Id}, \tau_{12}\}.$$

Die Behauptung ist hier wahr, denn das erste Element ergibt schon ganz ohne Transpositionen die Identität und das zweite Element τ_{12} ist eine Transposition. Damit ist der Induktionsanfang geglückt.
Um den Induktionsschritt von n nach $n + 1$ durchzuführen, nehmen wir an, dass sich jede Permutation aus $\mathcal{S}_n$ als Hintereinanderausführung von höchstens $n - 1$ Transpositionen schreiben lässt und betrachten eine Permutation $\sigma \in \mathcal{S}_{n+1}$.
Wir betrachten die Verkettung $\sigma_1 = \tau_{n+1, \sigma(n+1)} \circ \sigma$, wobei die Transposition $\tau_{n+1, \sigma(n+1)}$ die Elemente $n + 1$ und $\sigma(n + 1)$ vertauscht. Damit ist

$$\sigma_1(n+1) = (\tau_{n+1, \sigma(n+1)} \circ \sigma)(n+1) = \tau_{n+1, \sigma(n+1)}(\sigma(n+1)) = n + 1$$

und man kann σ_1 als eine Permutation der ersten n Zahlen auffassen. In diesem Sinne ist $\sigma_1 \in \mathcal{S}_n$ und es gibt nach Induktionsvoraussetzung Transpositionen $\tau_1, \tau_2, \ldots, \tau_k$ mit $k \leq n-1$, so dass $\sigma_1 = \tau_k \circ \ldots \circ \tau_2 \circ \tau_1$. Also ist

$$\sigma = \tau_{n+1,\sigma(n+1)} \circ \sigma_1 = \tau_{n+1,\sigma(n+1)} \circ \tau_k \circ \ldots \circ \tau_2 \circ \tau_1$$

als Verkettung von höchstens n Transpositionen darstellbar.

□

Definition. *(Signum)*
Sei $\sigma \in \mathcal{S}_n$ und $\sigma = \tau_k \circ \tau_{k-1} \circ \ldots \circ \tau_2 \circ \tau_1$ eine Darstellung von σ als Hintereinanderausführung von k Transpositionen. Dann nennt man die Zahl

$$\text{sign}(\sigma) = (-1)^k$$

das **Signum** der Permutation σ.

Bemerkung: Wir verzichten hier auf den eigentlich notwendigen Beweis der Tatsache, dass das Signum einer Permutation tatsächlich nur von σ selbst und nicht von der Darstellung als Verkettung von Transpositionen abhängt. Man kann nämlich zeigen: Falls

$$\sigma = \tau_k \circ \ldots \circ \tau_2 \circ \tau_1 = \tilde{\tau}_\ell \circ \ldots \circ \tilde{\tau}_2 \circ \tilde{\tau}_1$$

ist, dann ist $|k - \ell|$ eine gerade Zahl, d.h. $(-1)^k = (-1)^\ell$.
Anschaulich bedeutet das, dass man n Gegenstände, die man durch eine gerade Zahl von Vertauschungen umsortiert hat, nicht durch eine ungerade Anzahl von Vertauschungen wieder in die ursprüngliche Reihenfolge bringen kann.

Definition. *(gerade/ungerade Permutation)*
Die Permutation σ heißt **gerade**, falls $\text{sign}(\sigma) = 1$ und **ungerade**, falls $\text{sign}(\sigma) = -1$.

Wie man durch „Vollständige Inspektion" der vier möglichen Fälle nachprüfen kann, gilt für beliebige Permutationen $\sigma_1, \sigma_2 \in \mathcal{S}_n$:

$$\text{sign}(\sigma_1 \circ \sigma_2) = \text{sign}(\sigma_1) \cdot \text{sign}(\sigma_2).$$

Die Verkettung zweier gerader Permutationen ist also wieder eine gerade Permutation. Genauso ist auch die Verkettung von zwei ungeraden Permutionen eine gerade Permutation, denn ungeradzahlig viele Vertauschungen und weitere ungeradzahlig viele Vertauschungen ergeben insgesamt geradzahlig viele Transpositionen.
Außerdem gilt $\text{sign}(\sigma^{-1}) = \text{sign}(\sigma)$, denn

$$\text{sign}(\sigma^{-1}) \cdot \text{sign}(\sigma) = \text{sign}(\sigma^{-1} \circ \sigma) = \text{sign}(\text{Id}) = +1.$$

Daher erfüllen die geraden Permutationen das Untergruppenkriterium und bilden eine Untergruppe der $\mathcal{S}_n$, die *alternierende Gruppe* A_n.
Als Vorarbeit für den Existenz- und Eindeutigkeitssatz berechnen wir die Determinante in einem Spezialfall explizit.

Beispiel:
Ist $\sigma \in S_n$ eine beliebige Permutation, dann gilt für die Permutationsmatrix P mit den Koeffizienten
$$p_{ij} = \begin{cases} 1 & \text{falls } j = \sigma(i) \\ 0 & \text{sonst} \end{cases}$$
$\det(P) = \text{sign}(\sigma)$, **denn:** σ lässt sich darstellen als eine Hintereinanderausführung von k Transpositionen, wobei $(-1)^k = \text{sign}(\sigma)$. Jede der k Transpositionen entspricht der Vertauschung von zwei Zeilen der Matrix, um von der Einheitsmatrix aus die Matrix P zu erzeugen. Das Vorzeichen wechselt dabei also k-mal, d.h. es ist
$$\det(P) = (-1)^k \det(E_n) = \text{sign}(\sigma) \cdot 1.$$

Satz 10.2. *Existenz und Eindeutigkeit der Determinante*
Die Determinantenabbildung $\det : M(n, \mathbb{K}) \to \mathbb{K}$ *ist durch die drei Eigenschaften* linear bezüglich jeder Zeile, alternierend *und* normiert *eindeutig festgelegt, d.h. es gibt genau eine Abbildung mit diesen Eigenschaften.*
Für beliebige Matrizen $A \in M(n, \mathbb{K})$ *gilt die* **Leibniz-Formel**
$$\det(A) = \sum_{\sigma \in S_n} \text{sign}(\sigma) a_{1\sigma(1)} a_{2\sigma(2)} \cdots a_{n\sigma(n)}.$$

Beweis: Wir zeigen zunächst, dass eine Abbildung, die die drei gewünschten Eigenschaften hat, durch die Leibniz-Formel gegeben sein muss und danach in einem zweiten Schritt, dass durch die Leibniz-Formel die drei Eigenschaften auch tatsächlich für alle Matrizen erfüllt werden. Betrachten wir zunächst ganz ähnlich wie bei der Berechnung der 2×2-Determinante
$$A = \begin{pmatrix} - & a_1 & - \\ - & a_2 & - \\ & \vdots & \\ - & a_n & - \end{pmatrix}.$$
Wegen der Linearität bezüglich der Zeilen ist dann
$$\det(A) = \det \begin{pmatrix} a_{11} & a_{12} & \cdots & a_{1n} \\ - & a_2 & & - \\ & \vdots & & \\ - & a_n & & - \end{pmatrix} = \sum_{j_1=1}^{n} a_{1j_1} \det \begin{pmatrix} - & e_{j_1} & - \\ - & a_2 & - \\ & \vdots & \\ - & a_n & - \end{pmatrix}$$
$$= \sum_{j_1=1}^{n} a_{1j_1} \left(\sum_{j_2=1}^{n} a_{2j_2} \det \begin{pmatrix} - & e_{j_1} & - \\ - & e_{j_2} & - \\ & \vdots & \\ - & a_n & - \end{pmatrix} \right)$$
$$= \cdots$$
$$= \sum_{j_1, j_2, \ldots, j_n = 1}^{n} a_{1j_1} \cdot a_{2j_2} \cdots a_{nj_n} \det \begin{pmatrix} - & e_{j_1} & - \\ - & e_{j_2} & - \\ & \vdots & \\ - & e_{j_n} & - \end{pmatrix}$$

In dieser Summe leisten nur diejenigen Terme einen Beitrag, bei denen $j_1, j_2, \ldots, j_n$ lauter *verschiedene* Zahlen sind, denn bei zwei gleichen Zeilen verschwindet die Determinante.

Wenn $j_1, j_2, \ldots, j_n$ verschieden sind, dann ist durch $j_1 = \sigma(1), j_2 = \sigma(2), \ldots, j_n = \sigma(n)$ eine Permutation definiert und umgekehrt ergibt jede Permutation auf diese Weise auch verschiedene Zahlen $j_1, j_2, \ldots, j_n$. Damit ist also

$$\det(A) = \sum_{j_1, j_2, \ldots, j_n = 1}^{n} a_{1j_1} \cdot a_{2j_2} \ldots a_{nj_n} \det \begin{pmatrix} - & e_{j_1} & - \\ - & e_{j_2} & - \\ & \vdots & \\ - & e_{j_n} & - \end{pmatrix}$$

$$= \sum_{\sigma \in \mathcal{S}_n} a_{1\sigma(1)} a_{2\sigma(2)} \ldots a_{n\sigma(n)} \underbrace{\det \begin{pmatrix} - & e_{\sigma(1)} & - \\ - & e_{\sigma(2)} & - \\ & \vdots & \\ - & e_{\sigma(n)} & - \end{pmatrix}}_{= \text{sign}(\sigma)}$$

nach dem vorigen Beispiel über Permutationsmatrizen.

Wenn es also überhaupt eine Abbildung mit den drei geforderten Eigenschaften gibt, dann muss $\det(A)$ genau die durch die Leibniz-Formel gegebene Darstellung haben.

Wir verifizieren daher umgekehrt, dass die drei Eigenschaften der Determinante tatsächlich erfüllt sind, wenn man $\det(A)$ über die Leibniz-Formel definiert.

1. Linearität bezüglich jeder Zeile

$$\det \begin{pmatrix} - & a_1 & - \\ & \vdots & \\ - & \lambda a_j + \mu b_j & - \\ & \vdots & \\ - & a_n & - \end{pmatrix}$$

$$= \sum_{\sigma \in \mathcal{S}_n} \text{sign}(\sigma) a_{1\sigma(1)} a_{2\sigma(2)} \ldots (\lambda a_{j\sigma(j)} + \mu b_{j\sigma(j)}) \ldots a_{n\sigma(n)}$$

$$= \lambda \sum_{\sigma \in \mathcal{S}_n} \text{sign}(\sigma) a_{1\sigma(1)} \ldots a_{j\sigma(j)} \ldots a_{n\sigma(n)} + \mu \sum_{\sigma \in \mathcal{S}_n} \text{sign}(\sigma) a_{1\sigma(1)} \ldots b_{j\sigma(j)} \ldots a_{n\sigma(n)}$$

$$= \lambda \det \begin{pmatrix} - & a_1 & - \\ & \vdots & \\ - & a_j & - \\ & \vdots & \\ - & a_n & - \end{pmatrix} + \mu \det \begin{pmatrix} - & a_1 & - \\ & \vdots & \\ - & b_j & - \\ & \vdots & \\ - & a_n & - \end{pmatrix}$$

2. Alternierend

   Zu zeigen ist hier, dass die Determinante $\det(A)$ verschwindet, wenn A zwei identische Zeilen besitzt, d.h. wenn $a_{ik} = a_{jk}$ ist für zwei verschiedene Indizes $i \neq j$ und alle k. Betrachte dazu die Transposition $\tau := \tau_{ij}$, die i und j vertauscht. Dann kann man die Permutationen aus $\mathcal{S}_n$ in die beiden disjunkten Mengen A_n der geraden Permutation und $\{\tau \circ \sigma;\ \sigma \in A_n\}$ der ungeraden Permutationen unterteilen. Damit ist

$$\det(A) = \sum_{\sigma \in A_n} \text{sign}(\sigma) a_{1\sigma(1)} a_{2\sigma(2)} \ldots a_{n\sigma(n)} + \sum_{\sigma \in A_n} \text{sign}(\sigma \circ \tau) a_{1\sigma(\tau(1))} a_{2\sigma(\tau(2))} \ldots a_{n\sigma(\tau(n))}$$

$$= \sum_{\sigma \in A_n} \text{sign}(\sigma) a_{1\sigma(1)} a_{2\sigma(2)} \ldots a_{n\sigma(n)} + \sum_{\sigma \in A_n} -\text{sign}(\sigma) a_{1\sigma(1)} \ldots \underbrace{a_{i\sigma(j)}}_{= a_{j\sigma(j)}} \ldots \underbrace{a_{j\sigma(i)}}_{= a_{i\sigma(i)}} \ldots a_{n\sigma(n)}$$

$$= 0.$$

3. Normiertheit
Die Koeffizienten der Einheitsmatrix E_n sind $e_{ij} = \begin{cases} 1 & \text{falls } i = j \\ 0 & \text{sonst} \end{cases}$

Damit ist

$$e_{1\sigma(1)} e_{2\sigma(2)} \cdots e_{n\sigma(n)} = \begin{cases} 1 & \text{falls } \sigma(1) = 1, \sigma(2) = 2, \ldots, \sigma(n) = n \\ 0 & \text{sonst} \end{cases}.$$

In der Leibniz-Formel trägt also nur der Term mit $\sigma = \text{Id}$ überhaupt etwas bei. Folglich ist

$$\det(E_n) = \text{sign}(\text{Id}) \cdot 1 = (-1)^0 \cdot 1 = 1.$$

□

Beispiel:
Wir berechnen die Determinante

$$\det \begin{pmatrix} a_{11} & a_{12} & a_{13} \\ a_{21} & a_{22} & a_{23} \\ a_{31} & a_{32} & a_{33} \end{pmatrix}$$

einer 3×3-Matrix mit Hilfe der Leibniz-Formel und erhalten auf diese Weise eine Begründung der *Sarrus-Regel*, der zufolge sich eine 3×3-Determinante als Summe aus sechs Summanden mit jeweils drei Faktoren berechnen lässt, die man sich leicht mit dem folgenden Schema merken kann:

$$
\begin{array}{ccccc}
\oplus & \oplus & \oplus & \ominus & \ominus & \ominus \\
a_{11} & a_{12} & a_{13} & a_{11} & a_{12} \\
a_{21} & a_{22} & a_{23} & a_{21} & a_{22} \\
a_{31} & a_{32} & a_{33} & a_{31} & a_{32}
\end{array}
$$

Begründung: $\mathcal{S}_3$ besitzt sechs Elemente.

$\sigma_1 = \begin{pmatrix} 1 & 2 & 3 \\ 1 & 2 & 3 \end{pmatrix}, \sigma_2 = \begin{pmatrix} 1 & 2 & 3 \\ 2 & 3 & 1 \end{pmatrix}$ und $\sigma_3 = \begin{pmatrix} 1 & 2 & 3 \\ 3 & 1 & 2 \end{pmatrix}$ haben Signum $+1$ und

$\sigma_4 = \begin{pmatrix} 1 & 2 & 3 \\ 2 & 1 & 3 \end{pmatrix}, \sigma_5 = \begin{pmatrix} 1 & 2 & 3 \\ 1 & 3 & 2 \end{pmatrix}$ und $\sigma_6 = \begin{pmatrix} 1 & 2 & 3 \\ 3 & 2 & 1 \end{pmatrix}$ haben Signum -1

Damit ist dann

$$\det(A) = a_{11}a_{22}a_{33} + a_{12}a_{23}a_{31} + a_{13}a_{21}a_{32} - a_{12}a_{21}a_{33} - a_{11}a_{23}a_{32} - a_{13}a_{22}a_{31}$$

Zwei weitere Rechenregeln für Determinanten von Matrizen enthält der folgende Satz.

Satz 10.3.
Sei A eine $n \times n$-Matrix mit Zeilenvektoren $a_1, a_2, \ldots, a_n$. Dann gilt:

(a) $\det(\lambda A) = \lambda^n \det(A)$.

(b) *Entsteht die Matrix $\tilde{A}$ aus A, indem ein Vielfaches der i-ten Zeile zur j-te Zeile addiert wird, dann ist $\det(\tilde{A}) = \det(A)$.*

Beweis:

(a) $\det(\lambda A) = \det\begin{pmatrix} - & \lambda a_1 & - \\ - & \lambda a_2 & - \\ & \vdots & \\ - & \lambda a_i & - \\ & \vdots & \\ - & \lambda a_n & - \end{pmatrix} = \lambda \det\begin{pmatrix} - & a_1 & - \\ - & \lambda a_2 & - \\ & \vdots & \\ - & \lambda a_i & - \\ & \vdots & \\ - & \lambda a_n & - \end{pmatrix} = \lambda^2 \det\begin{pmatrix} - & a_1 & - \\ - & a_2 & - \\ & \vdots & \\ - & \lambda a_i & - \\ & \vdots & \\ - & \lambda a_n & - \end{pmatrix} = \ldots = \lambda^n \det(A)$

(b) $\det(\tilde{A}) = \begin{pmatrix} - & a_1 & - \\ & \vdots & \\ - & a_i + \lambda a_j & - \\ & \vdots & \\ - & a_n & - \end{pmatrix} = \det\begin{pmatrix} - & a_1 & - \\ & \vdots & \\ - & a_i & - \\ & \vdots & \\ - & a_n & - \end{pmatrix} + \lambda \det\begin{pmatrix} - & a_1 & - \\ & \vdots & \\ - & a_j & - \\ & \vdots & \\ - & a_n & - \end{pmatrix} = \det(A) + 0,$

da die letzte Matrix eine Zeile doppelt enthält. □

Beispiel: Determinante einer oberen Dreiecksmatrix

Sei
$$B = \begin{pmatrix} b_{11} & b_{12} & b_{13} & \ldots & b_{1n} \\ 0 & b_{22} & b_{23} & & \vdots \\ 0 & 0 & b_{33} & & \vdots \\ \vdots & & \ddots & \ddots & \vdots \\ 0 & \ldots & \ldots & 0 & b_{nn} \end{pmatrix}.$$

eine obere Dreiecksmatrix, d.h. $b_{ij} = 0$ für $j < i$.
Dann ist $\det(B) = b_{11} \cdot b_{22} \cdot \ldots \cdot b_{nn}$, denn für jede Permutation σ, bei der $\sigma(i) < i$ für irgendeine Zahl i ist, gilt $b_{i\sigma(i)} = 0$. Dann ist aber auch

$$b_{1\sigma(1)} \cdot b_{2\sigma(2)} \cdot \ldots \cdot b_{n\sigma(n)} = 0,$$

eine solche Permutation σ trägt also in der Leibniz-Formel nichts bei. Es bleiben also nur Beiträge von Permutationen mit $\sigma(i) \geq i$, d.h.

$$\sigma(1) \geq 1, \quad \sigma(2) \geq 2, \quad \sigma(3) \geq 3, \quad \ldots, \sigma(n) \geq n$$

Wenn man berücksichtigt, dass σ eine Permutation ist, dann kann man dieses Ungleichungssystem von rechts nach links lösen und erhält als einzige Lösung $\sigma = \text{Id}$. Also ist

$$\det(B) = \underbrace{\text{sign}(\text{Id})}_{=1} \cdot b_{11} \cdot b_{22} \cdot \ldots \cdot b_{nn}.$$

Dasselbe Resultat gilt natürlich mit einer ähnlichen Begründung auch für untere Dreiecksmatrizen.

Satz 10.4.
Für alle Matrizen $A \in M(n, \mathbb{K})$ ist $\det(A^T) = \det(A)$.

Beweis: Sei $A = (a_{ij})$, dann ist $A^T = (b_{ij})$ mit $b_{ij} = a_{ji}$. Außerdem ist $\text{sign}(\sigma^{-1}) = \text{sign}(\sigma)$, da $\text{sign}(\sigma \circ \sigma^{-1}) = \text{sign}(\text{Id}) = 1$ ist.

Sei nun σ eine beliebige Permutation. Dann ist

$$a_{1\sigma(1)}a_{2\sigma(2)}\cdots a_{n\sigma(n)} = a_{\sigma^{-1}(1)1}a_{\sigma^{-1}(2)2}\cdots a_{\sigma^{-1}(n)n},$$

denn wenn $\sigma(i) = k$ ist, dann ist $i = \sigma^{-1}(k)$ und beide Produkte enthalten dieselben Faktoren, einmal sortiert nach den ersten Indizes und einmal sortiert nach den zweiten.
Mit dieser Überlegung ist dann

$$\begin{aligned}
\det(A) &= \sum_{\sigma \in S_n} \text{sign}(\sigma) a_{1\sigma(1)}a_{2\sigma(2)}\cdots a_{n\sigma(n)} \\
&= \sum_{\sigma \in S_n} \text{sign}(\sigma) a_{\sigma^{-1}(1)1}a_{\sigma^{-1}(2)2}\cdots a_{\sigma^{-1}(n)n} \\
&= \sum_{\tau \in S_n} \text{sign}(\tau) a_{\tau(1)1}a_{\tau(2)2}\cdots a_{\tau(n)n} \\
&= \sum_{\tau \in S_n} \text{sign}(\tau) b_{1\tau(1)}b_{2\tau(2)}\cdots b_{n\tau(n)} \\
&= \det(A^T)
\end{aligned}$$

□

Da beim Transponieren von Matrizen Zeilen und Spalten vertauscht werden, ergibt sich aus den Eigenschaften von Determinanten sowie aus Satz 10.3(b) direkt

Satz 10.5.
Sei $A \in M(n, \mathbb{K})$ eine $n \times n$-Matrix. Dann gelten die folgenden Rechenregeln:

(a) Entsteht die Matrix $\tilde{A}$ aus A, indem die i-te und die j-te Spalte vertauscht werden, dann ist $\det(\tilde{A}) = -\det(A)$.

(b) Entsteht $\tilde{A}$ aus A, indem die j-te Spalte mit einem Skalar $\lambda \in \mathbb{K}$ multipliziert wird, dann ist $\det(\tilde{A}) = \lambda \det(A)$.

(c) Entsteht $\tilde{A}$ aus A, indem ein Vielfaches der i-ten Spalte zur j-ten Spalte addiert wird, dann ist $\det(\tilde{A}) = \det(A)$.

Wie wir aus Kapitel 9 wissen, kann man jede Matrix mit elementaren Zeilenumformungen in Zeilenstufenform bringen, insbesondere auch jede quadratische Matrix. Damit sind wir in der Lage, ein wichtiges Invertierbarkeitskriterium beweisen zu können.

Satz 10.6.
Sei $A \in M(n, \mathbb{K})$ eine quadratische Matrix. Dann gilt

$$\text{Rang } A < n \Leftrightarrow \det A = 0$$

beziehungsweise

$$\text{Rang } A = n \Leftrightarrow \det A \neq 0.$$

Mit anderen Worten:
Die Matrix A ist genau dann invertierbar, wenn ihre Determinante nicht verschwindet.

Beweis: Durch elementare Zeilenumformungen kann man A in Zeilenstufenform bringen. Dabei ändert sich beim Vertauschen von Zeilen das Vorzeichen der Determinante, die Determinante ändert sich um den Faktor $\lambda \neq 0$, wenn eine Zeile mit λ multipliziert wird und sie bleibt gleich, wenn ein Vielfaches einer Zeile zu einer anderen Zeile addiert wird. Wenn also $\tilde{A}$ irgendeine Zeilenstufenform von A ist, dann gilt zumindest

$$\det A \neq 0 \quad \Leftrightarrow \quad \det \tilde{A} \neq 0.$$

Wir zeigen nun die beiden Richtungen der oberen Äquivalenz.

„$\Rightarrow$": Ist Rang $A < n$, dann besitzt $\tilde{A}$ eine Zeile, die nur aus Nullen besteht. Wegen der Linearität der Determinante ist dann $\det \tilde{A} = 0$ und damit auch $\det A = 0$.

„$\Leftarrow$": Falls $\det A = 0$ ist, dann muss Rang $A < n$ sein, denn im Fall Rang $A = n$ hat die Zeilenstufenform von A die Gestalt

$$\tilde{A} = \begin{pmatrix} b_{11} & * & \cdots & * \\ 0 & b_{22} & \cdots & * \\ \vdots & & \ddots & \vdots \\ 0 & \cdots & \cdots & b_{nn} \end{pmatrix}$$

mit $b_{11} \neq 0, b_{22} \neq 0, \ldots, b_{nn} \neq 0$. Die Determinante dieser oberen Dreiecksmatrix ist dann $\det \tilde{A} = b_{11} \cdot b_{22} \cdot \ldots \cdot b_{nn} \neq 0$ und damit wäre auch $\det A \neq 0$ im Widerspruch zu unserer Annahme oben.

$\square$

Satz 10.7.
Seien $A, B \in M(n, \mathbb{K})$ zwei $n \times n$-Matrizen. Dann gilt

$$\det(A \cdot B) = \det A \cdot \det B.$$

Bemerkung: Im allgemeinen ist $\det(A + B) \neq \det A + \det B$.
Beweis: Das Nachrechnen mit Hilfe der Leibniz-Formel ist hier etwas zu mühsam, deshalb bedienen wir uns eines Tricks, der die Eindeutigkeit der Determinantenabbildung nutzt.
Zuerst müssen wir dafür den (einfachen) Fall Rang $B < n$ gesondert betrachten. In diesem Fall ist auch Rang$(A \cdot B) < n$, da die Dimension des Bildes durch Anwenden von A nicht wieder größer werden kann. Dann ist aber $\det(AB) = 0 = \det A \cdot \det B$, weil ja auch $\det B = 0$ ist.
Nachdem dieser Fall geklärt ist, können wir für alle folgenden Überlegungen Rang $B = n$ bzw. $\det B \neq 0$ voraussetzen. Dies erlaubt, die Abbildung

$$\det_B : M(n, \mathbb{K}) \to \mathbb{K}$$
$$A \mapsto \det_B(A) = \frac{\det(A \cdot B)}{\det B}$$

zu definieren, da der Nenner nicht verschwindet. Die Idee ist nun, zu zeigen, dass diese Abbildung alle drei Eigenschaften einer Determinantenabbildung erfüllt und wegen der Eindeutigkeit aus Satz 10.2 *die* Determinante von A sein muss.
Dann gilt $\det_B(A) = \det(A)$ für alle Matrizen $A \in M(n, \mathbb{K})$ und wir sind fertig.
Wenn wir gleich zeigen, dass $\det_B$ tatsächlich linear bezüglich jeder Zeile, alternierend und normiert ist, benutzen wir mehrmals die folgende Tatsache, die man leicht nachrechnet:
Wenn $a_1, a_2, \ldots, a_n$ die Zeilenvektoren von A sind, dann sind $a_1 B, a_2 B, \ldots, a_n B$ die Zeilenvektoren der Matrix $A \cdot B$.

1. $\det_B$ ist linear bezüglich jeder Zeile

$$\det_B \begin{pmatrix} \text{---} & a_1 & \text{---} \\ & \vdots & \\ \text{---} & \lambda a_i + \mu \tilde{a}_i & \text{---} \\ & \vdots & \\ \text{---} & a_n & \text{---} \end{pmatrix} = \frac{1}{\det B} \det \begin{pmatrix} \text{---} & a_1 B & \text{---} \\ & \vdots & \\ \text{---} & \lambda a_i B + \mu \tilde{a}_i B & \text{---} \\ & \vdots & \\ \text{---} & a_n B & \text{---} \end{pmatrix}$$

$$= \lambda \det_B \begin{pmatrix} \text{---} & a_1 & \text{---} \\ & \vdots & \\ \text{---} & a_i & \text{---} \\ & \vdots & \\ \text{---} & a_n & \text{---} \end{pmatrix} + \mu \det_B \begin{pmatrix} \text{---} & a_1 & \text{---} \\ & \vdots & \\ \text{---} & \tilde{a}_i & \text{---} \\ & \vdots & \\ \text{---} & a_n & \text{---} \end{pmatrix}$$

2. $\det_B$ ist alternierend
Stimmen zwei Zeilen von A überein, zum Beispiel a_i und a_j, dann stimmen auch die zwei Zeilen $a_i B$ und $a_j B$ der Matrix AB überein und es ist $\det_B(A) = 0$.

3. $\det_B$ ist normiert

$$\det_B(E_n) = \frac{\det(E_n \cdot B)}{\det B} = \frac{\det B}{\det B} = 1.$$

$\square$

Daraus ergibt sich direkt die Determinante von inversen Matrizen:

Satz 10.8.
Ist $A \in GL(n, \mathbb{K})$ eine invertierbare Matrix, dann ist

$$\det(A^{-1}) = \frac{1}{\det A} = (\det A)^{-1}.$$

denn:
$$\det(A) \cdot \det(A^{-1}) = \det(A \cdot A^{-1}) = \det(E_n) = 1.$$

Definition. *(spezielle lineare Gruppe)*
Die Menge
$$SL(n, \mathbb{K}) := \{A \in GL(n, \mathbb{K}); \det A = 1\}$$
heißt **spezielle lineare Gruppe**.

Um einzusehen, dass $SL(n, \mathbb{K})$ überhaupt eine Gruppe ist, zeigt man, dass es sich um eine Untergruppe von $GL(n, \mathbb{K})$ handelt, denn das Untergruppenkriterium ist erfüllt:

$A, B \in SL(n, \mathbb{K}) \;\Rightarrow\; \det A = \det B = 1$
$\qquad\qquad\qquad\;\; \Rightarrow\; \det(AB) = \det A \cdot \det B = 1 \cdot 1 = 1 \;\text{ und }\; \det(A^{-1}) = \dfrac{1}{\det A} = 1$
$\qquad\qquad\qquad\;\; \Rightarrow\; AB \in SL(n, \mathbb{K}) \text{ und } A^{-1} \in SL(n, \mathbb{K})$

10.2 Adjunkte und Entwicklungssatz von Laplace

Auch die Inverse einer Matrix kann man mit Hilfe von Determinanten ausdrücken. Dazu benötigen wir noch eine Definition.

Definition. *(Adjunkte)*
Sei $A = (a_{ij}) \in M(n, \mathbb{K})$ eine quadratische Matrix mit den Zeilenvektoren $a_1, \ldots, a_n$. Dann heißt die Matrix $A^\sharp = (a_{ij}^\sharp)$ mit

$$a_{ki}^\sharp = \det \begin{pmatrix} \text{---} & a_1 & \text{---} \\ & \vdots & \\ \text{---} & a_{i-1} & \text{---} \\ \text{---} & e_k & \text{---} \\ \text{---} & a_{i+1} & \text{---} \\ & \vdots & \\ \text{---} & a_n & \text{---} \end{pmatrix}$$

*die **Adjunkte** von A oder auch die zu A **komplementäre Matrix**. Man beachte die Vertauschung der Indizes: Für $a_{ki}^\sharp$ wird die i-te Zeile von A durch den Einheitsvektor e_k ersetzt.*

Satz 10.9.
Sei $A \in M(n, \mathbb{K})$ eine quadratische Matrix und $A^\sharp$ ihre Adjunkte. Dann ist

$$A \cdot A^\sharp = A^\sharp \cdot A = \det A \cdot E_n$$

Insbesondere ist im Fall $\det A \neq 0$

$$A^{-1} = \frac{1}{\det A} A^\sharp$$

Beweis: Die Koeffizienten der Matrix $AA^\sharp$ sind

$$(A \cdot A^\sharp)_{ij} = \sum_{k=1}^{n} a_{ik} a_{kj}^\sharp = \sum_{k=1}^{n} a_{ik} \det \begin{pmatrix} \text{---} & a_1 & \text{---} \\ & \vdots & \\ \text{---} & a_{j-1} & \text{---} \\ \text{---} & e_k & \text{---} \\ \text{---} & a_{j+1} & \text{---} \\ & \vdots & \\ \text{---} & a_n & \text{---} \end{pmatrix}$$

$$= \det \begin{pmatrix} \text{---} & a_1 & \text{---} \\ & \vdots & \\ \text{---} & a_{j-1} & \text{---} \\ \text{---} & \sum_{k=1}^{n} a_{ik} e_k & \text{---} \\ \text{---} & a_{j+1} & \text{---} \\ & \vdots & \\ \text{---} & a_n & \text{---} \end{pmatrix} = \det \begin{pmatrix} \text{---} & a_1 & \text{---} \\ & \vdots & \\ \text{---} & a_{j-1} & \text{---} \\ \text{---} & a_i & \text{---} \\ \text{---} & a_{j+1} & \text{---} \\ & \vdots & \\ \text{---} & a_n & \text{---} \end{pmatrix}$$

$$= \begin{cases} \det A & \text{falls } i = j \\ 0 & \text{falls } i \neq j \end{cases}$$

weil die Determinante alternierend ist, d.h. verschwindet, sobald zwei der Einträge übereinstimmen. Damit ist $AA^\sharp = \det A \cdot E_n$.
Genauso zeigt man $A^\sharp A = \det A \cdot E_n$. □

Mit Hilfe von Determinanten und Satz 10.9 kann man auch die Lösung eines Gleichungssystems $Ax = b$ mit quadratischer Matrix $A \in M(n, \mathbb{K})$ bestimmen. Dieses Verfahren ist sehr schematisch durchführbar, erfordert aber die Berechnung von $n+1$ verschiedenen $n \times n$–Determinanten.

Satz 10.10. *(Cramersche Regel)*
Sei $A \in GL(n, \mathbb{K})$ eine Matrix mit den Spaltenvektoren $a_1, a_2, \ldots, a_n$. Dann ist die eindeutige Lösung der linearen Gleichung $Ax = b$ der Vektor $x = (x_1, x_2, \ldots, x_n)$ mit

$$x_j = \frac{\det(a_1, \ldots, a_{j-1}, b, a_{j+1}, \ldots, a_n)}{\det A},$$

im Zähler ist also die j-te Spalte von A durch den Vektor b ersetzt.

Beweis: Hier können wir noch einmal die Adjunkte und insbesondere Satz 10.9 ausnutzen. Wenn A invertierbar ist, dann ist $A^\sharp = \det A \cdot A^{-1}$ und damit

$$(A^T)^\sharp = \det A^T \cdot (A^T)^{-1} = \det A \cdot (A^{-1})^T = (\det A \cdot A^{-1})^T = (A^\sharp)^T.$$

Also ist
$$a^\sharp_{jk} = \det(a_1, \ldots, a_{j-1}, e_k, a_{j+1}, a_n).$$

Man beachte den Unterschied zur ursprünglichen Definition, da die Vektoren $a_1, a_2, \ldots, a_n$ diesmal die Spaltenvektoren von A sind. Den Koeffizienten $a^\sharp_{jk}$ kann man also erhalten, indem man die k-te Zeile der Matrix A durch e_j oder indem man die j-te Spalte der Matrix A durch e_k ersetzt.
Die j-te Komponente von $x = A^{-1}b = \frac{1}{\det A} A^\sharp b$ ist dann

$$\begin{aligned} x_j = \frac{1}{\det A} \sum_{k=1}^n a^\sharp_{jk} b_k &= \frac{1}{\det A} \sum_{k=1}^n \det(a_1, \ldots, a_{j-1}, e_k, a_{j+1}, a_n) b_k \\ &= \frac{1}{\det A} \det(a_1, \ldots, a_{j-1}, \sum_{k=1}^n b_k e_k, a_{j+1}, a_n) \\ &= \frac{1}{\det A} \det(a_1, \ldots, a_{j-1}, b, a_{j+1}, a_n). \end{aligned}$$

$\square$

Bemerkung: Wenn man den typischen Rechenaufwand für das Gaußsche Eliminationsverfahren und für die Cramersche Regel vergleicht, wird man zu dem Schluss gelangen, dass die Cramersche Regel nur in wenigen Fällen vorteilhaft ist, zum Beispiel für kleinere Gleichungssysteme mit Parametern oder sehr unschönen Koeffizienten. In der Regel ist jedoch das Gauß-Verfahren vorzuziehen.

Satz 10.11.
Sei $a^\sharp_{ki}$ wieder ein Koeffizient der Adjunkten $A^\sharp$ einer $n \times n$–Matrix A. Dann ist

$$a^\sharp_{ki} = (-1)^{i+k} \det S_{ik}(A)$$

wobei man die Streichungsmatrix $S_{ik}(A)$ bezüglich a_{ik} aus der Matrix A erhält, indem man die i-te Zeile und die k-te Spalte von A wegstreicht (also genau die Zeile bzw. Spalte, die a_{ik} enthält).

Beispiel:
Für $A = \begin{pmatrix} 3 & 2 & -1 \\ 4 & 7 & -4 \\ 2 & 5 & 10 \end{pmatrix}$ ist $S_{23}(A) = \begin{pmatrix} 3 & 2 \\ 2 & 5 \end{pmatrix}$ und $a_{32}^\sharp = -\det\begin{pmatrix} 3 & 2 \\ 2 & 5 \end{pmatrix} = -11$.

Beweis: Nach der Definition der Adjunkten, bzw. von $a_{ki}^\sharp$ ist

$$a_{ki}^\sharp = \det\begin{pmatrix} a_{11} & \cdots & a_{1k} & \cdots & a_{1n} \\ \vdots & & \vdots & & \vdots \\ a_{i-1,1} & \cdots & a_{i-1,k} & \cdots & a_{i-1,n} \\ 0 & \cdots & 1 & \cdots & 0 \\ a_{i+1,1} & \cdots & a_{i+1,k} & \cdots & a_{i+1,n} \\ \vdots & & \vdots & & \vdots \\ a_{n1} & \cdots & a_{nk} & \cdots & a_{nn} \end{pmatrix} = \det\begin{pmatrix} a_{11} & \cdots & 0 & \cdots & a_{1n} \\ \vdots & & \vdots & & \vdots \\ a_{i-1,1} & \cdots & 0 & \cdots & a_{i-1,n} \\ 0 & \cdots & 1 & \cdots & 0 \\ a_{i+1,1} & \cdots & 0 & \cdots & a_{i+1,n} \\ \vdots & & \vdots & & \vdots \\ a_{n1} & \cdots & 0 & \cdots & a_{nn} \end{pmatrix},$$

denn die linke Matrix entsteht aus der rechten, indem man das a_{1k}-fache der i-ten Zeile zur ersten Zeile addiert, das a_{2k}-fache der i-ten Zeile zur zweiten Zeile addiert, etc. All dies ändert nach Satz 10.3(b) die Determinante nicht. Vertauscht man $(i-1)$-mal zwei benachbarte Zeilen, um die i-te Zeile e_k nach oben zu bringen, ohne die Reihenfolge der übrigen Zeilen zu verändern, so wechselt dabei $(i-1)$-mal das Vorzeichen der Determinante. Wir haben also

$$a_{ki}^\sharp = (-1)^{i-1} \det\begin{pmatrix} 0 & \cdots & 1 & \cdots & 0 \\ a_{11} & \cdots & 0 & \cdots & a_{1n} \\ \vdots & & \vdots & & \vdots \\ a_{i-1,1} & \cdots & 0 & \cdots & a_{i-1,n} \\ a_{i+1,1} & \cdots & 0 & \cdots & a_{i+1,n} \\ \vdots & & \vdots & & \vdots \\ a_{n1} & \cdots & 0 & \cdots & a_{nn} \end{pmatrix}.$$

Vertauscht man nun noch $(k-1)$-mal zwei benachbarte Spalten, erreicht man schließlich die Blockgestalt

$$\begin{aligned} a_{ki}^\sharp &= (-1)^{i-1}(-1)^{k-1} \det\left(\begin{array}{c|ccc} 1 & 0 & \cdots & 0 \\ \hline 0 & & & \\ \vdots & & S_{ik}(A) & \\ 0 & & & \end{array}\right) \\ &= (-1)^{i+k} \det S_{ik}(A) \end{aligned}$$

mit Hilfe von Satz 10.13 (oder auch mit Hilfe der Leibniz-Formel).

□

Damit kommen wir nun zu der vielleicht wichtigsten Methode, um Determinanten von $n \times n$-Matrizen mit $n \geq 4$ zu berechnen. Dabei wird die Berechnung einer $n \times n$-Determinante auf die Berechnung mehrerer $(n-1) \times (n-1)$-Determinanten zurückgeführt.

Satz 10.12. *(Laplacescher Entwicklungssatz)*
Sei $A \in M(n, \mathbb{K})$ eine quadratische Matrix. Dann gilt für ein beliebiges $j \in \{1, 2, \ldots, n\}$

$$\det A = \sum_{k=1}^{n}(-1)^{j+k}a_{jk} \det S_{jk}(A) \quad \text{(„Entwicklung nach der j-ten Zeile")}$$

und für beliebiges $k \in \{1, 2, \ldots, n\}$

$$\det A = \sum_{j=1}^{n}(-1)^{j+k}a_{jk} \det S_{jk}(A) \quad \text{(„Entwicklung nach der k-ten Spalte")}.$$

Beweis: Nach all unserer Vorarbeit ist dieser Beweis nun recht kurz. Wir zeigen auch nur die Entwicklung nach einer Zeile, die Behauptung über die Entwicklung nach einer Spalte ergibt sich dann durch Transponieren der Matrix wegen $\det A = \det A^T$.
Seien $a_1, a_2, \ldots, a_n$ mit $a_j = (a_{j1}, a_{j2}, \ldots, a_{jn})$ die Zeilenvektoren der Matrix A. Dann gilt wegen $a_j = \sum_{k=1}^{n} a_{jk}e_k$ nach dem vorigen Satz 10.11

$$\begin{aligned}
\det A &= \det(a_1, \ldots, a_{j-1}, \sum_{k=1}^{n} a_{jk}e_k, a_{j+1}, \ldots, a_n) \\
&= \sum_{k=1}^{n} a_{jk} \det(a_1, \ldots, a_{j-1}, e_k, a_{j+1}, \ldots, a_n) \\
&= \sum_{k=1}^{n} a_{jk} a_{kj}^{\sharp} \\
&= \sum_{k=1}^{n} a_{jk}(-1)^{j+k} \det S_{jk}(A).
\end{aligned}$$

$\square$

Das Vorzeichen $(-1)^{j+k}$ kann man sich leicht mit dem folgenden Muster merken:

$$\begin{array}{ccccccc}
\oplus & \ominus & \oplus & \ominus & \oplus & \ominus & \oplus \\
\ominus & \oplus & \ominus & \oplus & \ominus & \oplus & \ominus \\
\oplus & \ominus & \oplus & \ominus & \oplus & \ominus & \oplus \\
\ominus & \oplus & \ominus & \oplus & \ominus & \oplus & \ominus \\
\oplus & \ominus & \oplus & \ominus & \oplus & \ominus & \oplus \\
\ominus & \oplus & \ominus & \oplus & \ominus & \oplus & \ominus \\
\oplus & \ominus & \oplus & \ominus & \oplus & \ominus & \oplus \\
\end{array}$$

Beispiel: Für $A = \begin{pmatrix} 1 & 2 & -4 \\ 4 & 6 & 0 \\ -2 & 5 & 10 \end{pmatrix}$ erhält man durch Entwickeln nach der zweiten Zeile

$$\det A = \begin{vmatrix} 1 & 2 & -4 \\ 4 & 6 & 0 \\ -2 & 5 & 10 \end{vmatrix} = (-1)^{2+1} \cdot 4 \cdot \begin{vmatrix} 2 & -4 \\ 5 & 10 \end{vmatrix} + (-1)^{2+2} \cdot 6 \cdot \begin{vmatrix} 1 & -4 \\ -2 & 10 \end{vmatrix} = -160 + 12 = -148.$$

Tipp: In vielen Fällen erweist sich eine Kombination von Zeilen- oder Spaltenumformungen mit dem Entwicklungssatz als effektives Mittel, um Determinanten zu berechnen. Mit den Zeilen- oder Spaltenumformungen erreicht man zunächst, dass eine Zeile/Spalte eine oder mehrere Nullen enthält. Entwickelt man dann nach dieser Zeile/Spalte, dann muss man weniger der kleineren Determinanten berechnen.

Satz 10.13.
Seien $A \in M(m, \mathbb{K}), B \in M(m \times n, \mathbb{K})$ und $C \in M(n, \mathbb{K})$. Dann ist die Determinante der Blockmatrix $\left(\begin{array}{c|c} A & B \\ \hline 0_{n \times m} & C \end{array} \right)$ gerade

$$\det \left(\begin{array}{c|c} A & B \\ \hline 0_{n \times m} & C \end{array} \right) = \det A \cdot \det C.$$

Beweis: siehe Übungsaufgabe. Hilfreich ist dabei möglicherweise die Identität

$$\left(\begin{array}{c|c} A & B \\ \hline 0_{n \times m} & C \end{array} \right) = \left(\begin{array}{c|c} E_m & 0_{m \times n} \\ \hline 0_{n \times m} & C \end{array} \right) \left(\begin{array}{c|c} A & B \\ \hline 0_{n \times m} & E_n \end{array} \right).$$

$\square$

10.3 Determinante und Orientierung

Die Determinante hat, wie zu Beginn des Kapitels bereits angedeutet, auch eine geometrische Bedeutung. Wenn man ein Skalarprodukt und damit eine Längenmessung eingeführt hat, kann man die Determinante zur Volumenbestimmung verwenden.

Ohne Skalarprodukt kann man mit Hilfe der Determinante über die Orientierung von Koordinatensystemen reden.

Definition. *(orientierungserhaltend)*
*Sei $A : \mathbb{R}^n \to \mathbb{R}^n$ ein invertierbarer Endomorphismus. Dann heißt A **orientierungserhaltend**, wenn $\det(A) > 0$ ist und nicht orientierungserhaltend, falls $\det A < 0$ ist.*

Seien nun $B = (b_1, b_2, \ldots, b_n)$ und $B' = (b'_1, b'_2, \ldots, b'_n)$ zwei Basen des $\mathbb{R}^n$. Dann nennt man die durch diese Basen definierten Koordinatensysteme *gleich orientiert*, wenn die Koordinatentransformation $T_{B,B'}$ orientierungserhaltend ist.

Man kann zeigen, dass die Koordinatensysteme in genau zwei Klassen jeweils gleich orientierter Koordinatensysteme zerfallen. Dabei heißen die Koordinatensysteme, die gleich orientiert sind wie die Standardbasis $(e_1, e_2, \ldots, e_n)$ des $\mathbb{R}^n$ *positiv orientiert*, die anderen *negativ orientiert*.

Gleich orientierte Koordinatensysteme lassen sich auch stetig ineinander überführen, d.h. man kann die Vektoren des einen Koordinatensystems langsam so verändern, dass sie in die Vektoren des anderen Koordinatensystems verformt werden, wobei die Vektoren zu jedem Zeitpunkt eine Basis des $\mathbb{R}^n$ bilden (also insbesondere niemals zusammenfallen). Im $\mathbb{R}^2$ kann man sich dies intuitiv klarmachen:

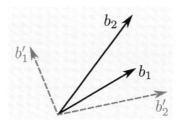

Die beiden Koordinatensysteme (b_1, b_2) und (b'_1, b'_2) können nicht ineinander verformt werden, ohne dass irgendwann die beiden Vektoren in dieselbe Richtung zeigen.

Nach diesem Kapitel sollten Sie...

... die drei definierenden Eigenschaften einer Determinantenabbildung angeben können

... definieren können, was Transpositionen sind und was das Signum einer Permutation ist

... die Leibniz-Formel für die Berechnung einer Determinante kennen und die einzelnen darin vorkommenden Terme erklären können

... zu einer gegebenen 2×2- oder 3×3-Matrix die Determinante berechnen können

... den Zusammenhang zwischen der Determinante einer Matrix und ihrer Invertierbarkeit kennen

... die Rechenregeln für Determinanten kennen, insbesondere

... wissen, welche Auswirkungen elementare Zeilenumformungen auf die Determinante einer Matrix haben

... die Determinante von Diagonalmatrizen und Blockmatrizen berechnen können

... die Adjunkte einer Matrix bestimmen können

... den Entwicklungssatz von Laplace wiedergeben und anwenden können

... die Cramersche Regel wiedergeben und anwenden können

Aufgaben zu Kapitel 10

1. Berechnen Sie $\det(A)$ für die Matrix

$$A = \begin{pmatrix} 0 & 0 & 2 & 0 \\ 2 & 3 & 0 & 0 \\ 1 & 0 & 0 & 2 \\ 0 & -2 & 1 & 2 \end{pmatrix}.$$

mit Hilfe der Leibniz-Formel oder mit Hilfe der Eigenschaften von Determinantenabbildungen (aber ohne den Laplaceschen Entwicklungssatz).

2. Sei $\alpha \in \mathbb{R}$ gegeben. Berechnen Sie $\det(A)$ für $A = \begin{pmatrix} 1 & 1 & 1 & 1 \\ 1 & \alpha & 1 & 1 \\ 1 & 1 & \alpha^2 & 1 \\ 1 & 1 & 1 & \alpha^3 \end{pmatrix}.$

Ist A invertierbar?

3. Bestimmen Sie $\det \begin{pmatrix} 1 & 1 & 1 & 1 \\ 1 & 4 & 6 & 4 \\ 1 & 6 & 4 & 1 \\ 1 & 4 & 1 & 0 \end{pmatrix}$ und $\det \begin{pmatrix} i & a & i \\ 2a & 2i & 3a \\ i & 4a & 3i \end{pmatrix}$.

4. (a) Die Spur einer quadratischen Matrix $A \in M(n, \mathbb{K})$ ist definiert als $\mathrm{spur}(A) = \sum_{i=1}^{n} a_{ii}$. Zeigen Sie, dass für alle A, B aus $M(n, \mathbb{K})$ die Gleichung $\mathrm{spur}(A \cdot B) = \mathrm{spur}(B \cdot A)$ gilt.

   (b) Zeigen Sie, dass für beliebige 2×2-Matrizen A gilt:
   $$\det A = \frac{1}{2}\left((\mathrm{spur}\, A)^2 - \mathrm{spur}(A^2)\right)$$

   (c) Zeigen Sie, dass für eine beliebige 2×2-Matrix A gilt:
   $$\det(A - \lambda E_2) = \lambda^2 - \mathrm{spur}(A)\lambda + \det(A).$$
   Kann man für 3×3-Matrizen eine ähnliche Formel finden?

5. Sei $n \in \mathbb{N}$ ungerade und $A = (a_{ij}) \in M(n, \mathbb{R})$ eine *schiefsymmetrische* Matrix, d.h. es gelte $a_{ji} = -a_{ij}$ für alle $i, j \in \{1, \ldots, n\}$. Beweisen Sie, dass dann $\det(A) = 0$ ist.
   Gilt dies auch für gerade $n \in \mathbb{N}$?

6. (a) Seien $A \in M(m, \mathbb{R})$, $B \in M(m \times n, \mathbb{R})$ und $C \in M(n, \mathbb{R})$ drei Matrizen. Zeigen Sie, dass für die Determinante einer *Blockmatrix* gilt:
   $$\det \begin{pmatrix} A & B \\ 0_{n \times m} & C \end{pmatrix} = \det A \cdot \det C$$

   (b) Berechnen Sie die Determinante
   $$\begin{vmatrix} -2 & -3 & 0 & -17 & 5 \\ 0 & 0 & 3 & 1 & 1 \\ 0 & 0 & 1 & 3 & 1 \\ 1 & 2 & 21 & 7 & -3 \\ 0 & 0 & 1 & 1 & 3 \end{vmatrix}$$
   (natürlich möglichst geschickt...)

7. Zeigen Sie, dass die Determinanten der $n \times n$-Matrizen
   $$C_n = \begin{pmatrix} 4 & 3 & 0 & 0 & \ldots & 0 \\ 1 & 4 & 3 & 0 & \ddots & \vdots \\ 0 & 1 & 4 & 3 & \ddots & 0 \\ \vdots & \ddots & \ddots & \ddots & \ddots & 0 \\ 0 & \ldots & \ldots & 1 & 4 & 3 \\ 0 & \ldots & \ldots & 0 & 1 & 4 \end{pmatrix}$$
   der Gleichung
   $$\det C_n = \frac{3}{2} 3^n - \frac{1}{2} \qquad (*)$$
   genügen.
   Leiten Sie dazu eine Rekursionsformel für $\det C_n$ her und beweisen Sie $(*)$ dann mit Vollständiger Induktion.

8. Zeigen Sie: Eine $n \times n$-Matrix B mit ganzzahligen Einträgen besitzt genau dann eine Inverse mit ebenfalls ganzzahligen Einträgen, wenn $\det(B) = 1$ oder $\det(B) = -1$ ist.

   Bemerkung: Solche *unimodularen* Matrizen treten beispielsweise bei der Beschreibung von Kristallgittern auf.

9. Die Zahlen 13091, 46253, 92511, 68191 und 21052 sind alle durch 19 teilbar. Zeigen Sie *ohne Berechnung der Determinante (!)*, dass

$$\begin{vmatrix} 1 & 3 & 0 & 9 & 1 \\ 4 & 6 & 2 & 5 & 3 \\ 9 & 2 & 5 & 1 & 1 \\ 6 & 8 & 1 & 9 & 1 \\ 2 & 1 & 0 & 5 & 2 \end{vmatrix}$$

   durch 19 teilbar ist.

11 Eigenwerte und Normalformen

11.1 Eigenwerte und Diagonalisierbarkeit

Eine wichtige Klasse linearer Abbildungen sind die Endomorphismen, d.h. die Abbildungen eines Vektorraums in sich. Während wir in Satz 9.7 für lineare Abbildungen $f: V \to W$ mit $\dim V = n$ und $\dim W = m$ gesehen hatten, dass man mit der Wahl geeigneter Basen B in V und C in W die einfache Matrixdarstellung

$$M_{B,C}(f) = \left(\begin{array}{c|c} E_r & 0_{r\times(n-r)} \\ \hline 0_{(m-r)\times r} & 0_{(m-r)\times(n-r)} \end{array}\right) = \left(\begin{array}{ccc|ccc} 1 & & & & & \\ & \ddots & & & 0 & \\ & & 1 & & & \\ \hline & & & 0 & & \\ & 0 & & & \ddots & \\ & & & & & 0 \end{array}\right)$$

erreichen kann, ist die analoge Aufgabe, eine Basis in V zu finden, so dass eine lineare Abbildung $T: V \to V$ eine einfache Matrixdarstellung besitzt, schwieriger. Das liegt daran, dass man nicht mehr unabhängig voneinander im Urbildraum und im Bildraum Basen wählt, sondern nur noch eine Basis für den Raum V, der zugleich Urbildraum und Bildraum ist. Das optimale, aber nicht immer erreichbare Ziel, besteht darin, eine Matrixdarstellung durch eine *Diagonalmatrix* zu finden, d.h. durch eine Matrix, deren Koeffizienten außerhalb der Diagonale verschwinden.

Definition. *(diagonalisierbar)*
*Sei V ein endlich-dimensionaler Vektorraum mit $\dim V = n$ und $f: V \to V$ ein Endomorphismus. Dann heißt f **diagonalisierbar**, falls es eine Basis B von V gibt, bezüglich der die Abbildung f die Matrixdarstellung*

$$M_{B,B}(f) = \begin{pmatrix} \lambda_1 & 0 & \cdots & 0 \\ 0 & \lambda_2 & \cdots & 0 \\ \vdots & & \ddots & \vdots \\ 0 & \cdots & 0 & \lambda_n \end{pmatrix} = \mathrm{diag}(\lambda_1, \lambda_2, \ldots, \lambda_n)$$

hat. Für die entsprechenden Basisvektoren b_i gilt dann jeweils $f(b_i) = \lambda_i b_i$.

Definition. *(Eigenwert)*
*Sei V ein beliebiger Vektorraum über $\mathbb{K}$ und $f: V \to V$ eine lineare Abbildung. Die Zahl $\lambda \in \mathbb{K}$ heißt **Eigenwert** von f, falls es einen Vektor $v \in V \setminus \{0\}$ gibt mit $f(v) = \lambda v$.
Ist λ ein Eigenwert von f, so ist*

$$E_\lambda(f) = \{v \in V; f(v) = \lambda v\} \neq \{0\}$$

*ein Untervektorraum von V, der **Eigenraum** von f zum Eigenwert λ.
Die Vektoren $v \in E_\lambda$ heißen **Eigenvektoren** von f zum Eigenwert λ.
Die Dimension des Eigenraums $E_\lambda(f)$ heißt **geometrische Vielfachheit** des Eigenwerts λ.*

Bemerkung: Der Nullvektor ist **niemals** der einzige Eigenvektor zu einem Eigenwert!

Beispiele:

1. Sei $A = \begin{pmatrix} 0 & 1 \\ 1 & 0 \end{pmatrix}$. Dann sind $\lambda_1 = -1$ und $\lambda_2 = 1$ Eigenwerte von A, denn

$$A \begin{pmatrix} 1 \\ -1 \end{pmatrix} = \begin{pmatrix} -1 \\ 1 \end{pmatrix} = (-1) \cdot \begin{pmatrix} 1 \\ -1 \end{pmatrix} \text{ und } A \begin{pmatrix} 1 \\ 1 \end{pmatrix} = 1 \cdot \begin{pmatrix} 1 \\ 1 \end{pmatrix}$$

2. Wir betrachten nach längerer Zeit mal wieder den Vektorraum der reellen Zahlenfolgen. Die Abbildung $T : V \to V$ mit

$$T(a_1, a_2, a_3, a_4, \ldots) = (a_1 + a_2, a_2 + a_3, a_3 + a_4, \ldots)$$

hat als Eigenwerte alle reellen Zahlen λ, denn die Gleichung

$$T(a_1, a_2, a_3, a_4, \ldots) = \lambda(a_1, a_2, a_3, a_4, \ldots)$$
$$(a_1 + a_2, a_2 + a_3, a_3 + a_4, \ldots) = \lambda(a_1, a_2, a_3, a_4, \ldots)$$

lässt sich aufspalten in die unendlich vielen Gleichungen

$$\begin{aligned} a_2 &= (\lambda - 1)a_1 \\ a_3 &= (\lambda - 1)a_2 \\ a_4 &= (\lambda - 1)a_3, \ldots \end{aligned}$$

und wir können nun a_1 frei wählen, zum Beispiel $a_1 = 1$, und sukzessive passende $a_2, a_3, \ldots$ finden. Der „Eigenvektor" zum Eigenwert λ hat also die Form

$$(a_1, (\lambda - 1)a_1, (\lambda - 1)^2 a_1, (\lambda - 1)^3 a_1, \ldots)$$

Wer darüber noch etwas nachdenken möchte, kann sich beispielsweise überlegen, welche Eigenwerte dieselbe Abbildung besitzt, wenn man sie auf dem Vektorraum der Nullfolgen oder dem Vektorraum der beschränkten Folgen betrachtet.

Die Diagonalisierbarkeit ist eng verbunden mit den Eigenvektoren der entsprechenden linearen Abbildung.

Satz 11.1.
Eine lineare Abbildung $f : V \to V$ ist genau dann diagonalisierbar, wenn es eine Basis B von V gibt, die nur aus Eigenvektoren besteht.

Beweis: Wenn f diagonalisierbar ist, dann gibt es eine Basis $B = (b_1, b_2, \ldots, b_n)$ von V, bezüglich der die Matrixdarstellung $M_{B,B}(f)$ eine Diagonalmatrix ist. Da die i-te Spalte der Matrixdarstellung gerade $f(b_i)$ ausgedrückt in der Basis B enthält, ist $f(b_i) = \lambda_i b_i$. Die Vektoren b_i sind daher alle Eigenvektoren.

Wenn es umgekehrt eine Basis aus Eigenvektoren gibt, dann ist die Matrixdarstellung von f bezüglich dieser Basis eine Diagonalmatrix, denn die Gleichung $f(b_j) = \lambda_j b_j$ bedeutet, dass in der j-ten Spalte der Matrixdarstellung nur der j-te Eintrag von Null verschieden ist. □

Dieses Kriterium ist eher theoretischer Natur, wir werden daher im Lauf des Kapitels noch andere Möglichkeiten kennenlernen, wie man entscheiden kann, ob eine Abbildung diagonalisierbar ist. Für lineare Abbildungen $A : \mathbb{K}^n \to \mathbb{K}^n$, d.h. für Matrizen lässt sich Satz 11.1 noch anders formulieren. Dazu erinnern wir uns an Kapitel 9: Bei einem Basiswechsel, der durch eine Transformationsmatrix $S = T_{B',B}$ beschrieben wird, hat die Matrixdarstellung bezüglich der neuen Basis B' die Form $M_{B',B'}(A) = S^{-1} \cdot A \cdot S$. Die Spalten der Transformationsmatrix $T_{B',B}$ enthalten die Basisvektoren der Basis B' dargestellt in der Basis B, wobei hier B die Standardbasis des $\mathbb{K}^n$ ist. Wenn die neue Basis $B' = (b_1, b_2, \ldots, b_n)$ aus Eigenvektoren besteht, dann sind die Spalten von S gerade diese Eigenvektoren.

Definition. *(ähnliche Matrizen)*
Zwei quadratische Matrizen $A, B \in M(n, \mathbb{K})$ heißen **ähnlich** oder **konjugiert** zueinander, falls es eine invertierbare Matrix $S \in GL(n, \mathbb{K})$ gibt, so dass

$$B = S^{-1} \cdot A \cdot S$$

ist.

Bemerkung: Ähnlichkeit von Matrizen ist eine Äquivalenzrelation, d.h. man kann sie zur Klassifikation von Matrizen verwenden.
Insbesondere ist jede Matrix ähnlich zu sich selbst und wenn sowohl A und B als auch B und C ähnliche Matrizen sind, dann sind auch A und C ähnlich zueinander.
Anschaulich ausgedrückt sind zwei Abbildungen „ähnlich" zueinander, wenn es sich um „dieselbe Abbildung in zwei verschiedenen Koordinatensystemen betrachtet" handelt.

Satz 11.2.
Eine lineare Abbildung $A : \mathbb{K}^n \to \mathbb{K}^n$ ist genau dann diagonalisierbar, wenn die Matrix A konjugiert zu einer Diagonalmatrix ist.
Die Spalten der Matrix S enthalten Eigenvektoren von A, die Diagonaleinträge der Diagonalmatrix sind die entsprechenden Eigenwerte von A.

Beweis: Sei zunächst A diagonalisierbar. Dann existiert nach Satz 11.1 eine Basis $(b_1, b_2, \ldots, b_n)$ aus Eigenvektoren von A. Die Matrix $S = (b_1, b_2, \ldots, b_n)$, deren Spalten diese Eigenvektoren bilden, hat vollen Rang, da jede Basis aus linear unabhängigen Vektoren besteht. Weiter ist $Se_i = b_i$ für $i = 1, 2, \ldots, n$ und da außerdem $Ab_i = \lambda_i b_i$ ist (die Basisvektoren sind ja alle Eigenvektoren) gilt

$$S^{-1} \cdot A \cdot Se_i = S^{-1} \cdot A \cdot b_i = S^{-1} \cdot \lambda_i b_i = \lambda_i S^{-1} b_i = \lambda_i e_i.$$

Die Standardbasisvektoren sind also Eigenvektoren von $S^{-1}AS$ und daher ist diese Matrix eine Diagonalmatrix.
Umgekehrt gilt: Ist $S^{-1}AS$ eine Diagonalmatrix, so sind die Spaltenvektoren von S Eigenvektoren von A. Rechnerisch kann man dies beispielsweise sehen, indem man die Gleichung

$$S^{-1}AS = \begin{pmatrix} \lambda_1 & 0 & \cdots & 0 \\ 0 & \lambda_2 & \cdots & 0 \\ \vdots & & \ddots & \vdots \\ 0 & 0 & \cdots & \lambda_n \end{pmatrix}$$

mit dem Standardbasisvektor e_i multipliziert.

Vor dem nächsten Satz verallgemeinern wir noch den Begriff der Summe von Untervektorräumen. Die Summe von zwei Unterräumen $U_1, U_2 \subset V$ eines Vektorraums V war definiert als

$$U_1 + U_2 = \{u_1 + u_2 \in V;\ u_1 \in U_1, u_2 \in U_2\}.$$

Diese Summe hieß direkte Summe, geschrieben $U_1 \oplus U_2$, falls zusätzlich $U_1 \cap U_2 = \{0\}$ war. Die Verallgemeinerung für mehr als zwei Untervektorräume lautet wie folgt:

Definition. *(Summe)*
Für m Untervektorräume $U_1, U_2, \ldots, U_m \subset V$ eines Vektorraums V heißt

$$\sum_{j=1}^{m} U_j = U_1 + U_2 + \ldots + U_m = \{u_1 + u_2 + \ldots + u_m \in V;\ u_1 \in U_1, u_2 \in U_2, \ldots, u_m \in U_m\}.$$

die **Summe** dieser Unterräume.
Die Summe heißt direkte Summe, falls für alle $u_1 \in U_1, u_2 \in U_2, \ldots, u_m \in U_m$ gilt:

$$u_1 + u_2 + \ldots + u_m = 0 \Rightarrow u_1 = u_2 = \ldots = u_m = 0.$$

Man schreibt dann

$$\bigoplus_{j=1}^{m} U_j = U_1 \oplus U_2 \oplus \ldots \oplus U_m.$$

Bei einer direkten Summe lässt sich der Nullvektor also nicht als nichttriviale Summe von Vektoren aus $U_1, \ldots, U_m$ darstellen.

Eine Konsequenz daraus ist, dass sich bei einer direkten Summe jedes Element von $\bigoplus_{j=1}^{m} U_j$ auf eindeutige Art als $u_1 + \ldots + u_m$ mit $u_j \in U_j$ darstellen lässt, denn sind

$$u_1 + u_2 + \ldots + u_m = \tilde{u}_1 + \tilde{u}_2 + \ldots + \tilde{u}_m$$

zwei Darstellungen desselben Vektors, dann ist

$$(u_1 - \tilde{u}_1) + (u_2 - \tilde{u}_2) + \ldots + (u_m - \tilde{u}_m) = 0 \Rightarrow u_1 - \tilde{u}_1 = u_2 - \tilde{u}_2 = \ldots = u_m - \tilde{u}_m = 0$$

das heißt, die beiden Darstellungen stimmen überein.

Bemerkungen:

1. Man kann zeigen, dass die Summe der Unterräume $U_1, \ldots, U_m$ genau dann direkt ist, wenn für alle $k = 1, \ldots, m$ gilt:

$$U_k \cap \left(\sum_{\substack{j=1 \\ j \neq k}}^{m} U_j \right) = \{0\}.$$

2. In unendlich-dimensionalen Vektorräumen kann man auch die Summe unendlich vieler Untervektorräume betrachten. Dabei sind die Elemente alle *endlichen* Linearkombinationen von Vektoren aus diesen Unterräumen.

Für diagonalisierbare Abbildungen lässt sich der zugrundeliegende Raum in die direkte Summe von Eigenräumen zerlegen:

Satz 11.3.
Sei V ein endlich-dimensionaler Vektorraum, $f : V \to V$ ein Endomorphismus und $\lambda_1, \lambda_2, \ldots, \lambda_m$ seien verschiedene Eigenwerte von f mit zugehörigen Eigenräumen $E_{\lambda_1}(f), E_{\lambda_2}(f), \ldots, E_{\lambda_m}(f)$. Dann ist die Summe
$$E_{\lambda_1}(f) \oplus E_{\lambda_2}(f) \oplus \ldots \oplus E_{\lambda_m}(f)$$
eine direkte Summe, d.h. der Untervektorraum $U = E_{\lambda_1}(f) + E_{\lambda_2}(f) + \ldots + E_{\lambda_m}(f)$ ist die direkte Summe der Eigenräume.

Beweis: Wir müssen zeigen, dass für Vektoren $x_1 \in E_{\lambda_1}(f), x_2 \in E_{\lambda_2}(f), \ldots, x_m \in E_{\lambda_m}(f)$ mit $x_1 + x_2 + \ldots + x_m = 0$ automatisch $x_1 = x_2 = \ldots = x_m = 0$ ist.
Diese Aussage lässt sich mit vollständiger Induktion nach m beweisen.
Beim Induktionsanfang $m = 1$ ist $x_1 = 0$, es ist also nichts zu zeigen.
Sei nun die Aussage für $m - 1$ Vektoren aus verschiedenen Eigenräumen wahr. Betrachtet man nun m Eigenvektoren $x_1 \in E_{\lambda_1}(f), x_2 \in E_{\lambda_2}(f), \ldots, x_m \in E_{\lambda_m}(f)$ mit $x_1 + x_2 + \ldots + x_m = 0$ und wendet auf die letzte Gleichung auf beiden Seiten die Abbildung f an, erhält man wegen der Linearität
$$f(x_1) + f(x_2) + \ldots + f(x_m) = f(0) = 0$$
Da die x_i jeweils Eigenvektoren sind, folgt daraus
$$\lambda_1 x_1 + \lambda_2 x_2 + \ldots + \lambda_m x_m = 0$$
Zieht man von dieser Gleichung die Gleichung $\lambda_m(x_1 + x_2 + \ldots + x_m) = 0$ ab, erhält man
$$\underbrace{(\lambda_1 - \lambda_m)}_{\neq 0} x_1 + \underbrace{(\lambda_2 - \lambda_m)}_{\neq 0} x_2 + \ldots + \underbrace{(\lambda_{m-1} - \lambda_m)}_{\neq 0} x_{m-1} = 0$$
und nach der Induktionsvoraussetzung ist dann $x_1 = x_2 = \ldots = x_{m-1} = 0$. Dann muss aber auch $x_m = -x_1 - x_2 - \ldots - x_{m-1} = 0$ sein und der Induktionsschritt ist geglückt. □

Bemerkung:

1. Insbesondere sind Eigenvektoren zu verschiedenen Eigenwerten von f immer linear unabhängig.

2. Die Dimension der Summe U der Eigenräume ist die Summe der Dimensionen dieser Eigenräume. Weil $U \subset V$ ist, gilt $\dim U \leq \dim V$. Hier kann durchaus auch „<" gelten. Dies kann sogar dann der Fall sein, wenn U die Summe sämtlicher Eigenräume von f ist.

   Hat jedoch $f : V \to V$ mit $\dim V = n$ genau n verschiedene Eigenwerte, dann ist jeder der Eigenräume eindimensional und aus den zugehörigen n Eigenvektoren lässt sich eine Basis bilden. Nach Satz 11.1 ist f in diesem Fall also diagonalisierbar.

   Dieses in der Praxis häufig anwendbare Diagonalisierbarkeitskriterium hier noch einmal in der Version für Matrizen:
   Hat eine $n \times n$-Matrix n verschiedene Eigenwerte, dann ist sie diagonalisierbar.

Die letzte Bemerkung lässt sich noch ein wenig verallgemeinern:

Satz 11.4.
Sei V ein endlich-dimensionaler Vektorraum mit $\dim V = n$ *und* $f : V \to V$ *eine lineare Abbildung. Dann ist f genau dann diagonalisierbar, wenn es verschiedene Eigenwerte* $\lambda_1, \lambda_2, \ldots, \lambda_m$ *mit zugehörigen Eigenräumen* $E_{\lambda_1}(f), E_{\lambda_2}(f), \ldots, E_{\lambda_m}(f)$ *gibt, so dass*

$$V = E_{\lambda_1}(f) \oplus E_{\lambda_2}(f) \oplus \ldots \oplus E_{\lambda_m}(f)$$

d.h.
$$\dim V = \dim E_{\lambda_1}(f) + \dim E_{\lambda_2}(f) + \ldots + \dim E_{\lambda_m}(f)$$

wenn also die Dimension von V die Summe der geometrischen Vielfachheiten der Eigenwerte ist.

Beweis: Falls f diagonalisierbar ist, dann gibt es eine Basis, die aus Eigenvektoren besteht. Die Eigenvektoren aus dieser Basis, die zum selben Eigenwert λ_i gehören, bilden dann eine Basis des Eigenraums E_{λ_i}. Damit ist

$$V = E_{\lambda_1}(f) + E_{\lambda_2}(f) + \ldots + E_{\lambda_m}(f),$$

denn jeder Vektor lässt sich als Linearkombination der Basisvektoren darstellen und diese Linearkombination kann man wiederum so aufteilen, dass daraus eine Summe von Vektoren aus den verschiedenen Eigenräumen wird. Nach dem vorigen Satz 11.3 ist die Summe dieser Eigenräume sogar eine direkte Summe. Falls umgekehrt

$$V = E_{\lambda_1}(f) \oplus E_{\lambda_2}(f) \oplus \ldots \oplus E_{\lambda_m}(f)$$

ist, dann existiert eine Basis aus Eigenvektoren, denn jeder der Eigenräume E_{λ_j} besitzt für sich genommen eine Basis. Diese besteht nur aus Eigenvektoren zum Eigenwert λ_j. Da die Dimension jeweils die Anzahl der Basisvektoren ist und die Summe eine direkte Summe ist, gilt

$$\dim V = \dim E_{\lambda_1}(f) + \dim E_{\lambda_2}(f) + \ldots + \dim E_{\lambda_m}(f).$$

Die Vereinigung der Basisvektoren der Eigenräume besteht also aus n linear unabhängigen Vektoren und bildet somit eine Basis von V. Also ist f nach Satz 11.1 diagonalisierbar. □

Die wichtigste Methode, um Eigenwerte von endlich-dimensionalen Endomorphismen, also Eigenwerte von Matrizen, zu finden, benutzt die Determinanten aus dem vorigen Kapitel.

Satz 11.5.
Sei $A : \mathbb{R}^n \to \mathbb{R}^n$ *oder* $A : \mathbb{C}^n \to \mathbb{C}^n$ *eine lineare Abbildung. Dann ist* $\lambda \in \mathbb{K}$ *genau dann ein Eigenwert von A, wenn gilt:*

$$\det(A - \lambda E_n) = 0.$$

Beweis: Nach der Dimensionsformel ist

$$\text{Rang}(A - \lambda E_n) = n - \dim \text{Kern}(A - \lambda E_n).$$

Wegen Satz 10.6 gilt daher

$$\det(A - \lambda E_n) = 0 \Leftrightarrow \text{Rang}(A - \lambda E_n) < n \Leftrightarrow \dim \text{Kern}(A - \lambda E_n) \geq 1$$

Dies ist aber genau dann der Fall, wenn für einen Vektor $v \neq 0$ gilt: $(A - \lambda E_n)v = 0$, wenn also $Av = \lambda v$. Das wiederum war aber genau die Definition dafür, dass die Zahl λ ein Eigenwert von A ist.

□

Beispiele:

1. Sei $A = \begin{pmatrix} 1 & 1 \\ 0 & -2 \end{pmatrix}$. Dann ist

$$\det(A - \lambda E_2) = \begin{vmatrix} 1-\lambda & 1 \\ 0 & -2-\lambda \end{vmatrix} = (1-\lambda)(-2-\lambda) = 0$$

genau dann erfüllt, wenn $\lambda = 1$ oder $\lambda = -2$ ist.

2. Sei $A = \begin{pmatrix} 0 & 1 \\ -1 & 0 \end{pmatrix} \in M(2, \mathbb{R})$. Dann hat

$$\det(A - \lambda E_2) = \begin{vmatrix} -\lambda & 1 \\ -1 & -\lambda \end{vmatrix} = \lambda^2 + 1 = 0$$

keine Lösungen im Körper $\mathbb{R}$, also keine Eigenwerte, wenn man A in $M(2, \mathbb{R})$ betrachtet. Fasst man dieselbe Matrix A als komplexe Matrix $A \in M(2, \mathbb{C})$ auf, dann hat sie jedoch die beiden Eigenwerte $\pm i$ mit zugehörigen Eigenvektoren

$$\begin{pmatrix} 1 \\ i \end{pmatrix} \text{ und } \begin{pmatrix} 1 \\ -i \end{pmatrix}.$$

Um diese Unterscheidung zwischen reellen und komplexen Vektorräumen geht es im nächsten Abschnitt. Dort soll gezeigt werden, dass man *jeden* reellen Vektorraum zu einem komplexen Vektorraum „machen kann".

11.2 Komplexifizierung

Aus *Mathematik für Physiker 1* wissen wir, dass jedes Polynom n-ten Grades n komplexe Nullstellen besitzt, während reelle Nullstellen nicht unbedingt existieren müssen. Aus diesem Grund werden wir meistens alle Matrizen als komplexe Matrizen auffassen, auch wenn die Koeffizienten alle reell sind, und bei Eigenwerten nach komplexen Eigenwerten suchen, ohne dies jedes Mal extra zu betonen. Was man dann mit den komplexen Eigenvektoren anfangen kann, werden wir uns an späterer Stelle genauer überlegen.

Etwas allgemeiner kann man nicht nur reelle Matrizen als komplexe Matrizen mit (zufälligerweise...) reellen Koeffizienten auffassen, sondern man kann aus jedem reellen Vektorraum V einen komplexen Vektorraum $V_\mathbb{C}$ machen.

Definition. *(Komplexifizierung)*
Sei V ein reeller Vektorraum. Die Menge

$$V_\mathbb{C} = \{x + iy;\ x, y \in V\}$$

mit der Vektoraddition

$$(x + iy) + (\tilde{x} + i\tilde{y}) = (x + \tilde{x}) + i(y + \tilde{y})$$

und der skalaren Multiplikation

$$(\alpha + i\beta)(x + iy) = (\alpha x - \beta y) + i(\alpha y + \beta x)$$

ein komplexer Vektorraum. Man nennt ihn die **Komplexifizierung** *von V.*

Streng genommen sind die beiden auftretenden i's zunächst nicht dasselbe, aber es ist kein Problem, sie als identisch zu betrachten, da die Rechenregeln ja gerade so sind, dass man wie in $\mathbb{C}$ gewohnt mit $i^2 = -1$ rechnen kann.

Daher definiert man auch zu Vektoren aus $V_{\mathbb{C}}$ komplex konjugierte Vektoren

$$\overline{x + iy} = x + i(-y) = x - iy$$

und nennt x den Realteil und y den Imaginärteil von $x + i \cdot y$. Ebenso wie $\mathbb{R}$ eine Teilmenge von $\mathbb{C}$ ist, kann man V als Teilmenge von $V_{\mathbb{C}}$ wiederfinden, denn

$$x + iy \in V \Leftrightarrow x + iy = \overline{x + iy}$$

Wichtig für uns ist, dass man lineare Abbildungen $f : V \to V$ auf eine natürliche Art auf die Komplexifizierung $V_{\mathbb{C}}$ fortsetzen kann.

Satz 11.6.
Sei V ein reeller Vektorraum mit Komplexifizierung $V_{\mathbb{C}}$ und $f : V \to V$ eine lineare Abbildung. Dann ist die Abbildung $f_{\mathbb{C}} : V_{\mathbb{C}} \to V_{\mathbb{C}}$, die durch

$$f_{\mathbb{C}}(x + iy) = f(x) + if(y)$$

eine komplex lineare Abbildung, das heißt

$$\begin{aligned} f_{\mathbb{C}}((x+iy)+(\tilde{x}+i\tilde{y})) &= f_{\mathbb{C}}(x+iy) + f_{\mathbb{C}}(\tilde{x}+i\tilde{y}) \\ f_{\mathbb{C}}((\alpha+i\beta)(x+iy)) &= (\alpha+i\beta)f_{\mathbb{C}}(x+iy) \end{aligned}$$

für alle komplexen Zahlen $\alpha + i\beta$.

Beweis: erfolgt durch direktes Nachrechnen. □

Auch die Matrixdarstellung von $f_{\mathbb{C}}$ unterscheidet sich nicht von der Matrixdarstellung von f, wenn man geeignete Basen wählt:

Satz 11.7.
Sei V ein reeller Vektorraum mit Basis $B = (b_1, b_2, \ldots, b_n)$ und $f : V \to V$ eine lineare Abbildung. Dann ist $B_{\mathbb{C}} = (b_1 + i \cdot 0, b_2 + i \cdot 0, \ldots, b_n + i \cdot 0)$ eine Basis von $V_{\mathbb{C}}$ und die Matrixdarstellung $M_{B_{\mathbb{C}}, B_{\mathbb{C}}}(f_{\mathbb{C}})$ stimmt mit der Matrixdarstellung $M_{B,B}(f)$ überein.

Beweisidee: Für einen beliebigen Vektor $x + iy \in V_{\mathbb{C}}$ ist $x, y \in V$ und wir können

$$x = \sum_{k=1}^{n} \alpha_k b_k \text{ und } y = \sum_{k=1}^{n} \beta_k b_k$$

eindeutig als Linearkombination von Vektoren aus B darstellen. Dann ist

$$x + iy = \sum_{k=1}^{n} (\alpha_k + i\beta_k) b_k = \sum_{k=1}^{n} (\alpha_k + i\beta_k)(b_k + 0 \cdot i)$$

und $x+iy$ ist als Linearkombination der Vektoren aus $B_{\mathbb{C}}$ mit *komplexen* Koeffizienten dargestellt. Dass die Vektoren aus $B_{\mathbb{C}}$ linear unabhängig sind, folgt durch eine kurze Rechnung aus der linearen Unabhängigkeit von B: Falls nämlich

$$(\alpha_1 + i\beta_1)(b_1 + i \cdot 0) + (\alpha_2 + i\beta_2)(b_2 + i \cdot 0) + \ldots + (\alpha_n + i\beta_n)(b_n + i \cdot 0) = 0,$$

dann muss

$$\alpha_1 b_1 + \alpha_2 b_2 + \ldots + \alpha_n b_n = 0 \quad \text{und}$$
$$i\beta_1 b_1 + i\beta_2 b_2 + \ldots + i\beta_n b_n = 0$$

sein. Damit ist dann $\alpha_1 + i\beta_1 = \alpha_2 + i\beta_2 = \ldots = \alpha_n + i\beta_n = 0$.
Die Matrixdarstellungen $M_{B,B}(f)$ und $M_{B_\mathbb{C},B_\mathbb{C}}(f_\mathbb{C})$ stimmen deswegen überein, weil die j-te Spalte der jeweiligen Matrixdarstellung durch die Darstellung von $f(b_j)$ in der Basis B beziehungsweise von $f_\mathbb{C}(b_j + i \cdot 0)$ in der Basis $B_\mathbb{C}$ gegeben ist. Die entsprechenden Koeffizienten sind aber genau gleich. □

Damit sind wir am Ende dieser kurzen Exkursion und werden in Zukunft meist im Komplexen rechnen, ohne darüber zu reden, wenn wir dabei eigentlich die Komplexifizierung eines reellen Vektorraums meinen. Insbesondere können wir reelle Matrizen immer auch als komplexe Matrizen auffassen, deren Koeffizienten „zufälligerweise" reell sind.

11.3 Das charakteristische Polynom

Definition. *(charakteristisches Polynom)*
Sei $A \in M(n, \mathbb{K})$ eine reelle oder komplexe quadratische Matrix. Dann heißt

$$\chi_A(\lambda) = \det(A - \lambda \cdot E_n)$$

*das **charakteristische Polynom** von A.*

Satz 11.8.
Sei $A \in M(n, \mathbb{K})$. Dann ist χ_A ein Polynom vom Grad n

$$\chi_A(\lambda) = \alpha_n \lambda^n + \alpha_{n-1} \lambda^{n-1} + \ldots + \alpha_1 \lambda + \alpha_0$$

mit $\alpha_n = (-1)^n$, $\alpha_{n-1} = (-1)^{n-1}\operatorname{spur}(A)$ und $\alpha_0 = \det A$.

Beweis: siehe Übungsaufgabe □

Eine wichtige Eigenschaft des charakteristischen Polynoms ist, dass es nur von der Abbildung abhängt, aber nicht von der konkreten Basis, also nicht von der Wahl eines Koordinatensystems.

Satz 11.9.
Seien $A, B \in M(n, \mathbb{K})$ zueinander konjugierte Matrizen, d.h. $B = S^{-1} \cdot A \cdot S$ für eine invertierbare Matrix $S \in GL(n, \mathbb{K})$. Dann ist $\chi_A(\lambda) = \chi_B(\lambda)$.

Beweis:
$$\begin{aligned}
\chi_B(\lambda) &= \det(S^{-1} A S - \lambda E_n) \\
&= \det(S^{-1} A S - \lambda S^{-1} E_n S) \\
&= \det(S^{-1}(A - \lambda E_n) S) \\
&= \underbrace{\det S^{-1}}_{=(\det S)^{-1}} \underbrace{\det(A - \lambda E_n)}_{=\chi_A(\lambda)} \det S \\
&= \chi_A(\lambda)
\end{aligned}$$
□

Bemerkung: Daraus kann man ohne weitere Rechnung folgern, dass auch die Spur von zwei konjugierten Matrizen übereinstimmt, da die Spur (bis auf das Vorzeichen) einem der Koeffizienten des charakteristischen Polynoms entspricht.

In *Mathematik für Physiker 1* wurde schon einmal die Tatsache aus der Algebra angesprochen, dass jedes Polynom n-ten Grades mit Koeffizienten in $\mathbb{C}$ genau n (nicht unbedingt verschiedene) komplexe Nullstellen besitzt. Dies ist die Aussage des *Fundamentalsatzes der Algebra*. Ein Polynom p vom Grad n lässt sich daher in Linearfaktoren zerlegen:

$$p(\lambda) = c(\lambda - \lambda_1) \cdot (\lambda - \lambda_2) \cdot \ldots \cdot (\lambda - \lambda_n)$$

Fasst man noch die Terme zusammen, die zu denselben Nullstellen gehören, dann kann man ein Polynom mit m verschiedenen Nullstellen auch schreiben als

$$p(\lambda) = c(\lambda - \lambda_1)^{\alpha_1} \cdot (\lambda - \lambda_2)^{\alpha_2} \cdot \ldots \cdot (\lambda - \lambda_m)^{\alpha_m}$$

wobei $\lambda_1, \lambda_2, \ldots, \lambda_m$ nun verschiedene Zahlen sind.

Definition. *(algebraische Vielfachheit)*
Sei $A \in M(n, \mathbb{C})$ eine $n \times n$-Matrix mit charakteristischem Polynom

$$\chi_A(\lambda) = (-1)^n (\lambda - \lambda_1)^{\alpha_1} \cdot (\lambda - \lambda_2)^{\alpha_2} \cdot \ldots \cdot (\lambda - \lambda_m)^{\alpha_m}$$

wobei $\lambda_1, \lambda_2, \ldots, \lambda_m$ die verschiedenen Eigenwerte von A sind.
*Dann nennt man die Zahl α_j die **algebraische Vielfachheit** des Eigenwerts λ_j.*

Per Definition gibt es zu jedem Eigenwert λ_j einer Matrix A einen Eigenvektor, also gilt auf jeden Fall

$$\det(A - \lambda_j E_n) = 0 \Leftrightarrow 1 \leq \dim E_{\lambda_j}(A)$$

Nach oben ist die geometrische Vielfachheit von λ_j durch die algebraische Vielfachheit beschränkt:

Satz 11.10.
Sei λ ein Eigenwert eines Endomorphismus $f: \mathbb{C}^n \to \mathbb{C}^n$. Dann gilt für die algebraische Vielfachheit α_{λ_j} des Eigenwerts λ_j

$$\dim E_{\lambda_j}(f) \leq \alpha_{\lambda_j}$$

in Worten: Für alle Eigenwerte ist die geometrische Vielfachheit $\leq$ algebraische Vielfachheit

Beweis: Sei λ_j ein beliebiger Eigenwert von f und $k := \dim E_{\lambda_j}(f)$ die geometrische Vielfachheit von λ_j. Man wählt nun zunächst eine beliebige Basis $(b_1, b_2, \ldots, b_k)$ des Eigenraums $E_{\lambda_j}(f)$ und ergänzt diese wiederum auf eine beliebige Weise zu einer Basis B von $\mathbb{C}^n$. Bezüglich dieser Basis sieht die Matrixdarstellung von f dann folgendermaßen aus:

$$M_{B,B}(f) = \left(\begin{array}{cccc|ccc} \lambda_j & 0 & \ldots & 0 & * & \ldots & * \\ 0 & \lambda_j & \ldots & 0 & * & \ldots & * \\ \vdots & \ddots & \ddots & \vdots & \vdots & \ddots & \vdots \\ 0 & 0 & \ldots & \lambda_j & * & \ldots & * \\ \hline 0 & \ldots & \ldots & 0 & & & \\ \vdots & \ddots & \ddots & \vdots & & \tilde{A} & \\ 0 & \ldots & \ldots & 0 & & & \end{array} \right)$$

Für die Blockmatrix $M_{B,B}(f) - \lambda E_n$ ist nach Satz 10.13
$$\det(M_{B,B}(f) - \lambda E_n) = (\lambda_j - \lambda)^k \cdot \det(\tilde{A} - \lambda E_{n-k}).$$
Damit ist die algebraische Vielfachheit von λ_j größer oder gleich k. □

Aus diesem Satz lässt sich das wichtigste Diagonalisierbarkeitskriterium herleiten.

Satz 11.11. *(Diagonalisierbarkeitskriterium)*
Sei V ein n-dimensionaler $\mathbb{K}$-Vektorraum und $f: V \to V$ ein Endomorphismus. Dann gilt:
f ist genau dann diagonalisierbar über $\mathbb{K}$, wenn das charakteristische Polynom in $\mathbb{K}$ in Linearfaktoren zerfällt und wenn für jeden Eigenwert die geometrische und die algebraische Vielfachheit übereinstimmen.

Bemerkung: In $\mathbb{C}$ zerfallen nach dem Fundamentalsatz der Algebra *alle* Polynome in Linearfaktoren. Wenn man also komplex rechnet, entscheidet sich die Diagonalisierbarkeit einer Matrix allein daran, ob die geometrische und die algebraische Vielfachheit für alle Eigenwerte gleich ist.

Beweis des Satzes: Falls f diagonalisierbar ist, dann existiert eine Basis aus Eigenvektoren zu den (paarweise verschiedenen) Eigenwerten $\lambda_1, \ldots, \lambda_m$ und es ist $V = E_{\lambda_1}(f) \oplus \ldots \oplus E_{\lambda_m}(f)$ nach Satz 11.4. In jedem der Eigenräume $E_{\lambda_j}(f)$ kann man eine Basis B_j wählen, die dann automatisch aus Eigenvektoren zum Eigenwert λ_j besteht. Die Vereinigung $B = B_1 \cup B_2 \cup \ldots \cup B_m$ all dieser Basen bildet eine Basis von V. Bezüglich dieser Basis B ist die Matrixdarstellung von f

$$M_{B,B}(f) = \begin{pmatrix} \begin{matrix} \lambda_1 & & \\ & \ddots & \\ & & \lambda_1 \end{matrix} & 0 & \cdots & 0 \\ 0 & \begin{matrix} \lambda_2 & & \\ & \ddots & \\ & & \lambda_2 \end{matrix} & & \\ \vdots & & \ddots & \\ 0 & \cdots & 0 & \begin{matrix} \lambda_m & & \\ & \ddots & \\ & & \lambda_m \end{matrix} \end{pmatrix}$$

Ist $\alpha_j := \dim E_{\lambda_j}$ die geometrische Vielfachheit von λ_j, so hat der Block zum Eigenwert λ_j die Größe $\alpha_j \times \alpha_j$.
Folglich ist das charakteristische Polynom von f
$$\chi_f(\lambda) = \det(M_{B,B}(f) - \lambda E_n) = (\lambda_1 - \lambda)^{\alpha_1} \cdot (\lambda_2 - \lambda)^{\alpha_2} \cdot \ldots \cdot (\lambda_m - \lambda)^{\alpha_m}$$
und da die Eigenwerte alle verschieden sind, ist α_j gerade die algebraische Vielfachheit des Eigenwert λ_j.
Falls umgekehrt die algebraische Vielfachheit jedes Eigenwerts mit seiner geometrischen Vielfachheit übereinstimmt, dann hilft uns ein Abzählargument weiter: Das charakteristische Polynom von f hat den Grad n und besitzt daher genau n komplexe Nullstellen. Daher ist die Summe der algebraischen Vielfachheiten genau n. Nach Voraussetzung ist also auch die Summe der geometrischen Vielfachheiten genau n, anders ausgedrückt
$$\dim V = \dim E_{\lambda_1}(f) + \dim E_{\lambda_2}(f) + \ldots + \dim E_{\lambda_m}(f).$$
und f ist nach Satz 11.4 diagonalisierbar. □

11.4 Die Jordan-Normalform

Wir wenden uns nun noch dem Fall nicht diagonalisierbarer Matrizen zu. Die Frage ist also: In welche „möglichst einfache" Form kann man eine Matrix durch Koordinatentransformationen bringen, wenn die Bedingungen aus Satz 11.11 nicht erfüllt sind, d.h. wenn eine Matrix A Eigenwerte besitzt, deren geometrische und algebraische Vielfachheit nicht übereinstimmen.

Was unter einer „möglichst einfachen" Matrix zu verstehen ist, ist nicht eindeutig und es gibt für verschiedene Situationen auch verschiedene „Normalformen", in die Matrizen transformiert werden können.

Für viele Zwecke stellt die Jordan-Normalform eine sehr gute Möglichkeit dar, insbesondere werden wir diese Form im kommenden Kapitel benutzen, um die Lösungen linearer Differentialgleichungen zu bestimmen.

Wir beginnen mit einer Vorüberlegung, die als Motivation für die anschließend ohne Beweis vorgestellte Jordan-Normalform dient.

Wenn λ ein Eigenwert einer Matrix $A \in M(n, \mathbb{K})$ ist, dann ist 0 ein Eigenwert der Matrix $A - \lambda E_n$, denn dann gibt es ein $v \neq 0$ mit $Av = \lambda v$ bzw. $(A - \lambda E_n)v = 0$.

Aus diesem Grund werden wir nun zunächst Matrizen mit Eigenwert 0 genauer untersuchen. Die einzige diagonalisierbare Matrix, die nur den Eigenwert Null besitzt, ist die Nullmatrix, aber es gibt andere nicht-diagonalisierbare Matrizen, deren einziger Eigenwert ebenfalls die Null ist. Dazu gehören zum Beispiel die Matrizen

$$\begin{pmatrix} 0 & 1 \\ 0 & 0 \end{pmatrix}, \quad \begin{pmatrix} 0 & 1 & 5 \\ 0 & 0 & -3 \\ 0 & 0 & 0 \end{pmatrix} \quad \text{und} \quad \begin{pmatrix} 0 & 0 & -1 & 0 \\ 0 & 0 & 0 & 1 \\ 0 & 0 & 0 & 0 \\ 2 & 0 & 0 & 0 \end{pmatrix}.$$

> **Definition.** *(nilpotent)*
> *Eine $n \times n$-Matrix $A \in M(n, \mathbb{K})$ heißt **nilpotent**, falls es ein $m \in \mathbb{N}$ gibt mit $A^m = 0$. Die kleinste Zahl m mit dieser Eigenschaft heißt der **Nilpotenzgrad** von A. Ist m der Nilpotenzgrad von A, dann ist $A^{m-1} \neq 0$, aber $A^m = 0$.*

Dass eine nilpotente Abbildung nur den Eigenwert 0 besitzen kann, ergibt sich aus der Tatsache, dass bei einem Eigenwert $\lambda \neq 0$ von A die Zahl $\lambda^m \neq 0$ ein Eigenwert von A^m wäre. Das ist für $A^m = 0$ aber unmöglich.

> **Satz 11.12.**
> *Sei $A \in M(n, \mathbb{C})$ eine $n \times n$-Matrix.*
>
> *(a) Dann ist*
> $$\{0\} \subseteq \text{Kern}(A) \subseteq \text{Kern}(A^2) \subseteq \text{Kern}(A^3) \subseteq \ldots \quad \text{und}$$
> $$V \supseteq \text{Bild}(A) \supseteq \text{Bild}(A^2) \supseteq \text{Bild}(A^3) \supseteq \ldots.$$
>
> *(b) Falls $\text{Kern}(A^{m+1}) = \text{Kern}(A^m)$ ist für ein $m \in \mathbb{N}$, dann ist*
> $$\text{Kern}(A^m) = \text{Kern}(A^{m+1}) = \text{Kern}(A^{m+2}) = \ldots$$
> *Für die Bilder gilt entsprechend: Falls $\text{Bild}(A^m) = \text{Bild}(A^{m+1})$ ist, dann ist*
> $$\text{Bild}(A^m) = \text{Bild}(A^{m+1}) = \text{Bild}(A^{m+2}) = \ldots$$
>
> *(c) Auf jeden Fall ist*
> $$\text{Kern}(A^n) = \text{Kern}(A^{n+1}) = \text{Kern}(A^{n+2}) = \ldots.$$

Beweis:

(a) Für jedes $k \in \mathbb{N}_0$ ist $\text{Kern}(A^k) \subseteq \text{Kern}(A^{k+1})$, denn

$$v \in \text{Kern}(A^k) \Rightarrow A^k(v) = 0 \Rightarrow A^{k+1}(v) = A(A^k v) = 0 \Rightarrow v \in \text{Kern}(A^{k+1}).$$

Analog ist $\text{Bild}(A^k) \supseteq \text{Bild}(A^{k+1})$ für alle $k \in \mathbb{N}_0$, da

$$w \in \text{Bild}(A^{k+1}) \Rightarrow w = A^{k+1}v = A^k(Av) \Rightarrow w \in \text{Bild}(A^k).$$

(b) Wir zeigen, dass $\text{Kern}(A^{m+k+1}) \subseteq \text{Kern}(A^{m+k})$ ist für $k = 0, 1, 2, \ldots$. Dann ergibt sich mit (a) sukzessive $\text{Kern}(A^m) = \text{Kern}(A^{m+1}) = \text{Kern}(A^{m+2}) = \ldots$.

Sei also $k \in \mathbb{N}$ beliebig und $v \in \text{Kern}(A^{m+k+1})$. Dann gilt

$$0 = A^{m+k+1}(v) = A^{m+1}(A^k(v))$$
$$\Rightarrow A^k(v) \in \text{Kern}(A^{m+1}) = \text{Kern}(A^m)$$
$$\Rightarrow A^m(A^k(v)) = A^{m+k}(v) = 0$$
$$\Rightarrow v \in \text{Kern}(A^{m+k})$$

Die Aussage über die Bilder folgt aus der Dimensionsformel, weil

$$n = \dim \text{Kern}(A^k) + \dim \text{Bild}(A^k).$$

Wenn also $\text{Kern}(A^{m+1}) = \text{Kern}(A^m)$ ist, dann ist auch $\dim \text{Kern}(A^{m+1}) = \dim \text{Kern}(A^m)$ und damit $\dim \text{Bild}(A^{m+1}) = \dim \text{Bild}(A^m)$. Da aber $\text{Bild}(A^{m+1}) \subseteq \text{Bild}(A^m)$ ist, muss dann auch $\text{Bild}(A^{m+1}) = \text{Bild}(A^m)$ sein.

(c) Wegen (b) genügt es, zu zeigen, dass $\text{Kern}(A^n) = \text{Kern}(A^{n+1})$ ist. Wäre dies nicht der Fall, dann wäre als Konsequenz aus Teil (a)

$$\{0\} \subsetneq \text{Kern}(A) \subsetneq \text{Kern}(A^2) \subsetneq \text{Kern}(A^3) \ldots \subsetneq \text{Kern}(A^n) \subsetneq \text{Kern}(A^{n+1})$$

Da die Dimension dieser Unterräume in jeder Ungleichung mindestens um eins zunimmt, wäre

$$\dim \text{Kern}(A) \geq 1, \ \dim \text{Kern}(A^2) \geq 2, \ \dim \text{Kern}(A^3) \geq 3, \ \ldots, \ \dim \text{Kern}(A^n) \geq n$$

und schließlich $\dim \text{Kern}(A^{n+1}) \geq n+1$, was wegen $\dim V = n$ nicht möglich ist.

$\square$

Wir hatten in Satz 11.11 gezeigt, dass die Summe der Eigenräume einer Matrix nur dann den gesamten Vektorraum ergibt, wenn die algebraische und geometrische Vielfachheit jedes Eigenwerts übereinstimmen.

Für den Fall, dass ein Eigenwert verschiedene geometrische und algebraische Vielfachheit hat, kann man den Begriff des Eigenraums noch etwas verallgemeinern, so dass man auf diese Weise den gesamten Vektorraum $\mathbb{C}^n$ in eine direkte Summe von *verallgemeinerten Eigenräumen* zerlegen kann.

Definition. *(verallgemeinerter Eigenraum)*
*Sei $A \in M(n, \mathbb{C})$ und $\lambda \in \mathbb{C}$ sei ein Eigenwert der Matrix A. Dann heißt der Untervektorraum $\text{Kern}((A - \lambda E_n)^n)$ **verallgemeinerter Eigenraum** von A zum Eigenwert λ.*

Nach der Aussage (a) des vorigen Satzes ist der Eigenraum von A zum Eigenwert λ immer im verallgemeinerte Eigenraum von A zum Eigenwert λ enthalten. Der Eigenraum und der verallgemeinerte Eigenraum stimmen genau dann überein, wenn die geometrische und algebraische Vielfachheit des Eigenwerts λ gleich ist.

Satz 11.13. *Jordan-Normalform (ohne Beweis)*
Sei $A \in M(n, \mathbb{C})$ eine $n \times n$–Matrix mit den paarweise verschiedenen Eigenwerte $\lambda_1, \lambda_2, \ldots, \lambda_m \in \mathbb{C}$. Sei weiter α_j die algebraische Vielfachheit des Eigenwerts λ_j, β_j seine geometrische Vielfachheit und E_j der zu λ_j gehörende verallgemeinerte Eigenraum. Dann gilt:

(a) $\dim E_j = \alpha_j$ d.h. es ist $\text{Kern}((A - \lambda_j E_n)^{\alpha_j}) = \text{Kern}((A - \lambda_j E_n)^{\alpha_j + 1})$

(b) $V = E_1 \oplus E_2 \oplus \ldots \oplus E_m$

(c) Man kann eine Koordinatentransformation S finden, so dass $S^{-1}AS$ die Gestalt

$$S^{-1}AS = \begin{pmatrix} \boxed{A_1} & 0 & \cdots & 0 \\ 0 & \boxed{A_2} & & \\ \vdots & & \ddots & \\ 0 & \cdots & 0 & \boxed{A_m} \end{pmatrix}$$

hat, wobei A_j eine $\alpha_j \times \alpha_j$-Matrix ist, die selbst wieder Blockdiagonalgestalt hat:

$$A_j = \begin{pmatrix} \boxed{J_1} & 0 & \cdots & 0 \\ 0 & \boxed{J_2} & & \\ \vdots & & \ddots & \\ 0 & \cdots & 0 & \boxed{J_{\beta_j}} \end{pmatrix}$$

Die Blöcke sind dabei sogenannte Jordan-Blöcke der Länge d, d.h. $d \times d$-Blöcke der Form

$$J_k = \begin{pmatrix} \lambda_j & 1 & 0 & 0 & \cdots & 0 \\ 0 & \lambda_j & 1 & 0 & \cdots & 0 \\ 0 & 0 & \lambda_j & 1 & & \vdots \\ \vdots & & \ddots & \ddots & \ddots & \vdots \\ \vdots & & & 0 & \lambda_j & 1 \\ 0 & \cdots & \cdots & \cdots & 0 & \lambda_j \end{pmatrix}$$

Die wichtige Frage, die bei der konkreten Berechnung der Jordan-Normalform einer gegebenen Matrix zu klären ist, ist *wieviele* Jordan-Blöcke *welcher Größe* zu einem Eigenwert λ_j vorhanden sind. Oft kann man die Anzahl und Größe der Blöcke allein aus den geometrischen und algebraischen Vielfachheiten der Eigenwerte bestimmen. Dazu zwei Beispiele.

Beispiel:
Die Matrix
$$T = \begin{pmatrix} -13 & -10 & -3 & 6 \\ 25 & 18 & 3 & -6 \\ -11 & -8 & -1 & 4 \\ 3 & 4 & 5 & 0 \end{pmatrix}$$
hat die beiden Eigenwerte $\lambda_1 = -2$ und $\lambda_2 = 4$. Beide sind algebraisch doppelt, aber geometrisch einfach. Dies bedeutet, dass der verallgemeinerte Eigenraum zu beiden Eigenwerten zweidimensional ist. Damit gibt es zu jedem der Eigenwerte einen 2×2-Jordanblock. Die Jordan-Normalform von T lautet also
$$T_{JNF} = S^{-1}TS = \begin{pmatrix} -2 & 1 & 0 & 0 \\ 0 & -2 & 0 & 0 \\ 0 & 0 & 4 & 1 \\ 0 & 0 & 0 & 4 \end{pmatrix}$$
Bis auf die Anordnung der beiden Blöcke ist diese Jordan-Normalform eindeutig. Die Transformationsmatrix S enthält nur in der ersten und dritten Spalte Eigenvektoren von T, wie man die restlichen Spalten bestimmt, wird unten skizziert.

Beispiel:
Die Matrix
$$K = \begin{pmatrix} -16 & 7 & 6 & -16 \\ -4 & 3 & 2 & -4 \\ 11 & -4 & -2 & 10 \\ 22 & -8 & -8 & 22 \end{pmatrix}$$
hat die beiden Eigenwerte $\lambda_1 = 1$ und $\lambda_2 = 2$. Der Eigenwert λ_1 ist algebraisch und damit auch geometrisch einfach, der Eigenwert λ_2 ist algebraisch dreifach und geometrisch doppelt. Dies bedeutet, dass der verallgemeinerte Eigenraum zu λ_2 dreidimensional ist und zwei Jordanblöcke enthält. Dafür gibt es nur eine Möglichkeit: ein 2×2-Jordanblock und ein 1×1-„Jordanblock". Die Jordan-Normalform von K lautet also
$$K_{JNF} = S^{-1}KS = \begin{pmatrix} 1 & 0 & 0 & 0 \\ 0 & 2 & 0 & 0 \\ 0 & 0 & 2 & 1 \\ 0 & 0 & 0 & 2 \end{pmatrix}$$
Bis auf die Anordnung der beiden Blöcke ist auch diese Jordan-Normalform eindeutig.

Bemerkung: Bei „kleinen" Matrizen genügt oft schon die Bestimmung der Eigenwerte mit ihren algebraischen und geometrischen Vielfachheiten aus, um die Jordan-Normalform der Matrix eindeutig angeben zu können.
Auf diese Weise kann man bei den meisten 3×3-, 4×4- und auch vielen größeren Matrizen die Jordan-Normalform angeben, ohne die zugehörige Koordinatentransformation bestimmen zu müssen.
Für die Bestimmung dieser Koordinatentransformation benötigt man die sogenannten *Hauptvektoren*. Ist v ein Eigenvektor zu einem Eigenwert λ, dann ist ein Hauptvektor 1. Stufe ein Vek-

tor w_1, für den $(A - \lambda E_n)w_1 = v$ ist, ein Hauptvektor 2. Stufe entsprechend ein Vektor w_2 mit $(A - \lambda E_n)w_2 = w_1$ usw.

Einem $d \times d$-Jordan-Block entsprechen in der Transformationsmatrix d Spalten bestehend aus einem Eigenvektor, einem Hauptvektor 1. Stufe, ...und einem Hauptvektor $(d-1)$-ter Stufe.

Eine Folgerung von Satz 11.13 ist die Tatsache, dass die Summe und das Produkt aller Eigenwerte einer Matrix direkt aus der Matrix bestimmt werden können.

Satz 11.14.
Sei $A \in M(n, \mathbb{C})$ eine komplexe $n \times n$-Matrix. Die Summe der Eigenwerte von A (jeweils mit ihrer algebraischen Vielfachheit gezählt) ergibt die Spur von A, das Produkt der Eigenwerte ist die Determinante von A.

Beweis: Sowohl die Spur als auch die Determinante ändern sich nicht unter Koordinatentransformationen. Ist also $S \in GL(n, \mathbb{C})$ so gewählt, dass SAS^{-1} die Jordan-Normalform von A ist, dann ist $\mathrm{spur}(S^{-1}AS) = \mathrm{spur}(A)$ und $\det(S^{-1}AS) = \det(A)$ und auch die Eigenwerte von A und von $S^{-1}AS$ stimmen überein. Bei Dreiecksmatrizen sind die Diagonaleinträge aber gerade die Eigenwerte, für die Jordan-Normalform $S^{-1}AS$ ist die Aussage des Satzes also klar. □

Beispiel:
Oben haben wir für die Matrix
$$K = \begin{pmatrix} -16 & 7 & 6 & -16 \\ -4 & 3 & 2 & -4 \\ 11 & -4 & -2 & 10 \\ 22 & -8 & -8 & 22 \end{pmatrix}$$

die Jordan-Normalform
$$K_{JNF} = S^{-1}KS = \begin{pmatrix} 1 & 0 & 0 & 0 \\ 0 & 2 & 0 & 0 \\ 0 & 0 & 2 & 1 \\ 0 & 0 & 0 & 2 \end{pmatrix}$$

bestimmt. Dort hatten wir als Eigenwerte $\lambda_1 = 3$ und $\lambda_2 = \lambda_3 = \lambda_4 = 2$ bestimmt. Für die Spur gilt nun
$$\mathrm{spur}(K) = -16 + 3 - 2 + 22 = 7 = \lambda_1 + \lambda_2 + \lambda_3 + \lambda_4$$

und für die Determinante
$$\det(K) = \begin{vmatrix} -16 & 7 & 6 & -16 \\ -4 & 3 & 2 & -4 \\ 11 & -4 & -2 & 10 \\ 22 & -8 & -8 & 22 \end{vmatrix} = \begin{vmatrix} 0 & -5 & -2 & 0 \\ -4 & 3 & 2 & -4 \\ 11 & -4 & -2 & 10 \\ 0 & 0 & -4 & 2 \end{vmatrix} = 8 = \lambda_1 \cdot \lambda_2 \cdot \lambda_3 \cdot \lambda_4.$$

11.5 Der Satz von Cayley-Hamilton

Nun kehren wir noch einmal zum charakteristischen Polynom χ_A einer Matrix A zurück. Nach Satz 11.5 sind Nullstellen des charakteristischen Polynoms gerade die Eigenwerte von A.

Man kann das charakteristische Polynom χ_A auch auf eine andere Weise auffassen, indem man statt einer Zahl λ eine Matrix M, statt λ^2 die Matrix M^2 usw. einsetzt. So wie bei Zahlen $\lambda^0 = 1$ ist, setzt man für Matrizen $M^0 = E_n$.

Interessanterweise erhält man gerade die Nullmatrix, wenn man die Matrix A in ihr charakteristisches Polynom einsetzt.

Satz 11.15. *(Satz von Cayley-Hamilton, ohne Beweis)*
Sei $A \in M(n, \mathbb{K})$ eine quadratische Matrix mit charakteristischem Polynom

$$\chi_A(\lambda) = \det(A - \lambda E_n) = (-1)^n \lambda^n + \alpha_{n-1} \lambda^{n-1} + \ldots + \alpha_1 \lambda + \alpha_0$$

Dann ist

$$\chi_A(A) = (-1)^n A^n + \alpha_{n-1} A^{n-1} + \ldots + \alpha_1 A + \alpha_0 E_n = 0$$

die Nullmatrix.

Kein gültiger Beweis ist übrigens die kurze Rechnung $\chi_A(A) = \det(A - A) = \det(0) = 0$, **denn:** es muss *zuerst* das charakteristische Polynom berechnet und dann die Matrix A eingesetzt werden

Beispiel:
Sei $A = \begin{pmatrix} 0 & 1 \\ 1 & 1 \end{pmatrix}$ die Matrix mit dem charakteristischen Polynom $\chi_A(\lambda) = \lambda^2 - \lambda - 1$.
Dann ist

$$\chi_A(A) = A^2 - A - E_n = \begin{pmatrix} 1 & 1 \\ 1 & 2 \end{pmatrix} - \begin{pmatrix} 0 & 1 \\ 1 & 1 \end{pmatrix} - \begin{pmatrix} 1 & 0 \\ 0 & 1 \end{pmatrix} = \begin{pmatrix} 0 & 0 \\ 0 & 0 \end{pmatrix}$$

Der Satz von Cayley-Hamilton sagt nur aus, dass sich die Nullmatrix ergibt, wenn man eine Matrix in ihr charakteristisches Polynom einsetzt, es gibt aber möglicherweise auch andere Polynome, die ebenfalls diese Eigenschaft haben. Man ist nun interessiert daran, ein möglichst einfaches Polynom dieser Art zu finden, wobei hier „möglichst einfach" so interpretiert wird, dass der Grad des Polynoms so klein wie möglich sein soll.

Definition. *(Minimalpolynom)*
Sei $A \in M(n, \mathbb{K})$ eine quadratische Matrix. Dann heißt ein Polynom **Minimalpolynom** *von A, wenn der höchste Koeffizient 1 ist und es unter den Polynomen, für die $p(A) = 0$ ist, minimalen Grad besitzt.*

Dass diese Definition vernünftig ist, dass es also nicht mehrere solche Polynome gibt, wird begründet durch

Satz 11.16.
Sei $A \in M(n, \mathbb{K})$ eine quadratische Matrix. Dann gibt es genau ein Minimalpolynom μ_A und jedes Polynom p mit $p(A) = 0$ ist durch μ_A teilbar, d.h. $p = \mu_A \cdot q$ für ein Polynom q.

Beweis: Sei N_A die Menge aller Polynome p mit $p(A) = 0$ und führendem Koeffizienten 1. Nach dem Satz von Cayley-Hamilton ist diese Menge nicht leer, da sie zumindest das charakteristische Polynom enthält. Also enthält sie auch ein Polynom p_m mit minimalem Grad. Um die Eindeutigkeit zu beweisen, nehmen wir an, dass q_m ein weiteres Polynom mit $q_m(A)$ und demselben Grad wir p_m ist. Mit Hilfe der Polynomdivision können wir p_m schreiben als $p_m = \alpha \cdot q_m + r$ mit einer Zahl α und einem „Restpolynom" r, dessen Grad kleiner als der von p_m und q_m ist. Nun ist aber

$$r(A) = p_m(A) - \alpha \cdot q_m(A) = 0 - \alpha \cdot 0 = 0$$

ebenfalls die Nullmatrix. Aus diesem Grund muss r das Nullpolynom sein, da sich sonst ein Widerspruch zur Minimalitätseigenschaft von p_m ergeben würde. Also ist $p_m = \alpha \cdot q_m$ und da beide Polynome den führenden Koeffizienten 1 haben, muss $\alpha = 1$ sein. Folglich ist $q_m = p_m$ und die Eindeutigkeit des Minimalpolynoms ist bewiesen.

□

Bemerkung: Man kann zeigen, dass das Minimalpolynom dieselben Nullstellen besitzt wie das charakteristische Polynom und dass die Vielfachheit eines Eigenwerts als Nullstelle des Minimalpolynoms nie größer ist als die algebraische Vielfachheit dieses Eigenwerts. Das Minimalpolynom kann man auch benutzen, um etwas über die Größe der Jordan-Blöcke in der Jordanschen Normalform zu erfahren.

Satz 11.17. *(Jordan-Normalform und Minimalpolynom, ohne Beweis)*
Sei $A : \mathbb{C}^n \to \mathbb{C}^n$ ein Endomorphismus mit Eigenwerten $\lambda_1, \lambda_2, \ldots, \lambda_m$ und dem Minimalpolynom
$$\mu_A(\lambda) = (\lambda - \lambda_1)^{k_1} (\lambda - \lambda_2)^{k_2} \cdot \ldots \cdot (\lambda - \lambda_m)^{k_m}$$
Dann hat das größte Jordan-Kästchen zum Eigenwert λ_j die Größe $k_j \times k_j$.

Nach diesem Kapitel sollten Sie

- ... definieren können, was ein Eigenwert und ein Eigenvektor einer linearen Abbildung ist

- ... das charakteristische Polynom einer Matrix berechnen können

- ... die Begriffe geometrische und die algebraische Vielfachheit definieren können

- ... die algebraische und die geometrische Vielfachheit für einen Eigenwert einer Matrix berechnen können

- ... entscheiden können, ob eine Matrix diagonalisierbar ist und gegebenenfalls die zugehörige Transformationsmatrix angeben können

- ... wissen, dass Eigenvektoren zu verschiedenen Eigenwerten immer linear unabhängig sind

- ... wissen, wie die Determinante, die Spur und die Eigenwerte einer Matrix miteinander zusammenhängen

- ... wissen, wie die Jordan-Normalform einer beliebigen Matrix aussehen kann

- ... in konkreten Fällen mögliche Jordan-Normalformen angeben können

- ... wissen, was der Satz von Cayley-Hamilton besagt

- ... wissen, was das Minimalpolynom ist und was es über die Größe der Jordanblöcke sagt

Aufgaben zu Kapitel 11

1. Bestimmen Sie die Eigenwerte und Eigenvektoren der Matrizen
$$C_1 = \begin{pmatrix} -3 & 4 & 4 \\ -2 & 3 & 2 \\ -3 & 3 & 4 \end{pmatrix}$$
$$\text{und} \quad C_2 = \begin{pmatrix} 10 & 6 & -24 & -21 \\ 9 & 7 & -24 & -21 \\ 3 & 2 & -7 & -7 \\ 3 & 2 & -8 & -6 \end{pmatrix}.$$
Sind C_1 bzw. C_2 diagonalisierbar?

2. Beweisen oder widerlegen Sie:
   (a) Falls $\lambda \in \mathbb{C}$ ein Eigenwert der Matrix A ist, dann ist λ^2 ein Eigenwert von A^2.
   (b) Falls A invertierbar und $\lambda \in \mathbb{C}$ ein Eigenwert von A ist, dann ist λ^{-1} ein Eigenwert von A^{-1}.
   (c) Falls λ Eigenwert von A und μ Eigenwert von B ist, dann ist $\lambda + \mu$ Eigenwert von $A + B$.
   (d) Falls λ Eigenwert von A und Eigenwert von B ist, dann ist λ auch Eigenwert von $A \cdot B$.
   (e) Falls v Eigenvektor von A und Eigenvektor von B ist, dann ist v Eigenvektor von $A \cdot B$.

3. Sei V der Vektorraum der reellen Zahlenfolgen $(x_1, x_2, x_3, \ldots)$ und seien $f, g : V \to V$ Endomorphismen definiert durch
$$f(x_1, x_2, x_3, \ldots) = (x_2, x_3, x_4, \ldots)$$
$$g(x_1, x_2, x_3, \ldots) = (0, x_1, x_2, x_3, \ldots)$$
Bestimmen Sie alle Eigenwerte von f und von g.

4. Sei V ein endlich-dimensionaler reeller Vektorraum und $f, g : V \to V$ seien Endomorphismen.
   (a) Zeigen Sie, dass 0 genau dann ein Eigenwert von $f \circ g$ ist, wenn 0 Eigenwert von $g \circ f$ ist.
   (b) Zeigen Sie durch ein Beispiel, dass die geometrische Vielfachheit von 0 als Eigenwert von $f \circ g$ nicht mit der geometrischen Vielfachheit als Eigenwert von $g \circ f$ übereinzustimmen braucht.

   Hinweis: Versuchen Sie zunächst den Fall $\dim V = 2$!

5. Sei $A \in M(n, \mathbb{K})$. Zeigen Sie, dass $\chi_A(\lambda) = \det(A - \lambda E_n)$ ein Polynom vom Grad n ist und dass
$$\chi_A(\lambda) = \alpha_n \lambda^n + \alpha_{n-1} \lambda^{n-1} + \ldots + \alpha_1 \lambda + \alpha_0$$
mit $\alpha_n = (-1)^n$, $\alpha_{n-1} = (-1)^{n-1}\text{spur}(A)$ und $\alpha_0 = \det A$.

6. Sei $A \in M(n, \mathbb{R})$ eine reelle quadratische Matrix und $\lambda \in \mathbb{C} \setminus \mathbb{R}$ ein echt komplexer Eigenwert von A mit zugehörigem Eigenvektor $v \in \mathbb{C}^n$.
Zeigen Sie, dass dann auch $\bar{\lambda}$ Eigenwert von A ist. Der zugehörige Eigenvektor ist der (komponentenweise) komplex konjugierte Vektor $\bar{v}$ von v. Zeigen Sie außerdem, dass die beiden Vektoren $\text{Re}\,v$ und $\text{Im}\,v$ in $\mathbb{R}^n$ linear unabhängig sind.
Diese Tatsache wird in Kapitel 12 bei der Lösung von linearen Differentialgleichungen verwendet.

7. Von den Einwohnern der Stadt Metropolis ziehen jedes Jahr 10 Prozent ins Umland. Andererseits ziehen 5 Prozent der Umlandbewohner nach Metropolis. Seien M_n und U_n die Anzahl der Bewohner von Metropolis bzw. des Umland im n-ten Jahr. Geben Sie eine Matrix A an, so dass
$$\begin{pmatrix} M_{n+1} \\ U_{n+1} \end{pmatrix} = A \begin{pmatrix} M_n \\ U_n \end{pmatrix}$$
gilt. Bestimmen Sie die Eigenwerte von A und finden Sie eine Matrix T, so dass TAT^{-1} Diagonalgestalt hat.
Zeigen Sie, dass dann auch TA^kT^{-1} für jedes $n \in \mathbb{N}$ eine Diagonalmatrix ist und bestimmen Sie A^n für beliebiges $n \in \mathbb{N}$.
Wie verhalten sich M_n und U_n für $n \to \infty$?

8. Sei A eine reelle 2×2-Matrix mit $\det A = 1$, die keine reellen Eigenwerte besitzt. Zeigen Sie:

   (a) Ist λ ein Eigenwert von A, so ist $|\lambda| = 1$.

   (b) A ist (als komplexe Matrix aufgefasst) diagonalisierbar, genauer: A ist ähnlich zur Matrix
   $$\begin{pmatrix} e^{i\varphi} & 0 \\ 0 & e^{-i\varphi} \end{pmatrix}$$
   für ein $\varphi \in (0, \pi)$.

   (c) Sei $v = x + iy$ ein Eigenvektor von A zum Eigenwert $\lambda = e^{i\varphi}$. Dann ist
   $$Ax = (\cos\varphi)x - (\sin\varphi)y \quad \text{und} \quad Ay = (\sin\varphi)x + (\cos\varphi)y$$

   Hinweis: Diese Aufgabe zeigt, dass die reellen Matrizen mit Determinante 1 und echt komplexen Eigenwerten genau den Drehungen um Winkel zwischen 0 und π entsprechen.

9. Fibonacci-Zahlen

   (a) Bestimmen Sie Eigenwerte und Eigenvektoren sowie deren Vielfachheiten für die Matrix
   $$A = \begin{pmatrix} 1 & 1 \\ 1 & 0 \end{pmatrix}.$$

   (b) Sei $F_1 = F_2 = 1$ und $F_{n+2} := F_n + F_{n+1}$ für alle $n \in \mathbb{N}$.
   Zeigen Sie:
   $$A^{n+1} = \begin{pmatrix} F_{n+2} & F_{n+1} \\ F_{n+1} & F_n \end{pmatrix} \quad \text{für alle } n \in \mathbb{N},$$

   (c) Zeigen Sie, dass für alle $n \in \mathbb{N}$ gilt:
   $$F_n = \frac{\lambda_+^n - \lambda_-^n}{\sqrt{5}}$$
   wobei $\lambda_+ = \dfrac{1+\sqrt{5}}{2}$ und $\lambda_- = \dfrac{1-\sqrt{5}}{2}$.

10. Seien $A, B \in M(n, \mathbb{R})$ zwei Matrizen, deren Eigenwerte alle die Vielfachheit 1 haben und die miteinander kommutieren, d.h. es ist $A \cdot B = B \cdot A$.

    Zeigen Sie: A und B besitzen dieselben Eigenvektoren.

11. Eine Matrix $A = (a_{ij})_{1 \leq i,j \leq n} \in M(n, \mathbb{R})$ heißt (spalten-)stochastisch, falls:

    (i) $a_{ij} \geq 0, 1 \leq i, j \leq n$,

    (ii) $\sum_{i=1}^{n} a_{ij} = 1, 1 \leq j \leq n$.

    Zeigen Sie: Eine stochastische Matrix hat einen Eigenvektor zum Eigenwert 1.

12. Bestimmen Sie die Eigenwerte der Matrix

    $$A = \begin{pmatrix} 4 & 1 & 1 & 1 & 1 \\ 1 & 4 & 1 & 1 & 1 \\ 1 & 1 & 4 & 1 & 1 \\ 1 & 1 & 1 & 4 & 1 \\ 1 & 1 & 1 & 1 & 4 \end{pmatrix}$$

    sowie deren geometrische und algebraische Vielfachheiten. Benutzen Sie die Tatsache, dass $A - 3E_5$ den Rang 1 hat und dass spur$(A) = 20$.
    Ist A diagonalisierbar?

13. Seien $A, B \in M(n, \mathbb{K})$ zwei diagonalisierbare Matrizen mit $AB = BA$.
    Zeigen Sie, dass A und B dann simultan diagonalisierbar sind, d.h. es ein $S \in GL(n, \mathbb{K})$, für das SAS^{-1} und SBS^{-1} Diagonalmatrizen sind.
    Gehen Sie dazu in drei Schritten vor:

    (a) Ist v Eigenvektor von A zum Eigenwert λ, so ist $Bv = 0$ oder Bv ist ein Eigenvektor von A zum Eigenwert λ.

    (b) Ist w ein Eigenvektor von B, so lässt sich w als Summe gemeinsamer Eigenvektoren von A und B darstellen.

    (c) Es gibt eine Basis von $\mathbb{K}^n$ aus gemeinsamen Eigenvektoren von A und B.

14. Sei V ein n-dimensionaler $\mathbb{K}$-Vektorraum. Eine lineare Abbildung $g : V \to V$ heißt *zyklisch mit Erzeuger* $v \in V$, wenn es ein $N \in \mathbb{N}$ gibt, so dass die Vektoren $\{v, g(v), g^2(v)), \ldots, g^N(v)\}$ ein Erzeugendensystem von V bilden. Dabei ist $g^k(v) = (\underbrace{g \circ g \circ \ldots \circ g}_{k\text{-mal}})(v)$.

    (a) Zeigen Sie, dass in diesem Fall $B = \{v, g(v), g^2(v), \ldots, g^{n-1}(v)\}$ eine Basis von V ist.

    (b) Wie sieht die Matrixdarstellung $M_{B,B}(g)$ von g bezüglich dieser Basis B aus?

    (c) Bestimmen Sie das charakteristische Polynom $\chi_g(\lambda)$ dieser Matrix.

12 Lineare Differentialgleichungen

Im ersten Jahr eines Physikstudiums tauchen bereits einige Differentialgleichungen auf und zeigen, dass das Lösen von Differentialgleichungen zu den ganz wesentlichen Werkzeugen in der Physik gehört. Begegnet sind Ihnen vermutlich schon die folgenden Beispiele:

1. Das gedämpfte harmonische Pendel
$$\ddot{x} + 2\gamma\dot{x} + \omega^2 x = 0$$
beschreibt die Auslenkung $x(t)$ einer an einer Feder befestigten Masse.

2. Im Schwingkreis aus ohmschem Widerstand, Kondensator und Spule genügt die Stromstärke I der Differentialgleichung
$$\ddot{I} + \frac{R}{L}\dot{I} + \frac{1}{LC}I = 0$$

3. Das mathematische Pendel
$$\ddot{\varphi}(t) + \sin\varphi(t) = 0$$
beschreibt die Bewegung eines idealisierten Fadenpendels. Für kleine Auslenkwinkel φ kann man in guter Näherung $\sin\varphi$ durch φ ersetzen und erhält eine Differentialgleichung wie im ersten Beispiel.

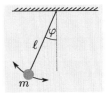

4. Koppelt man zwei Federpendel über eine Feder miteinander, dann wird auf beide eine zusätzliche Kraft ausgeübt, die proportional zu ihrem Abstand $x_1 - x_2$ ist.
$$m_1\ddot{x}_1(t) + Dx_1(t) = k(x_2 - x_1)$$
$$m_2\ddot{x}_2(t) + Dx_2(t) = k(x_1 - x_2)$$

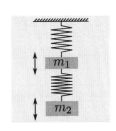

5. Radioaktiver Zerfall
Von einer radioaktiven Substanz, so zerfällt pro Zeiteinheit ein bestimmter Anteil der vorhandenen Atome. Da die Anzahl der Atome riesig groß ist, kann man sie als eine kontinuierliche Größe K modellieren und durch die Differentialgleichung
$$\dot{K}(t) = -cK(t)$$
beschreiben. Das negative Vorzeichen der rechten Seite zeigt an, dass die Anzahl der Atome abnimmt. Diese Abnahme ist proportional zur Anzahl der vorhandenen Atome.

6. Bei der Herleitung des Hagen-Poiseuilleschen Gesetzes für die Strömung einer Flüssigkeit durch ein zylindrisches Rohr tritt die Differentialgleichung
$$y'(s) + \frac{y}{s} = -\frac{\Delta p}{\eta\, l}$$
auf, wobei $\frac{\Delta p}{l}$ der Druckgradient, η die dynamische Viskosität der strömenden Flüssigkeit, s der radiale Abstand von der Rohrachse und $y(s) = v'(s)$ der radiale Geschwindigkeitsgradient ist.

Das letzte dieser Beispiele ist eine *Differentialgleichung 1. Ordnung*, da hier nur die erste Ableitung $y'(s)$ einer Funktion mit der Funktion $y(s)$ selbst in Verbindung gesetzt wird. Die Beispiele davor sind *Differentialgleichungen 2. Ordnung*, da die zweite Ableitung der gesuchten Funktion auftritt. Wie in den Beispielen oben werden wir immer die unabhängige Variable t als „Zeit" auffassen. In vielen Büchern werden auch Differentialgleichungen $y'(x) = f(x, y(x))$ behandelt, bei denen die unabhängige Variable eine „Ortsvariable" ist. An der grundsätzlichen Theorie ändert es aber nichts, welche Buchstaben die Variablen haben...

Nicht für alle Differentialgleichungen kann man die Lösung explizit berechnen. In diesem Kapitel lernen wir, wie man zumindest für *lineare* Differentialgleichungen systematisch Lösungen finden kann.

Definition. *(homogenene linearen Differentialgleichung)*
Eine explizite **lineare Differentialgleichung** *1. Ordnung ist eine Differentialgleichung $\dot{x}(t) = f(t, x)$, für die die rechte Seite affin-linear in x ist, d.h. $f(t, x)$ lässt sich schreiben als $f(t, x) = A(t)x + b(t)$ wobei $A(t)$ für jedes t eine lineare Abbildung ist. Falls $b(t) \equiv 0$ spricht man von einer* **homogenene linearen Differentialgleichung***, ansonsten heißt die lineare Differentialgleichung* **inhomogen***.*

12.1 Skalare lineare Differentialgleichungen

Wir betrachten zunächst eine einzelne lineare Differentialgleichung erster Ordnung

$$\dot{x}(t) = a(t)x(t) + b(t),$$

bevor wir uns dann der Lösung von Systemen mehrerer gekoppelter linearer Differentialgleichungen zuwenden, bei der Matrizen und Eigenwerte eine entscheidende Rolle spielen.

Definition.
Eine **Lösung** *der linearen Differentialgleichung $\dot{x}(t) = a(t)x(t) + b(t)$ auf dem Intervall I ist eine differenzierbare Funktion $x : I \to \mathbb{R}$, die für jedes $t \in I$ die Differentialgleichung erfüllt.*

Die Lösung einer Differentialgleichung 1. Ordnung kann man sich als Schaubild einer Funktion in der t–x–Ebene vorstellen, die im Punkt $(t, x(t))$ gerade die Steigung $a(t)x(t) + b(t)$ hat.

Die einfachste lineare Differentialgleichung hat die Gestalt

$$\dot{x}(t) = ax(t).$$

Auch wenn man die Lösung mit dem Anfangswert $x(t_0) = x_0$ leicht erraten kann, versuchen wir, sie systematisch herzuleiten, um die Methode dann später auf kompliziertere Gleichungen anzuwenden.

Falls $x(t) \neq 0$ ist für alle Zeiten $t \in \mathbb{R}$, dann dürfen wir die Differentialgleichung durch $x(t)$ teilen und erhalten die Gleichung

$$\frac{\dot{x}(t)}{x(t)} = a,$$

die man nun von t_0 bis t integriert:

$$\int_{t_0}^{t} \frac{\dot{x}(s)}{x(s)} \, ds = \int_{t_0}^{t} a \, ds = a(t - t_0).$$

Das linke Integral berechnet man mit Hilfe der Substitution $u = x(s)$ bzw. $\mathrm{d}u = \dot{x}(s)\mathrm{d}s$ und erhält so

$$\int_{t_0}^{t} \frac{\dot{x}(s)}{x(s)}\,\mathrm{d}s = \int_{x(t_0)}^{x(t)} \frac{\mathrm{d}u}{u} = \ln x(t) - \ln x(t_0) = \ln \frac{x(t)}{x(t_0)} = a(t-t_0).$$

Daraus folgt durch Anwenden der Exponentialfunktion auf beiden Seiten

$$\frac{x(t)}{x(t_0)} = e^{a(t-t_0)} \quad \Leftrightarrow \quad x(t) = x(t_0)e^{a(t-t_0)}.$$

Oben hatten wir $x(t) \neq 0$ verlangt, der andere Fall, dass $x(t) = 0$ ist für irgendeinen Zeitpunkt $t \in \mathbb{R}$ ist aber leicht zu lösen, denn dann ist offensichtlich $x(t) = 0$ für alle t eine Lösung der Differentialgleichung.

Wenn wir nun eine Lösung des Anfangswertproblems kennen, stellt sich natürlich die Frage, ob dies die einzige Lösung ist, oder ob man mit einer anderen Lösungsmethode möglicherweise auch eine andere Lösung erhalten hätte.

Das ist aber nicht so, denn wenn man $y(t) := x(t)e^{-at}$ setzt, dann folgt

$$\dot{y}(t) = \dot{x}(t)e^{-at} - ax(t)e^{-at} = 0$$

und damit ist $y(t)$ konstant (siehe Mathe 1). Also ist $y(t) = y(t_0) = x(t_0)e^0 = x(t_0)$ für alle $t \in \mathbb{R}$ und damit ist $x(t) = x(t_0)e^{a(t-t_0)}$ tatsächlich die einzige Lösung.

Wir betrachten als nächstes ein etwas schwierigeres Anfangswertproblem, nämlich

$$\dot{x}(t) = g(t)x(t), \quad x(t_0) = x_0.$$

Eine solche Gleichung heißt *nichtautonom*, weil die rechte Seite nicht nur indirekt (über die Funktion $x(t)$), sondern auch direkt (über $g(t)$) von der Zeit t abhängt.

Auch hier wäre $x(t) = 0$ für alle t eine Lösung, falls $x(t_1) = 0$ zu irgendeinem Zeitpunkt t_1. Weil sich die Methode schon einmal bewährt hat, nehmen wir wieder an, dass $x(t) \neq 0$ ist für alle Zeiten $t \in \mathbb{R}$ und teilen die Differentialgleichung durch $x(t)$:

$$\frac{\dot{x}(t)}{x(t)} = g(t),$$

Integration von t_0 bis t ergibt dieses Mal die Identität

$$\ln \frac{x(t)}{x(t_0)} = \int_{t_0}^{t} g(s)\,\mathrm{d}s.$$

Als Lösung erhält man daher

$$x(t) = x(t_0)e^{\int_{t_0}^{t} g(s)\,\mathrm{d}s}$$

und es kommt auf die Funktion g an, ob man das Integral auf der rechten Seite explizit berechnen kann oder nicht. Auch hier kann man wie oben schon zeigen, dass die Lösung eindeutig ist, indem man die Hilfsfunktion

$$y(t) := x(t)e^{-\int_{t_0}^{t} g(s)\,\mathrm{d}s}$$

differenziert. Dabei muss man den Hauptsatz der Differential-und Integralrechnung verwenden, der besagt, dass

$$\frac{\mathrm{d}}{\mathrm{d}t} \int_{t_0}^{t} g(s)\,\mathrm{d}s = g(t).$$

Inhomogene lineare Differentialgleichungen 1. Ordnung

Die beiden bisher gelösten Differentialgleichungen waren *homogene* Differentialgleichungen, nun lösen wir eine erste *inhomogene* lineare Differentialgleichung:

$$\dot{x}(t) = ax(t) + b(t)$$

Dazu verwendet man ein Verfahren, das *Variation-der-Konstanten* genannt wird, weil man in der Lösung $x_0 e^{at}$ der homogenen Gleichung die Konstante x_0 durch eine „variable" Funktion $y(t)$ ersetzt, mit anderen Worten: man macht den Ansatz

$$x(t) = y(t)e^{at}$$

und stellt dann fest, dass man für die Funktion y eine Differentialgleichung erhält, die man zumindest im Prinzip lösen kann. Setzt man den Ansatz in die Differentialgleichung ein, ergibt sich

$$\dot{x}(t) = \dot{y}(t)e^{at} + ay(t)e^{at} = ay(t)e^{at} + b(t) \Leftrightarrow \dot{y}(t) = e^{-at}b(t).$$

Diese Differentialgleichung für $y(t)$ lässt sich einfach durch Integrieren lösen:

$$y(t) = y(t_0) + \int_{t_0}^{t} e^{-as}b(s)\,\mathrm{d}s.$$

Für $x(t)$ ergibt sich damit

$$x(t) = x(t_0)e^{a(t-t_0)} + \int_{t_0}^{t} e^{a(t-s)}b(s)\,\mathrm{d}s.$$

Je nachdem, wie die Funktion b genau aussieht, kann man das auftretende Integral explizit berechnen, oder die Integralformel benutzen, um Eigenschaften der Lösung zu beschreiben. Die entsprechende Integralformel für eine nicht-autonome, inhomogene Differentialgleichung

$$\dot{x}(t) = g(t)x(t) + b(t)$$

finden Sie als Übungsaufgabe.

12.2 Systeme linearer Differentialgleichungen 1. Ordnung

Als Nächstes betrachten wir ein System von Differentialgleichungen, bei dem n auf einem Intervall I definierte Funktionen $y_1, y_2, \ldots, y_n : I \to \mathbb{R}$ bzw. $y_1, y_2, \ldots, y_n : I \to \mathbb{C}$ gesucht werden, so dass für alle $t \in I$ gilt:

$$\begin{aligned}
\dot{y}_1(t) &= a_{11}(t)y_1(t) + a_{12}(t)y_2(t) + \ldots a_{1n}(t)y_n(t) \\
\dot{y}_2(t) &= a_{21}(t)y_1(t) + a_{22}(t)y_2(t) + \ldots a_{2n}(t)y_n(t) \\
&\vdots \\
\dot{y}_n(t) &= a_{n1}(t)y_1(t) + a_{n2}(t)y_2(t) + \ldots a_{nn}(t)y_n(t)
\end{aligned}$$

Wir können die einzelnen Funktionen zu einer *vektorwertigen Funktion* $y : I \to \mathbb{R}^n$ bzw. $\mathbb{C}^n$ zusammenfassen:

$$y(t) = \begin{pmatrix} y_1(t) \\ y_2(t) \\ \vdots \\ y_n(t) \end{pmatrix}$$

deren Ableitung nach t gerade die komponentenweise Ableitung

$$\dot{y}(t) = \begin{pmatrix} \dot{y}_1(t) \\ \dot{y}_2(t) \\ \vdots \\ \dot{y}_n(t) \end{pmatrix}$$

ist, wenn die einzelnen Funktionen $y_1, \ldots, y_n$ alle differenzierbar sind.
Definiert man analog die matrixwertige Funktion $A : I \to M(n, \mathbb{R})$ bzw. $M(n, \mathbb{C})$ durch

$$A(t) = \begin{pmatrix} a_{11}(t) & a_{12}(t) & \ldots & a_{1n}(t) \\ a_{21}(t) & a_{22}(t) & \ldots & a_{2n}(t) \\ \vdots & \ddots & \ddots & \vdots \\ a_{n1}(t) & a_{n2}(t) & \ldots & a_{nn}(t) \end{pmatrix}$$

dann lautet die Differentialgleichung kurz

$$\dot{y}(t) = A(t)y(t).$$

Man nennt diesen Typ von Differentialgleichung ein *homogenes System von Differentialgleichungen 1. Ordnung*. Falls noch ein von y unabhängiger Term auftritt, nennt man

$$\dot{y}(t) = A(t)y(t) + b(t)$$

ein *inhomogenes System von Differentialgleichungen 1. Ordnung*.

Wie wir schon in Kapitel 8 gesehen haben, ist die Differenz von zwei Lösungen des inhomogenen Systems eine Lösung des homogenen Systems von Differentialgleichungen. Lösen nämlich $y(t)$ und $\tilde{y}(t)$ beide die inhomogene Differentialgleichung, dann gilt für ihre Differenz $z(t) := y(t) - \tilde{y}(t)$

$$\begin{aligned} \dot{z}(t) = \dot{y}(t) - \dot{\tilde{y}}(t) &= A(t)y(t) + b(t) - (A(t)\tilde{y}(t) + b(t)) \\ &= A(t)y(t) - A(t)\tilde{y}(t) \\ &= A(t)\left(y(t) - \tilde{y}(t)\right) \\ &= A(t)z(t). \end{aligned}$$

Von besonderem Interesse ist für uns der Fall *konstanter Koeffizienten*, bei dem die Matrix A nicht von t abhängt. Wir werden zeigen, wie man in diesem Fall eine Lösung findet, die für $t \in \mathbb{R}$ definiert ist. Im allgemeinen Fall mit einer von t abhängenden Matrix $A(t)$ kann man die Lösungen in der Regel nicht explizit bestimmen und muss sich darauf beschränken, qualitative Aussagen über die Lösungen zu treffen oder numerische Näherungslösungen zu bestimmen.

Die Differentialgleichung $\dot{y} = Ay$ mit diagonalisierbarem A

Sei $A \in M(n, \mathbb{C})$ eine diagonalisierbare Matrix, d.h. es gibt eine invertierbare Matrix $T \in GL(n, \mathbb{C})$ mit

$$T^{-1}AT = D = \mathrm{diag}\,(\lambda_1, \lambda_2, \ldots, \lambda_n),$$

wobei $\lambda_1, \lambda_2, \ldots, \lambda_n$ die Eigenwerte von A sind. Aus Kapitel 11 wissen wir, dass die Spaltenvektoren der Matrix T die Eigenvektoren $v_1, v_2, \ldots, v_n$ von A sind.
Dann ist $A = TDT^{-1}$ und wir können die Differentialgleichung umschreiben in die Form

$$\dot{y}(t) = TDT^{-1}y(t) \Leftrightarrow T^{-1}\dot{y}(t) = DT^{-1}y(t).$$

Führt man nun $w(t) := T^{-1}y(t)$ als neue Variable ein, dann ist $\dot{w}(t) = T^{-1}\dot{y}(t)$ und die Differentialgleichung für w lautet

$$\dot{w}(t) = Dw(t),$$

bzw. in Komponenten ausgeschrieben

$$\dot{w}_1(t) = \lambda_1 w_1(t)$$
$$\dot{w}_2(t) = \lambda_2 w_2(t)$$
$$\vdots \qquad \vdots$$
$$\dot{w}_n(t) = \lambda_n w_n(t)$$

Diese Differentialgleichungen sind alle *entkoppelt* und können einzeln gelöst werden. Wir kennen die (eindeutige) Lösung zu einem Anfangswert $w(t_0) = T^{-1}y(t_0)$ bereits:

$$\begin{aligned} w_1(t) &= e^{\lambda_1 (t-t_0)} w_1(t_0) \\ w_2(t) &= e^{\lambda_2 (t-t_0)} w_2(t_0) \\ &\vdots \\ w_n(t) &= e^{\lambda_n (t-t_0)} w_n(t_0) \end{aligned}$$

Mit Hilfe der Standard-Basisvektoren $e_1, e_2, \ldots, e_n$ könnte man dies auch in der Form

$$w(t) = e^{\lambda_1 (t-t_0)} w_1(t_0) e_1 + e^{\lambda_2 (t-t_0)} w_2(t_0) e_2 + \ldots + e^{\lambda_n (t-t_0)} w_n(t_0) e_n$$

ausdrücken. Multipliziert man diese Gleichung mit T gelangt man zu den ursprünglichen Koordinaten zurück:

$$y(t) = Tw(t) = Te^{\lambda_1 (t-t_0)} w_1(t_0) e_1 + Te^{\lambda_2 (t-t_0)} w_2(t_0) e_2 + \ldots + Te^{\lambda_n (t-t_0)} w_n(t_0) e_n.$$

Da die Spalten von T aus den Eigenvektoren $v_1, v_2, \ldots, v_n$ von A bestehen, ist $Te_j = v_j$ und somit schließlich

$$y(t) = e^{\lambda_1 (t-t_0)} w_1(t_0) v_1 + e^{\lambda_2 (t-t_0)} w_2(t_0) v_2 + \ldots + e^{\lambda_n (t-t_0)} w_n(t_0) v_n.$$

Die Werte $w_j(t_0)$ ergeben sich aus den Anfangswerten $y(t_0)$.

Aus diesen Überlegungen kann man zwei Methoden ableiten, wie man ein Anfangswertproblem $\dot{y} = Ay, y(t_0) = y_0$ mit diagonalisierbarer Matrix A konkret lösen kann.

- ▶ Hält man sich eng an die obige Rechnung, so muss man zunächst die Eigenwerte $\lambda_1, \ldots, \lambda_n$ und Eigenvektoren $v_1, \ldots, v_n$ von A bestimmen. Die Eigenvektoren von A bilden die Spalten einer Matrix T. Diese muss man invertieren, dann kann man mit Hilfe von $w_0 := T^{-1}y_0$ und $w_0 = (w_{01}, w_{02}, \ldots, w_{0n})^T$ die Lösung

$$y(t) = e^{\lambda_1 (t-t_0)} w_{01} v_1 + e^{\lambda_2 (t-t_0)} w_{02} v_2 + \ldots e^{\lambda_n (t-t_0)} w_{0n} v_n$$

angeben.

- ▶ Will man die Matrix T^{-1} vermeiden, die man nur durch Invertieren einer (möglicherweise recht großen) Matrix T aus Eigenvektoren erhalten kann, so kann man die „Lösungsformel"

$$y(t) = e^{\lambda_1 (t-t_0)} w_{01} v_1 + e^{\lambda_2 (t-t_0)} w_{02} v_2 + \ldots e^{\lambda_n (t-t_0)} w_{0n} v_n$$

auch als ein lineares Gleichungssystem für die *Unbekannten* $w_{01}, w_{02}, \ldots, w_{0n}$ auffassen und dieses Gleichungssystem zum Beispiel mit Hilfe des Gauß-Verfahrens lösen. Im allgemeinen wird dies die weniger aufwändige Methode sein.

Die zweite der angegebenen Methoden zeigt uns etwas Interessantes: Wir können die *Existenz* einer Koordinatentransformation T, die die Matrix A diagonalisiert, für unsere Zwecke nutzen, ohne dass wir die Koordinatentransformation selbst bestimmen müssten. Etwas später in diesem Kapitel werden wir sehen, dass dies auch geht, wenn nur eine Koordinatentransformation auf die Jordan-Normalform möglich ist.

Auf diese Weise lässt sich also zu jedem homogenen System von Differentialgleichungen eine Lösung finden, wenn die Matrix A diagonalisierbar ist.

In Wirklichkeit hat das Anfangswertproblem

$$\dot{x}(t) = A(t)x(t), \quad x(t_0) = x_0$$

schon dann eine eindeutige Lösung, wenn die Einträge der Matrix A alle stetige Funktionen von t sind.

Satz 12.1. *(Existenz und Eindeutigkeit, ohne Beweis)*
Sei $A(t)$ eine matrixwertige Funktion, deren Einträge $a_{ij}(t) : I \to \mathbb{R}$ alle stetige Funktionen sind. Dann hat das Anfangswertproblem

$$\dot{y}(t) = A(t)y(t), \quad y(t_0) = y_0$$

genau eine Lösung auf I. Wenn insbesondere $I = \mathbb{R}$ ist, dann existiert eine eindeutige Lösung $y(t)$ für alle $t \in \mathbb{R}$.

Die Menge aller Lösungen der linearen Differentialgleichung $\dot{y}(t) = A(t)y(t)$ können wir auch auffassen als die Menge der Funktionen $y \in C^1(\mathbb{R}, \mathbb{R}^n)$, die von der linearen Abbildung $T : C^1(\mathbb{R}, \mathbb{R}^n) \to C^0(\mathbb{R}, \mathbb{R}^n)$ mit $(Ty)(t) = \dot{y}(t) - A(t)y(t)$ auf den Nullvektor (d.h. die Nullfunktion) abgebildet werden. Sie liegen also im Kern von T, der (nach Satz 8.1) ein Untervektorraum von $C^1(\mathbb{R}, \mathbb{R}^n)$ ist. Genauer gilt:

Satz 12.2.
Betrachte die lineare Differentialgleichung

$$\dot{y}(t) = A(t)y(t)$$

mit einer matrixwertigen Funktion A, deren Einträge stetig von t abhängen.
Dann bildet die Menge der Lösungen

$$\mathcal{L} := \{\varphi \in C^1(\mathbb{R}, \mathbb{R}^n); \ \dot{\varphi}(t) = A(t)\varphi(t)\}$$

einen n-dimensionalen Untervektorraum von $C^1(\mathbb{R}, \mathbb{R}^n)$ und für $k \leq n$ und beliebige Funktionen $\varphi_1, \varphi_2, \ldots, \varphi_k \in \mathcal{L}$ sind die folgenden Aussagen äquivalent:

(i) *$\varphi_1, \varphi_2, \ldots, \varphi_k$ sind linear unabhängig als Elemente von $C^1(\mathbb{R}, \mathbb{R}^n)$*

(ii) *Es gibt einen Zeitpunkt t_0, so dass $\varphi_1(t_0), \varphi_2(t_0), \ldots, \varphi_k(t_0)$ linear unabhängig sind (in $\mathbb{R}^n$)*

(iii) *Für jedes $t \in \mathbb{R}$ sind $\varphi_1(t), \varphi_2(t), \ldots, \varphi_k(t)$ linear unabhängig in $\mathbb{R}^n$.*

Beweis: Wir zeigen zuerst, dass $\mathcal{L}$ ein Untervektorraum ist, die Dimension von $\mathcal{L}$ bestimmen wir später. Offenbar ist $y_1(t) = y_2(t) = \ldots = y_n(t) = 0$ für alle t eine Lösung der Differentialgleichung, also ist $0 \in \mathcal{L}$. Weiter ist für zwei Funktionen $\varphi_1, \varphi_2 \in \mathcal{L}$ und für $\alpha \in \mathbb{R}$

$$\frac{d}{dt}(\varphi_1 + \varphi_2) = \dot{\varphi}_1(t) + \dot{\varphi}_2(t) = A(t)\varphi_1(t) + A(t)\varphi_2(t) = A(t)(\varphi_1 + \varphi_2)(t)$$

$$\frac{d}{dt}(\alpha\varphi_1) = \alpha\dot{\varphi}_1(t) = \alpha A(t)\varphi_1(t) = A(t)(\alpha\varphi_1)(t)$$

Also sind auch $\varphi_1 + \varphi_2 \in \mathcal{L}$ und $\alpha\varphi_1 \in \mathcal{L}$. Damit ist $\mathcal{L}$ ein Unterraum von $C^1(\mathbb{R}, \mathbb{R}^n)$.
Nun zu den Äquivalenzen (i)-(iii), die wir „im Kreis" (iii) $\Rightarrow$ (ii) $\Rightarrow$ (i) $\Rightarrow$ (iii) beweisen.

Dass aus (iii) sicher (ii) folgt, ist klar. Außerdem folgt (i) aus (ii), denn wären $\varphi_1, \varphi_2, \ldots, \varphi_k$ linear abhängig, dann gäbe es $a_1, a_2, \ldots, a_k$, die nicht alle verschwinden mit

$$a_1\varphi_1(t) + a_2\varphi_2(t) + \ldots + a_k\varphi_k(t) = 0 \quad \text{für alle } t \in \mathbb{R}.$$

Dann ist aber insbesondere auch

$$a_1\varphi_1(t_0) + a_2\varphi_2(t_0) + \ldots + a_k\varphi_k(t_0) = 0$$

und die Vektoren $\varphi_1(t_0), \varphi_2(t_0), \ldots, \varphi_k(t_0)$ wären ebenfalls linear abhängig.
Zu zeigen bleibt nun noch $(i) \Rightarrow (iii)$:
Seien also $\varphi_1, \varphi_2, \ldots, \varphi_k$ linear unabhängig als Elemente von $C^1(\mathbb{R}, \mathbb{R}^n)$. Wenn es einen Zeitpunkt $t_1 \in \mathbb{R}$ gibt, zu dem die Vektoren $\varphi_1(t_1), \varphi_2(t_1), \ldots, \varphi_k(t_1)$ linear abhängig sind, dann gibt es $a_1, a_2, \ldots, a_k$, die nicht alle verschwinden mit

$$a_1\varphi_1(t_1) + a_2\varphi_2(t_1) + \ldots + a_k\varphi_k(t_1) = 0$$

Dann ist die Funktion $\varphi := a_1\varphi_1 + a_2\varphi_2 + \ldots + a_k\varphi_k$ die eindeutige Lösung der Differentialgleichung $\dot{\varphi} = A(t)\varphi$ zur Anfangsbedingung $\varphi(t_0) = 0$ und es folgt $\varphi(t) = 0$ für alle $t \in \mathbb{R}$. Dann sind aber die Funktionen $\varphi_1, \varphi_2, \ldots, \varphi_k$ nicht linear unabhängig. Aus diesem Widerspruch zu unseren ursprünglichen Annahmen kann man nun schließen, dass es kein solches t_1 geben kann, dass also $\varphi_1(t), \varphi_2(t), \ldots, \varphi_k(t)$ für jedes $t \in \mathbb{R}$ linear unabhängig sind.
Nun können wir auch die Dimension von $\mathcal{L}$ bestimmen. Wegen (ii) ist dim $\mathcal{L} \leq n$, da es nicht mehr als n linear unabhängige Vektoren in $\mathbb{R}^n$ gibt. Andererseits lassen sich n linear unabhängige Vektoren leicht angeben, zum Beispiel die Standardbasisvektoren e_j. Diese liefern dann n linear unabhängige Lösungen der Differentialgleichung.

$\square$

Bemerkung: Statt $C^1(\mathbb{R}, \mathbb{R}^n)$ könnte man auch $C^1(\mathbb{R}, \mathbb{C}^n)$ betrachten, also den Vektorraum der stetig differenzierbaren, komplexwertigen Funktionen. Für eine solche Funktion $f \in C^1(\mathbb{R}, \mathbb{C}^n)$ der Form

$$f(t) = \begin{pmatrix} u_1(t) + iv_1(t) \\ u_2(t) + iv_2(t) \\ \vdots \\ u_n(t) + iv_n(t) \end{pmatrix}$$

definiert man die Ableitung dann durch

$$\dot{f}(t) = \begin{pmatrix} \dot{u}_1(t) + i\dot{v}_1(t) \\ \dot{u}_2(t) + i\dot{v}_2(t) \\ \vdots \\ \dot{u}_n(t) + i\dot{v}_n(t) \end{pmatrix},$$

das heißt, der Real- und der Imaginärteil werden getrennt differenziert.
Der obige Beweis funktioniert dann auch für den komplexen Fall.

Definition. *(Fundamentalsystem)*
*Eine Basis $\varphi_1, \varphi_2, \ldots, \varphi_n$ von $\mathcal{L} = \{x \in C^1(\mathbb{R}, \mathbb{R}^n);\ \dot{x}(t) = A(t)x(t)\}$ nennt man auch ein **Fundamentalsystem** von Lösungen der Differentialgleichung $\dot{x}(t) = A(t)x(t)$.*
Bildet man eine Matrix aus n Spaltenvektoren $\varphi_1(t), \varphi_2(t), \ldots, \varphi_n(t)$, die alle die Differentialgleichung $\dot{x}(t) = A(t)x(t)$ lösen, dann löst diese matrixwertige Funktion die Matrix-Differentialgleichung

$$\dot{Y}(t) = A(t)Y(t).$$

*Eine **Fundamentalmatrix** $Y(t)$ ist eine Lösung dieser Matrix-Differentialgleichung mit $\det Y(0) \neq 0$. Falls zusätzlich $Y(0) = E_n$ ist, spricht man von einer **Hauptfundamentallösung**.*

Ein Fundamentalsystem besteht also aus n Lösungen, die zu jedem Zeitpunkt linear unabhängig sind. Eine Fundamentalmatrix ist eine Matrix, deren Spalten aus n linear unabhängigen Lösungen bestehen.

Für diagonalisierbare Matrizen A haben wir n solche linear unabhängige Lösungen der Differentialgleichung bereits gefunden.

Satz 12.3.
Sei A eine (komplex) diagonalisierbare $n \times n$-Matrix mit den Eigenwerten $\lambda_1, \lambda_2, \ldots, \lambda_n$ und zugehörigen Eigenvektoren $v_1, v_2, \ldots, v_n$.
Dann bildet die Menge $\{e^{\lambda_1 t} v_1, e^{\lambda_2 t} v_2, \ldots, e^{\lambda_n t} v_n\}$ ein Fundamentalsystem von Lösungen der Differentialgleichung $\dot{x}(t) = Ax(t)$.

Für reelle Matrizen A können als Eigenwerte auch komplexe Zahlen auftreten, die mit den zugehörigen komplexen Eigenvektoren dann zu einer komplexen Darstellung der eigentlich reellwertigen Lösungen führen.
Will man lieber ein Fundamentalsystem, das nur aus reellen Lösungen besteht, dann erreicht man dies, indem man jeweils von den beiden Lösungen des Fundamentalsystems, die zu den komplex konjugierten Eigenwerten λ und $\bar{\lambda}$ gehören, den Real- und Imaginärteil betrachtet. Das beruht auf dem folgenden Satz.

Satz 12.4.
Betrachte $\dot{u} = Au$ mit einer reellen $n \times n$-Matrix A.
Sei $u(t) = x(t) + iy(t)$ eine komplexwertige Lösung dieser Differentialgleichung, dann sind auch der Realteil $x(t)$ und der Imaginärteil $y(t)$ jeweils Lösungen der Differentialgleichung.

Beweis:
Weil A reell ist, gilt

$$\dot{x}(t) = \tfrac{1}{2}(\dot{u}(t) + \dot{\bar{u}}(t)) = \tfrac{1}{2}(Au(t) + \overline{Au(t)}) = \tfrac{1}{2}(Au(t) + A\bar{u}(t)) = A\bigl(\tfrac{1}{2}(u(t) + \bar{u}(t))\bigr) = Ax(t) \text{ und}$$
$$\dot{y}(t) = \tfrac{1}{2i}(\dot{u}(t) - \dot{\bar{u}}(t)) = \tfrac{1}{2i}(Au(t) - \overline{Au(t)}) = \tfrac{1}{2i}(Au(t) - A\bar{u}(t)) = A\bigl(\tfrac{1}{2i}(u(t) - \bar{u}(t))\bigr) = Ay(t).$$

Daher sind x und y auch Lösungen der linearen Differentialgleichung. □

Bemerkung: Der Satz ist für nichtlineare Differentialgleichungen im allgemeinen falsch. Es sieht jetzt so aus, als ob man aus einer Lösung der komplexen Differentialgleichung zwei reelle Lösungen herbeizaubert. Das ist aber nicht ganz richtig. Wenn A eine reelle Matrix ist, dann treten komplexe Eigenwerte immer als (komplex-konjugierte) Paare auf. Diese beiden komplex-konjugierten

Eigenwerte liefern dann (bis auf ein unwesentliches Vorzeichen) dieselben reellen Lösungen, genauer:

Satz 12.5.
Betrachte $\dot{x} = Ax$ mit einer reellen 2×2-Matrix A. Falls $\lambda = \alpha + i\omega$, $\bar{\lambda} = \alpha - i\omega$ mit $\omega \neq 0$ ein Paar komplex-konjugierter Eigenwerte von A mit zugehörigen Eigenvektoren v und $\bar{v}$ ist, dann gibt es ein reelles Fundamentalsystem, das aus den zwei Funktionen $e^{\alpha t}(\cos(\omega t)\operatorname{Re} v - \sin(\omega t)\operatorname{Im} v)$ und $e^{\alpha t}(\cos(\omega t)\operatorname{Im} v + \sin(\omega t)\operatorname{Re} v)$ besteht.

Beweisidee:
Die linear unabhängigen Lösungen $e^{\lambda t}v$ und $e^{\bar{\lambda}t}\bar{v}$ bilden ein Fundamentalsystem. Jede (komplexe) Lösung lässt sich also in der Form

$$x(t) = a_1 e^{\lambda t} v + a_2 e^{\bar{\lambda} t} \bar{v}$$

darstellen.
Nach dem vorigen Satz sind auch der Realteil und der Imaginärteil Lösungen der Differentialgleichung, also erhält man mit Hilfe der Eulerschen Darstellung $e^{i\omega t} = \cos(\omega t) + i\sin(\omega t)$

$$\begin{aligned}
\operatorname{Re} e^{\lambda t} v &= \operatorname{Re}\left(e^{(\alpha + i\omega)t} v\right) \\
&= \operatorname{Re}\left(e^{\alpha t} e^{i\omega t} v\right) \\
&= e^{\alpha t} \operatorname{Re}\left((\cos(\omega t) + i\sin(\omega t))(\operatorname{Re} v + i\operatorname{Im} v)\right) \\
&= e^{\alpha t}(\cos(\omega t)\operatorname{Re} v - \sin(\omega t)\operatorname{Im} v)
\end{aligned}$$

und

$$\begin{aligned}
\operatorname{Im} e^{\lambda t} v &= \operatorname{Im}\left(e^{(\alpha + i\omega)t} v\right) \\
&= \operatorname{Im}\left(e^{\alpha t} e^{i\omega t} v\right) \\
&= e^{\alpha t} \operatorname{Im}\left((\cos(\omega t) + i\sin(\omega t))(\operatorname{Re} v + i\operatorname{Im} v)\right) \\
&= e^{\alpha t}(\cos(\omega t)\operatorname{Im} v + \sin(\omega t)\operatorname{Re} v) \,.
\end{aligned}$$

Man kann zeigen, dass diese beiden Funktionen linear unabhängig sind und eine Basis des Lösungsraums bilden. □

Bemerkung: Dieser Satz lässt sich auch auf größere Matrizen verallgemeinern. Hat eine *reelle* $n \times n$-Matrix A komplexe Eigenwerte, dann findet man ein reelles Fundamentalsystem, indem man zu jedem Paar $\alpha \pm i\omega$ komplex-konjugierter Eigenwerte mit Eigenvektoren v und $\bar{v}$, die Lösungen

$$e^{\alpha t}(\cos(\omega t)\operatorname{Re} v - \sin(\omega t)\operatorname{Im} v) \quad \text{und} \quad e^{\alpha t}(\cos(\omega t)\operatorname{Im} v + \sin(\omega t)\operatorname{Re} v)$$

berücksichtigt.

12.3 Die Matrixexponentialfunktion

Betrachten wir noch einmal die Lösung der Differentialgleichung

$$\dot{x}(t) = Ax(t)$$

für eine diagonalisierbare Matrix $A \in M(n, \mathbb{C})$. Wir konnten durch eine geeignete Koordinatentransformation erreichen, dass stattdessen die Differentialgleichung

$$\dot{w}(t) = Dw(t)$$

mit einer Diagonalmatrix $D = \text{diag}(\lambda_1, \lambda_2, \ldots, \lambda_n)$ zu lösen war.
Diese Lösung ist dann von der Form $w_j(t) = e^{\lambda_j t} w_j(0)$.
Wenn es gelingt, $\text{diag}(e^{\lambda_1 t}, e^{\lambda_2 t}, \ldots, e^{\lambda_n t})$ als eine Matrix e^{Dt} aufzufassen, dann ist die Lösung genau wie im skalaren Fall in der einfachen Form

$$w(t) = e^{Dt} w_0$$

darstellbar.
Das funktioniert tatsächlich, indem man die Reihendarstellung der Exponentialfunktion benutzt:

Definition. *(Matrixexponentialfunktion)*
*Für eine $n \times n$-Matrix $A \in M(n, \mathbb{C})$ ist die **Matrixexponentialfunktion** definiert als*

$$e^A := E_n + A + \frac{1}{2!} A^2 + \frac{1}{3!} A^3 + \ldots$$

Zuerst wollen wir uns überlegen, dass dieser Ausdruck überhaupt sinnvoll ist. Ganz systematisch werden wir solche „mehrdimensionalen" Funktionen erst in *Mathematik für Physiker 3* behandeln, aber an dieser Stelle können wir uns zumindest klarmachen, dass jeder einzelne Koeffizient dieser „Matrixreihe" konvergiert.
Dazu bezeichnen wir mit $a_{ij}^{(k)}$ die Einträge der Matrix A^k, d.h. das Matrixelement $(e^A)_{ij}$ ist eine (Zahlen-)Reihe

$$\delta_{ij} + a_{ij} + \frac{1}{2!} a_{ij}^{(2)} + \frac{1}{3!} a_{ij}^{(3)} + \ldots,$$

wobei δ_{ij} das Kronecker-Delta ist, d.h $\delta_{ij} = 1$, falls $i = j$ und ansonsten ist $\delta_{ij} = 0$.
Man kann sich nun (mittels Vollständiger Induktion) überlegen, dass alle Einträge von A^k durch eine Zahl $(nC)^k$ beschränkt sind, wenn $C = \max |a_{ij}|$ ist.
Der Induktionsanfang bei $k = 1$ ist wie so oft einfach: Für beliebiges i, j ist $|a_{ij}| \leq C \leq (nC)^1$.
Für den Induktionsschritt von k nach $k+1$ geht man davon aus, dass für alle i, j die Abschätzung $|a_{ij}^{(k)}| \leq (nC)^k$ erfüllt ist. Dann gilt wegen $A^{k+1} = A^k A$

$$a_{ij}^{(k+1)} = \sum_{\ell=1}^{n} a_{i\ell}^{(k)} a_{\ell j} \Rightarrow |a_{ij}^{(k+1)}| \leq \sum_{\ell=1}^{n} |a_{i\ell}^{(k)} a_{\ell j}| \leq n \cdot (nC)^k \cdot C = (nC)^{k+1}$$

Die Partialsummen der Matrixexponentialfunktion sind $n \times n$-Matrizen, deren Glieder alle durch die absolut konvergente Reihe

$$1 + nC + \frac{1}{2!} (nC)^2 + \frac{1}{3!} (nC)^3 + \ldots = e^{nC}$$

abgeschätzt werden können. Daher konvergiert jeder Eintrag nach dem Majorantenkriterium.
Wie im Fall von Potenzreihen ($A \in \mathbb{R}$ oder $A \in \mathbb{C}$) zeigt man durch geschicktes Umordnen, dass

$$e^{At} e^{As} = e^{A(t+s)}.$$

Falls $A = \text{diag}(\lambda_1, \lambda_2, \ldots, \lambda_n)$ eine Diagonalmatrix ist, dann ergibt sich direkt aus der Definition der Matrixexponentialfunktion, dass

$$e^A = \text{diag}(e^{\lambda_1}, e^{\lambda_2}, \ldots, e^{\lambda_n}),$$

denn dann stehen in den Diagonalen von $A^2, A^3, \ldots$ jeweils die Zahlen $\lambda_j^2, \lambda_j^3, \ldots$.

Etwas allgemeiner gilt sogar: Hat A Blockdiagonalgestalt, dann genügt es die Matrixexponentialfunktion der einzelnen Blöcke zu berechnen, denn auch A^k hat für alle k dieselbe Blockdiagonalgestalt.

Anders als bei der „normalen" Exponentialfunktion ist im Allgemeinen nicht $e^A e^B = e^B e^A$. Allerdings gilt das folgende, etwas schwächere Resultat:

Satz 12.6.

(a) Für $x_0 \in \mathbb{R}^n$ ist
$$\frac{d}{dt} e^{At} x_0 = A e^{At} x_0$$
das heißt $x(t) = e^{At} x_0$ ist die Lösung des Anfangswertproblems $\dot{x}(t) = Ax(t)$ mit $x(0) = x_0$.

(b) Falls die beiden $n \times n$-Matrizen A und B miteinander kommutieren, d.h. falls $AB = BA$ gilt, dann ist
$$e^A e^B = e^{A+B} = e^B e^A.$$

Beweis:

(a) Wenn wir an dieser Stelle ohne Begründung glauben, dass man die Matrixexponentialfunktion gliedweise ableiten darf (Beweis siehe *Mathematik für Physiker 3*), dann gilt
$$\frac{d}{dt} e^{At} = \frac{d}{dt} \sum_{k=0}^{\infty} \frac{1}{k!} A^k t^k = \sum_{k=1}^{\infty} \frac{1}{k!} A^k k t^{k-1} = A e^{At}$$
d.h. für $e^{At} x_0$ gilt
$$\frac{d}{dt} e^{At} x_0 = A e^{At} x_0$$
und damit ist $e^{At} x_0$ die (eindeutige!) Lösung des Anfangswertproblems
$$\dot{x}(t) = Ax(t)$$
mit einer beliebigen (nicht unbedingt diagonalisierbaren) $n \times n$-Matrix A.

(b) Es gilt für alle $m \in \mathbb{N}$:
$$AB^m = ABB^{m-1} = BAB^{m-1} = BABB^{m-2} = B^2 AB^{m-1} = \ldots = B^{m-1} AB = B^m A$$
und damit auch
$$\sum_{k=0}^{m} \frac{1}{k!} AB^k = \sum_{k=0}^{m} \frac{1}{k!} BAB^{k-1} = \ldots = \sum_{k=0}^{m} \frac{1}{k!} B^k A.$$
Im Limes $m \to \infty$ ergibt sich daraus dann $Ae^B = e^B A$. Betrachte nun die beiden matrixwertigen Funktionen $M_1(t) := e^{At} e^{Bt}$ und $M_2(t) := e^{(A+B)t}$. Dann gilt nach Teil (a)
$$\frac{d}{dt} M_1(t) = A e^{At} e^{Bt} + e^{At} B e^{Bt} = (A+B) M_1(t), \quad M_1(0) = E_n$$
und
$$\frac{d}{dt} M_2(t) = (A+B) M_2(t), \quad M_2(0) = E_n.$$
Beide Matrix-Funktionen $M_1(t)$ und $M_2(t)$ lösen also dasselbe Anfangswertproblem. Wegen der Eindeutigkeit der Lösung dieses Anfangswertproblems ist $e^{At} e^{Bt} = e^{(A+B)t}$. Ganz analog zeigt man auch $e^{Bt} e^{At} = e^{(B+A)t} = e^{(A+B)t}$.

□

Satz 12.7.
Sei A beliebig und T invertierbar. Dann ist
$$e^{T^{-1}AT} = T^{-1}e^A T.$$

Falls also
$$T^{-1}AT = J$$
ist mit J = Diagonalmatrix oder J = Jordan-Normalform von A, dann ist
$$e^{At} = Te^{Jt}T^{-1}.$$

Beweis: Für jedes $m \in \mathbb{N}$ ist
$$(T^{-1}AT)^m = (T^{-1}AT)(T^{-1}AT)\ldots(T^{-1}AT) = T^{-1}A^m T$$

und unter Benutzung der Definition der Matrixexponentialfunktion damit

$$e^{T^{-1}AT} = \sum_{k=0}^{\infty} \frac{(T^{-1}AT)^k}{k!} = \sum_{k=0}^{\infty} T^{-1}\frac{A^k}{k!}T = T^{-1}\left(\sum_{k=0}^{\infty} \frac{A^k}{k!}\right)T = T^{-1}e^A T.$$

□

Als Nächstes berechnen wir e^{At} für einen Jordan-Block:

Satz 12.8.
Sei B_λ ein Jordan-Block der Größe m zum Eigenwert λ, d.h.

$$B_\lambda = \begin{pmatrix} \lambda & 1 & 0 & \ldots & 0 & 0 \\ 0 & \lambda & 1 & \ldots & 0 & 0 \\ 0 & 0 & \lambda & \ldots & 0 & 0 \\ \vdots & \vdots & \ddots & \ddots & \vdots & \vdots \\ 0 & 0 & 0 & \ldots & \lambda & 1 \\ 0 & 0 & 0 & \ldots & 0 & \lambda \end{pmatrix}.$$

Dann ist

$$e^{B_\lambda t} = e^{\lambda t}\begin{pmatrix} 1 & t & t^2/2! & \ldots & \frac{t^{m-1}}{(m-1)!} \\ 0 & 1 & t & \ldots & \frac{t^{m-2}}{(m-2)!} \\ 0 & 0 & 1 & \ldots & \frac{t^{m-3}}{(m-3)!} \\ \vdots & \vdots & \ddots & \ddots & \vdots \\ 0 & 0 & 0 & \ldots & t \\ 0 & 0 & 0 & \ldots & 1 \end{pmatrix}.$$

Beweisskizze: Zunächst kann man „von Hand" nachrechnen, dass die Matrix

$$(B_\lambda - \lambda E_n)^k = \begin{pmatrix} 0 & 1 & 0 & \ldots & 0 & 0 \\ 0 & 0 & 1 & \ldots & 0 & 0 \\ 0 & 0 & 0 & \ldots & 0 & 0 \\ \vdots & \vdots & \ddots & \ddots & \vdots & \vdots \\ 0 & 0 & 0 & \ldots & 0 & 1 \\ 0 & 0 & 0 & \ldots & 0 & 0 \end{pmatrix}^k$$

nur Nullen enthält außer in der „k-ten Nebendiagonale", d.h. $(B_\lambda - \lambda E_n)^k = (b_{ij}^{(k)})$ mit

$$b_{ij}^{(k)} = \begin{cases} 1 & \text{falls } j - i = k \\ 0 & \text{sonst} \end{cases}$$

insbesondere ist $(B_\lambda - \lambda E_n)^k = 0$ die Nullmatrix, sobald $k \geq m$ ist. In der Exponentialreihe treten also nur endlich viele Terme auf, nämlich die ersten m Terme. Daher ist

$$e^{(B_\lambda - \lambda E_n)t} = E_n + (B_\lambda - \lambda E_n)t + (B_\lambda - \lambda E_n)^2 \frac{t^2}{2!} + (B_\lambda - \lambda E_n)^3 \frac{t^3}{3!} + \ldots + (B_\lambda - \lambda E_n)^{m-1} \frac{t^{m-1}}{(m-1)!},$$

was dann die Darstellung

$$e^{(B_\lambda - \lambda E_n)t} = \begin{pmatrix} 1 & t & t^2/2! & \ldots & \frac{t^{m-1}}{(m-1)!} \\ 0 & 1 & t & \ldots & \frac{t^{m-2}}{(m-2)!} \\ 0 & 0 & 1 & \ldots & \frac{t^{m-3}}{(m-3)!} \\ \vdots & \vdots & \ddots & \ddots & \vdots \\ 0 & 0 & 0 & \ldots & t \\ 0 & 0 & 0 & \ldots & 1 \end{pmatrix}$$

ergibt. Da die Matrizen λE_n und B bzw. $\lambda E_n t$ und Bt kommutieren, ist nach Satz 12.6

$$e^{Bt} = e^{(\lambda E_n t)(B_\lambda - \lambda E_n)t} = e^{(\lambda E_n t)} e^{(B_\lambda - \lambda E_n)t} = e^{\lambda t} e^{(B_\lambda - \lambda E_n)t}$$

und damit die im Satz angegebene Darstellung. □

Die Lösungen $e^{At} x_0$ des Anfangswertproblems bestehen also aus Termen der Form $e^{\lambda t} v$ mit einem Eigenwert λ und einem Eigenvektor v bzw. $e^{\lambda t} \cdot$ Vektorpolynom(t) wenn λ ein mehrfacher Eigenwert ist, dessen algebraische und geometrische Vielfachheit nicht übereinstimmen. Praktisch führt das zu folgendem Vorgehen.

Satz 12.9. *(Exponentialansatz, komplex)*
Alle komplexwertigen Lösungen $x(t)$ der linearen Differentialgleichung $\dot{x} = Ax$ sind von der Form

$$x(t) = \sum_{\lambda \text{ Eigenwert von } A} p_\lambda(t) e^{\lambda t}.$$

Dabei ist p_λ ein (Vektor-)Polynom, dessen Grad $\alpha(\lambda)$ um eins kleiner ist als der größte Jordan-Blocks zum Eigenwert λ. Es ist also

$$p_\lambda = \sum_{j=0}^{\alpha(\lambda)-1} p_{\lambda,j} t^j$$

wobei die Koeffizienten $p_{\lambda,j} \in \mathbb{C}^n$ im verallgemeinerten Eigenraum zum Eigenwert λ liegen.

Im Fall einer reellen Matrix mit komplexen Eigenwerten kann man auch einen speziellen Ansatz wählen, der die allgemeine Form der *reellen* Lösungen liefert, der also insbesondere für Anfangswertprobleme mit reellen Anfangsdaten geeignet ist.

Satz 12.10. *(Exponentialansatz, reell)*
Sei $A \in M(n, \mathbb{R})$ eine reelle $n \times n$-Matrix. Dann hat jede Lösung von $x(t)$ der autonomen linearen Differentialgleichung $\dot{x} = Ax$ mit Anfangswert $x(0) \in \mathbb{R}^n$ die Gestalt

$$x(t) = \sum_{\lambda \text{ reell}} p_\lambda(t) e^{\lambda t} + \sum_{\lambda = \alpha \pm i\omega \text{ komplex}} (q_\lambda(t) \cos(\omega t) + r_\lambda(t) \sin(\omega t)) e^{\alpha t},$$

wobei sich die Summe über alle Eigenwerte $\lambda = \alpha \pm i\omega$ von A erstreckt und $p_\lambda(t), q_\lambda(t), r_\lambda(t)$ Vektor-Polynome sind.

Beispiel: Betrachte das System von Differentialgleichungen 1. Ordnung

$$\dot{x}(t) = \begin{pmatrix} 0 & 0 & 0 & 1 \\ 2 & 0 & 1 & 0 \\ 0 & -1 & 0 & -2 \\ -1 & 2 & 0 & 0 \end{pmatrix} x(t) = A x(t).$$

Die Matrix A hat das charakteristische Polynom $\det(A - \lambda E_4) = \lambda^4 + 2\lambda^2 + 1 = (\lambda^2 + 1)^2$, aus dem man die beiden doppelten Eigenwerte $\lambda_1 = \lambda_2 = i$ und $\lambda_3 = \lambda_4 = -i$ erhält. Da man zu jedem der Eigenwerte nur einen Eigenvektor findet (Nachrechnen!), sind beide Eigenwerte algebraisch doppelt, aber geometrisch einfach.
Der Ansatz für die Lösungen ist daher

$$x(t) = q(t) \cos(t) + r(t) \sin(t)$$

mit Vektorpolynomen 1. Grades

$$q(t) = \begin{pmatrix} a_1 t + b_1 \\ a_2 t + b_2 \\ a_3 t + b_3 \\ a_4 t + b_4 \end{pmatrix}, \quad r(t) = \begin{pmatrix} c_1 t + d_1 \\ c_2 t + d_2 \\ c_3 t + d_3 \\ c_4 t + d_4 \end{pmatrix}.$$

Setzt man diesen Ansatz in die Differentialgleichung ein, ergibt sich

$$\dot{x}(t) = \begin{pmatrix} a_1 + c_1 t + d_1 \\ a_2 + c_2 t + d_2 \\ a_3 + c_3 t + d_3 \\ a_4 + c_4 t + d_4 \end{pmatrix} \cos(t) + \begin{pmatrix} -a_1 t - b_1 + c_1 \\ -a_2 t - b_2 + c_2 \\ -a_3 t - b_3 + c_3 \\ -a_4 t - b_4 + c_4 \end{pmatrix} \sin(t)$$

und

$$A x(t) = \begin{pmatrix} (a_4 t + b_4) \cos(t) + (c_4 t + d_4) \sin(t) \\ (2 a_1 t + 2 b_1 + a_3 t + b_3) \cos(t) + (2 c_1 t + 2 d_1 + c_3 t + d_3) \sin(t) \\ (-a_2 t - b_2 - 2 a_4 t - 2 b_4) \cos(t) + (-c_2 t - d_2 - 2 c_4 t - 2 d_4) \sin(t) \\ (-a_1 t - b_1 + 2 a_2 t + 2 b_2) \cos(t) - (-c_1 t - d_1 + 2 c_2 t + 2 d_2) \sin(t) \end{pmatrix}.$$

Man kann nun einen Koeffizientenvergleich durchführen: Da die vier Funktionen $\cos(t)$, $t \cos(t)$, $\sin(t)$ und $t \sin(t)$ linear unabhängig sind, stellt eine Linearkombination dieser vier Funktionen nur dann die Nullfunktion dar, wenn die Koeffizenten alle verschwinden. Es muss also gelten:

$$\begin{pmatrix} -a_4 + c_1 \\ 2a_1 + a_3 - c_2 \\ -a_2 - 2a_4 - c_3 \\ -a_1 + 2a_2 - c_4 \end{pmatrix} = \begin{pmatrix} a_1 + d_1 - b_4 \\ a_2 + d_2 - 2b_1 - b_3 \\ a_3 + d_3 + b_2 + 2b_4 \\ a_4 + d_4 + b_1 - 2b_2 \end{pmatrix} =$$

$$= \begin{pmatrix} -a_1 - c_4 \\ -a_2 - 2c_1 - c_3 \\ -a_3 + c_2 + 2c_4 \\ -a_4 + c_1 - 2c_2 \end{pmatrix} = \begin{pmatrix} -b_1 + c_1 - d_4 \\ -b_2 + c_2 - 2d_1 - d_3 \\ -b_3 + c_3 + d_2 + 2d_4 \\ -b_4 + c_4 + d_1 - 2d_2 \end{pmatrix} = \begin{pmatrix} 0 \\ 0 \\ 0 \\ 0 \end{pmatrix}.$$

Aus diesen 16 (!) Gleichungen kann man nun die Lösung bestimmen. Da die Lösungen einen Vektorraum der Dimension 4 bilden, ist die Lösung nicht eindeutig, sondern enthält vier Parameter. Vier linear unabhängige reelle Lösungen, die sich so ergeben, sind beispielsweise

$$\begin{pmatrix} t\cos t - \sin t \\ -\sin t \\ -2t\cos t - \cos t + 2\sin t \\ -t\sin t \end{pmatrix}, \begin{pmatrix} t\sin t \\ \cos t \\ -2t\sin t - \sin t \\ t\cos t + \sin t \end{pmatrix}, \begin{pmatrix} \cos t \\ 0 \\ -2\cos t \\ -\sin t \end{pmatrix}, \text{ und } \begin{pmatrix} \sin t \\ 0 \\ -2\sin t \\ \cos t \end{pmatrix}.$$

12.4 Lineare Differentialgleichungen im $\mathbb{R}^2$

Zur Illustration der bisherigen Theorie betrachten wir Differentialgleichungen

$$\begin{pmatrix} \dot{x}_1(t) \\ \dot{x}_2(t) \end{pmatrix} = A \begin{pmatrix} x_1(t) \\ x_2(t) \end{pmatrix}$$

mit einer reellen 2×2-Matrix A.
Zu dieser Klasse von Differentialgleichungen gehört beispielsweise das gedämpfte lineare Pendel $\ddot{x} + 2\gamma\dot{x} + \omega^2 x = 0$, wenn man es als System von zwei Differentialgleichungen 1. Ordnung schreibt. In diesem Fall ist $\det A = \omega^2$ und spur $A = -2\gamma$.
Da die Anfangsbedingung $x_1(0) = x_2(0)$ zur Lösung $x_1(t) = x_2(t) = 0$ für alle Zeiten t führt, nennt man $(0,0)$ ein *Gleichgewicht der Differentialgleichung*.
Lösungen in der Nähe dieses Gleichgewichts können unterschiedlich aussehen, je nachdem, wie die beiden Eigenwerte von A in der komplexen Zahleneben liegen.
Die Eigenwerte $\lambda_{1,2}$ von A erfüllen die charakteristische Gleichung

$$\lambda^2 - (\text{spur } A)\lambda + \det A = 0,$$

d.h. sie hängen nicht wirklich von den *vier* Einträgen der Matrix A ab, sondern nur von den beiden Parametern Spur und Determinante.

$$\lambda_{1,2} = \frac{\text{spur } A \pm \sqrt{(\text{spur } A)^2 - 4\det A}}{2}.$$

Als Abkürzung führen wir $D = (\text{spur } A)^2 - 4\det A$ ein Die Lösung der Differentialgleichung wollen wir nun nicht nur in Form der Lösungsfunktionen angeben, sondern auch durch ein sogenanntes *Phasenportrait* veranschaulichen.

1) $D > 0$

   1a) $\det A < 0$

   Dann sind beide Eigenwerte reell mit unterschiedlichem Vorzeichen, da $D > (\text{spur } A)^2$ ist. Mit einer Koordinatentransformation
   $$\begin{pmatrix} y_1(t) \\ y_2(t) \end{pmatrix} = T \begin{pmatrix} x_1(t) \\ x_2(t) \end{pmatrix}$$
   ergibt sich in den neuen Koordinaten (y_1, y_2) die entkoppelte Differentialgleichung
   $$\begin{aligned} \dot{y}_1(t) &= \lambda_1 y_1(t) \\ \dot{y}_2(t) &= \lambda_2 y_2(t) \end{aligned}$$
   mit der Lösung
   $$\begin{aligned} y_1(t) &= e^{\lambda_1 t} y_1(0) \\ y_2(t) &= e^{\lambda_2 t} y_2(0). \end{aligned}$$
   Die Lösungen kann man sich veranschaulichen, indem man die *Trajektorien*, also die „Bahnen" der Lösung in der y_1–y_2-Ebene aufzeichnet.

   Dazu muss man herausfinden, wie $y_1(t)$ und $y_2(t)$ miteinander zusammenhängen. Es ist
   $$y_2(t) = e^{\lambda_2 t} y_2(0) = (e^{\lambda_1 t} y_1(0))^{\lambda_2/\lambda_1} y_2(0) y_1(0)^{-\frac{\lambda_2}{\lambda_1}} = C y_1(t)^{\lambda_2/\lambda_1},$$
   wobei die Konstante C nur von den Startwerten $y_1(0)$ und $y_2(0)$ abhängt und daher für verschiedene Lösungen der Differentialgleichung jeden reellen Wert annehmen kann. Der Exponent $\frac{\lambda_2}{\lambda_1}$ ist negativ. Der Punkt $(0,0)$ heißt in diesem Fall *Sattelpunkt*. Eine Skizze der verschiedenen Phasenportraits finden Sie nach der Klassifikation.

   1b) $\det A > 0$, Spur $A > 0$

   Beide Eigenwerte sind reell und positiv. Die Ruhelage $(0,0)$ ist ein *instabiler Knoten*. Die Lösungskurven lassen sich in derselben Form darstellen wie im Fall eines Sattels, allerdings ist der Exponent $\frac{\lambda_2}{\lambda_1}$ diesmal positiv.

   1c) $\det A > 0$, Spur $A < 0$

   Dann sind beide Eigenwerte reell und negativ. Die Ruhelage $x_1 = x_2 = 0$ ist ein *stabiler Knoten*. Das Phasenportrait sieht genauso aus wie im vorigen Fall, einzig die Richtung der Pfeile, d.h. die Richtung, in der die Lösungskurven durchlaufen werden, ändert sich.

   1d) $\det A = 0$, Spur $A > 0$

   Die Eigenwerte sind dann $\lambda_1 = $ Spur $A > 0$ und $\lambda_2 = 0$. Die Ruhelage $x_1 = x_2 = 0$ ist Teil einer Linie von Gleichgewichten.

   1e) $\det A = 0$, Spur $A < 0$

   Eigenwerte sind dann $\lambda_1 = $ Spur $A < 0$ und $\lambda_2 = 0$. Die Ruhelage $x = y = 0$ ist Teil einer (stabilen) Linie von Gleichgewichten.

2) $D < 0$

   2a) spur $A > 0$

   Dann besitzt A zwei konjugiert komplexe Eigenwerte mit positivem Realteil. Alle Lösungen sind von der Form $y_1(t) = e^{\alpha t} \cos(\omega t) y_1(0)$, $y_2(t) = e^{\alpha t} \sin(\omega t) y_2(0)$ mit $\alpha > 0$. Die Ruhelage $y_1 = y_2 = 0$ nennt man einen *instabilen Strudel*.

   2b) spur $A < 0$

   Dann besitzt A zwei konjugiert komplexe Eigenwerte mit negativem Realteil. Die Ruhelage $x = y = 0$ ist ein *stabiler Strudel*.

2c) spur $A = 0$

Dann besitzt A zwei rein imaginäre Eigenwert $\pm 2i\sqrt{-\det A}$. Die Lösungskurven sind Ellipsen, den Punkt $(0,0)$ nennt man *Zentrum*.

3) $D = 0$

3a) spur $A > 0$

Dann besitzt A einen negativen doppelten Eigenwert λ mit algebraischer Vielfachheit 2 und geometrischer Vielfachheit 1. Die Lösung hat in Jordan–Normalform die Gestalt $y_1(t) = e^{\lambda t} y_1(0) + t e^{\lambda t} y_2(0)$, $y_2(t) = e^{\lambda t} y_2(0)$. Die Ruhelage $y_1 = y_2 = 0$ nennt man dann einen *instabilen entarteten Knoten*.

3b) spur $A < 0$

Lösungen verhalten sich genauso wie in Fall 3a). Auch hier dreht sich im Phasenportrait nur die Richtung der Pfeile um.

Das folgende Bild veranschaulicht die verschiedenen Phasenportraits.

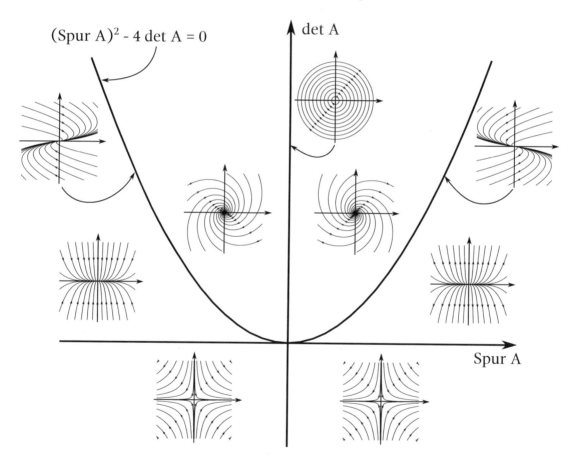

12.5 Differentialgleichungen höherer Ordnung

Lineare Gleichungen höherer Ordnung

$$x^{(m)} + a_{m-1}x^{(m-1)} + \ldots + a_2\ddot{x} + a_1\dot{x} + a_0 x = 0, \qquad x \in \mathbb{R}$$

mit konstanten Koeffizienten lassen sich umschreiben als System 1. Ordnung

$$\dot{y} = Ay,$$

wobei $y = (x, \dot{x}, \ddot{x}, \ldots, x^{(m-1)})^T \in \mathbb{R}^m$ und A eine Matrix der folgenden Form ist:

$$A = \begin{pmatrix} 0 & 1 & 0 & 0 & \ldots & 0 & 0 \\ 0 & 0 & 1 & 0 & \ldots & 0 & 0 \\ 0 & 0 & 0 & 1 & \ldots & 0 & 0 \\ \vdots & \vdots & \vdots & \ddots & \ddots & \vdots & \vdots \\ 0 & 0 & 0 & 0 & \ldots & 0 & 1 \\ -a_0 & -a_1 & -a_2 & -a_3 & \ldots & -a_{m-2} & -a_{m-1} \end{pmatrix}$$

Die Eigenwerte einer solchen Matrix sind Lösungen der charakteristischen Gleichung

$$\lambda^m + a_{m-1}\lambda^{m-1} + \ldots + a_2\lambda^2 + a_1\lambda + a_0 = 0$$

(siehe Übungsaufgabe) mit Eigenvektoren $(1, \lambda, \lambda^2, \ldots, \lambda^{m-1})^T$.

Satz 12.11.
Die geometrische Vielfachheit jedes Eigenwerts ist hier Eins!

Beweis: Ein Eigenvektor v zum Eigenwert λ erfüllt die Gleichung

$$(A - \lambda E_n)v = \begin{pmatrix} -\lambda & 1 & 0 & 0 & \ldots & 0 & 0 \\ 0 & -\lambda & 1 & 0 & \ldots & 0 & 0 \\ 0 & 0 & -\lambda & 1 & \ldots & 0 & 0 \\ \vdots & \vdots & \vdots & \ddots & \ddots & \vdots & \vdots \\ 0 & 0 & 0 & 0 & \ldots & -\lambda & 1 \\ -a_0 & -a_1 & -a_2 & -a_3 & \ldots & -a_{m-2} & -a_{m-1} - \lambda \end{pmatrix} v = 0.$$

Die erste Koordinate von v muss von 0 verschieden sein, denn sonst verschwinden auch alle anderen Einträge von v und v kann kein Eigenvektor sein. Falls die erste Koordinate von v eine 1 ist, dann muss v von der Form

$$v = \begin{pmatrix} 1 \\ \lambda \\ \lambda^2 \\ \vdots \\ \lambda^{n-1} \end{pmatrix}$$

sein, zu jedem Eigenwert gibt es also nur einen eindimensionalen Eigenraum. $\square$

Natürlich können auch hier mehrfache Eigenwerte auftreten, deren algebraische Vielfachheit echt größer als die geometrische Vielfachheit ist. Zu einem (algebraisch) k-fachen Eigenwert gehört dann in der Jordan-Normalform ein $k \times k$-Jordan-Kästchen.

In diesem Fall macht man die Differenz zwischen algebraischer und geometrischer Vielfachheit wieder dadurch wett, dass man den Exponentialansatz mit einem Polynom vom Grad $k-1$ multipliziert:

Satz 12.12. *(Exponentialansatz für Differentialgleichungen n. Ordnung)*
Sei
$$x^{(m)} + a_{m-1}x^{(m-1)} + \ldots + a_2\ddot{x} + a_1\dot{x} + a_0 x = 0, \qquad x \in \mathbb{R}$$
homogene lineare Differentialgleichung n. Ordnung mit reellen Koeffizienten. Dann hat jede Lösung $x(t)$ die Gestalt
$$x(t) = \sum_{\lambda\,\text{reell}} p_\lambda(t) e^{\lambda t} + \sum_{\lambda = \alpha \pm i\omega\,\text{komplex}} \left(q_\lambda(t)\cos(\omega t) + r_\lambda(t)\sin(\omega t)\right) e^{\alpha t},$$
wobei sich die Summen über alle Nullstellen λ der charakteristischen Gleichung
$$\lambda^m + a_{m-1}\lambda^{m-1} + \ldots + a_2\lambda^2 + a_1\lambda + a_0 = 0$$
erstreckt und $p_\lambda(t)$, $q_\lambda(t)$, $r_\lambda(t)$ Polynome sind, deren Grad um eins kleiner als die Vielfachheit von λ als Nullstelle der charakteristischen Gleichung ist.

Bemerkung: Mit Hilfe des Exponentialansatzes kann man zu jeder linearen Differentialgleichung m-ter Ordnung
$$x^{(m)} + a_{m-1}x^{(m-1)} + \ldots + a_2\ddot{x} + a_1\dot{x} + a_0 x = 0, \qquad x \in \mathbb{R}$$
mit vorgegebenen Anfangswerten
$$x(t_0) = x_0,\ \dot{x}(t_0) = x_1,\ \ddot{x}(t_0) = x_2, \ldots, x^{(m-1)}(t_0) = x_{m-1}$$
eine eindeutige Lösung finden.

Beispiel: Betrachte die Differentialgleichung 4. Ordnung
$$x^{(4)} + 4x^{(3)} - 2\ddot{x} - 12\dot{x} + 9x = 0,$$
deren charakteristische Gleichung
$$\lambda^4 + 4\lambda^3 - 2\lambda^2 - 12\lambda + 9 = ((\lambda-1)^2 + 1)(\lambda+3)^2 = 0$$
die einfachen Nullstellen $\lambda_1 = 1+i$, $\lambda_2 = 1-i$ und die doppelte Nullstelle $\lambda_3 = -3$ besitzt. Die allgemeine Lösung der Differentialgleichung hat daher die Form
$$x(t) = ae^t\cos(t) + be^t\sin(t) + (c+dt)e^{-3t}.$$

12.6 Inhomogene lineare Differentialgleichungen

Wie im skalaren Fall kann man auch inhomogene Systeme linearer Differentialgleichungen betrachten, also Differentialgleichungen der Form
$$\dot{x}(t) = Ax(t) + b(t)$$
mit einer stetigen, vektorwertigen Funktion $b: I \to \mathbb{R}^n$ oder $b: I \to \mathbb{C}^n$.

Die Differenz zweier beliebiger Lösungen ist dann immer eine Lösung der homogenen Differentialgleichung
$$\dot{x}(t) = Ax(t)$$
und man kann die allgemeine Lösung wie im Fall linearer Gleichungssysteme zusammensetzen aus *einer* speziellen Lösung der inhomogenen Gleichung und der allgemeinen Lösung der homogenen Gleichung.

Um die benötigte eine spezielle Lösung zu finden, kann man (im Fall konstanter Koeffizienten) wieder die Variation-der-Konstanten anwenden und mit Hilfe der Matrixexponentialfunktion nach einer Lösung $x(t)$ in der Form
$$x(t) = e^{At}y(t)$$
suchen. Einsetzen in die Differentialgleichung liefert dann
$$e^{At}Ay(t) + e^{At}\dot{y}(t) = Ax(t) + b(t)$$
und da $e^{At}A = Ae^{At}$ und e^{At} invertierbar ist, ergibt sich für y die Differentialgleichung
$$\dot{y}(t) = e^{-At}b(t)$$
mit der Lösung
$$y(t) = y(t_0) + \int_{t_0}^{t} e^{-As}b(s)\,\mathrm{d}s$$
und somit
$$x(t) = e^{At}\left(y(t_0) + \int_{t_0}^{t} e^{-As}b(s)\,\mathrm{d}s\right) = e^{A(t-t_0)}x(t_0) + \int_{t_0}^{t} e^{A(t-s)}b(s)\,\mathrm{d}s,$$
wobei die Integration in jeder Komponente einzeln durchgeführt wird. Soweit die Theorie...

In der Praxis kann man in vielen Fällen ein etwas anderes Vorgehen, den „Ansatz vom Typ der rechten Seite", verwenden:

Sei dazu ein inhomogenes System linearer Differentialgleichungen 1. Ordnung mit konstanten Koeffizienten
$$\dot{x}(t) = Ax(t) + b(t), \qquad x \in \mathbb{R}^n$$
gegeben. Wir bezeichnen mit $\Sigma = \{\lambda_1, \lambda_2, \ldots, \lambda_n\}$ die Menge der Eigenwerte von A.

Die speziellen Lösungen findet man dann durch einen geeigneten Ansatz und Koeffizientenvergleich. Dabei geht ein, dass die benutzten Ansatzfunktionen linear unabhängig (aufgefasst als „Vektoren" im Vektorraum der stetigen Funktionen) sind. In einigen Fällen sind die Ansatzfunktionen eng verwandt mit den Inhomogenitäten:

▶ Für $b(t) = b_0 e^{\alpha t}$ mit $b_0 \in \mathbb{R}^n$ und $\alpha \notin \Sigma$ sucht man eine spezielle Lösung der Form $x(t) = ve^{\alpha t}$ mit einem geeigneten Vektor $x \in \mathbb{R}^n$.

▶ Für $b(t) = b_0 e^{\alpha t}$ mit $b_0 \in \mathbb{R}^n$, $\alpha \in \Sigma$ sucht man eine spezielle Lösung der Form $x(t) = p(t)e^{\alpha t}$ mit einem geeigneten Vektorpolynom $p = v_0 + v_1 t + v_2 t^2$.

▶ Für $b(t) = b_0 \cos(\alpha t) + b_1 \sin(\alpha t)$ mit $b_0, b_1 \in \mathbb{R}^n$ und $i\alpha \notin \Sigma$ sucht man eine spezielle Lösung der Form $x(t) = v_0 \cos(\alpha t) + v_1 \sin(\alpha t)$ mit geeigneten Vektoren $v_0, v_1 \in \mathbb{R}^n$.

▶ Für $b(t) = b_0 \cos(\alpha t) + b_1 \sin(\alpha t)$ mit $b_0, b_1 \in \mathbb{R}^n$ und $i\alpha \in \Sigma$ sucht man eine spezielle Lösung der Form $x(t) = (v_0 + v_1 t)\cos(\alpha t) + (w_0 + w_1 t)\sin(\alpha t)$ mit geeigneten Vektoren $v_0, v_1, w_0, w_1 \in \mathbb{R}^n$.

▶ Falls $b(t)$ polynomial ist vom Grad k, sucht man als spezielle Lösung ebenfalls ein vektorwertiges Polynom $p = v_0 + v_1 t + \ldots + v_{k+1} t^{k+1}$.

Achtung! Es handelt sich hier um Spezialfälle. Im allgemeinen ist es nicht möglich, die Lösung einer inhomogenen linearen Differentialgleichung in geschlossener Form darzustellen. Beispielsweise führt ein ln-Term auf der rechten Seite in der Variation-der-Konstanten-Formel in der Regel auf Integrale, die nicht geschlossen lösbar sind.

Beispiel:
Das Anfangswertproblem

$$\ddot{x}(t) + \dot{x}(t) - 6x(t) = 5e^{-3t}, \qquad x(0) = 1, \dot{x}(0) = -1$$

führt auf die charakteristische Gleichung

$$\lambda^2 + \lambda - 6 = 0$$

mit der Lösung $\lambda_1 = -3$ und $\lambda_2 = 2$. Die allgemeine reelle/komplexe Lösung der homogenen Differentialgleichung ist daher

$$x_{hom}(t) = Ae^{-3t} + Be^{2t}$$

mit $A, B \in \mathbb{R}$ bzw. $A, B \in \mathbb{C}$.
Um eine spezielle Lösung der inhomogenen Differentialgleichung zu finden macht man den Ansatz

$$x(t) = Cte^{-3t} \;\Rightarrow\; \dot{x}(t) = C(1-3t)e^{-3t} \Rightarrow \ddot{x}(t) = C(-6+9t)e^{-3t}.$$

Durch Einsetzen in die Differentialgleichung findet man

$$C(-6+9t)e^{-3t} + C(1-3t)e^{-3t} - 6Cte^{-3t} = 5e^{-3t} \;\Rightarrow\; -5C = 5$$

die allgemeine Lösung der inhomogenen Differentialgleichung ist also

$$x(t) = Ae^{-3t} + Be^{2t} - te^{-3t}.$$

Um das Anfangswertproblem zu lösen, bestimmt man noch

$$\begin{aligned} x(0) &= A + B = 1 \quad \text{und} \\ \dot{x}(0) &= -3A + 2B - 1 = -1 \end{aligned}$$

mit der Lösung $A = \frac{2}{5}$ und $B = \frac{3}{5}$.

Inhomogene lineare Differentialgleichungen n-ter Ordnung

Für inhomogene lineare Differentialgleichungen höherer Ordnung gibt es noch einen weiteren Rechenweg, um eine spezielle Lösung zu bestimmen, der allerdings ebenfalls auf der Variation der Konstanten beruht.
Betrachte dazu zunächst eine Differentialgleichung 2. Ordnung

$$\ddot{x}(t) + a_1\dot{x}(t) + a_0 x(t) = b(t)$$

Zwei linear unabhängige Lösungen der homogenen Differentialgleichung

$$\ddot{x}(t) + a_1\dot{x}(t) + a_0 x(t) = 0$$

bezeichnen wir mit v_1 und v_2. Die allgemeine Lösung der homogenen Differentialgleichung ist also $x(t) = c_1 v_1(t) + c_2 v_2(t)$ mit Konstanten c_1 und c_2. Der Philosophie der „Variation der Konstanten"

folgend machen wir für die Lösung der inhomogenen Differentialgleichung den Ansatz
$$x(t) = c_1(t)v_1(t) + c_2(t)v_2(t).$$
Daraus ergibt sich mit der Produktregel sofort
$$\begin{aligned}\dot{x}(t) &= \dot{c}_1(t)v_1(t) + c_1(t)\dot{v}_1(t) + \dot{c}_2(t)v_2(t) + c_2(t)\dot{v}_2(t) \\ &= \underbrace{\dot{c}_1(t)v_1(t) + \dot{c}_2(t)v_2(t)}_{soll\ verschwinden} + c_1(t)\dot{v}_1(t) + c_2(t)\dot{v}_2(t)\end{aligned}$$

Wenn es gelingt, dass die ersten beiden Terme auf der rechten Seite verschwinden, dann ist
$$\ddot{x}(t) = c_1(t)\ddot{v}_1(t) + \dot{c}_1(t)\dot{v}_1(t) + c_2(t)\ddot{v}_2(t) + \dot{c}_2(t)\dot{v}_2(t)$$
und einsetzen in die Gleichung ergibt
$$\begin{aligned}\ddot{x}(t) + a_1\dot{x}(t) + a_0x(t) &= b(t) \\ \Leftrightarrow c_1\ddot{v}_1 + \dot{c}_1\dot{v}_1 + c_2\ddot{v}_2 + \dot{c}_2\dot{v}_2 + a_1c_1(t)\dot{v}_1 + a_1c_2\dot{v}_2 + a_0c_1v_1 + a_0c_2v_2 &= b(t) \\ \Leftrightarrow c_1\ddot{v}_1 + a_1c_1\dot{v}_1 + a_0c_1v_1 + c_2\ddot{v}_2 + a_1c_2\dot{v}_2 + a_0c_2v_2 + \dot{c}_1\dot{v}_1 + \dot{c}_2\dot{v}_2 &= b(t) \\ \Leftrightarrow c_1\underbrace{(\ddot{v}_1 + a_1\dot{v}_1 + a_0v_1)}_{=0} + c_2\underbrace{(\ddot{v}_2 + a_1\dot{v}_2 + a_0v_2)}_{=0} + \dot{c}_1\dot{v}_1 + \dot{c}_2\dot{v}_2 &= b(t) \\ \Leftrightarrow \dot{c}_1\dot{v}_1 + \dot{c}_2\dot{v}_2 &= b(t)\end{aligned}$$

Die Funktionen c_1 und c_2 lassen sich nun aus dem Gleichungssystem
$$\begin{pmatrix} v_1 & v_2 \\ \dot{v}_1 & \dot{v}_2 \end{pmatrix} \begin{pmatrix} \dot{c}_1 \\ \dot{c}_2 \end{pmatrix} = \begin{pmatrix} 0 \\ b \end{pmatrix}$$
und durch Integration bestimmen:
$$\begin{pmatrix} \dot{c}_1 \\ \dot{c}_2 \end{pmatrix} = \begin{pmatrix} v_1 & v_2 \\ \dot{v}_1 & \dot{v}_2 \end{pmatrix}^{-1} \begin{pmatrix} 0 \\ b \end{pmatrix}$$

Beispiel:
In unserem vorigen Beispiel
$$\ddot{x}(t) + \dot{x}(t) - 6x(t) = 5e^{-3t}$$
ist $v_1(t) = e^{-3t}$ und $v_2(t) = e^{2t}$ und $b(t) = 5e^{-3t}$.
Der Ansatz lautet also $x(t) = c_1(t)e^{-3t} + c_2(t)e^{2t}$, wobei c_1, c_2 das lineare Gleichungssystem
$$\begin{pmatrix} \dot{c}_1 \\ \dot{c}_2 \end{pmatrix} = \begin{pmatrix} e^{-3t} & e^{2t} \\ -3e^{-3t} & 2e^{2t} \end{pmatrix}^{-1} \begin{pmatrix} 0 \\ 5e^{-3t} \end{pmatrix} = \begin{pmatrix} \frac{2}{5}e^{3t} & -\frac{1}{5}e^{3t} \\ \frac{3}{5}e^{-2t} & \frac{1}{5}e^{-2t} \end{pmatrix} \begin{pmatrix} 0 \\ 5e^{-3t} \end{pmatrix} = \begin{pmatrix} -1 \\ e^{-5t} \end{pmatrix}$$
löst. Daraus erhält man als mögliche Lösung $c_1(t) = -t$ und $c_2(t) = -\frac{1}{5}e^{-5t}$, eine spezielle Lösung ist also
$$x(t) = -te^{-3t} - \frac{1}{5}e^{-5t}e^{2t} = -te^{-3t} - \frac{1}{5}e^{-3t}.$$
Ein Vergleich mit der oben auf andere Weise berechneten Lösung (oder einfaches Ableiten) genügt, um zu kontrollieren, dass x tatsächlich die Differentialgleichung löst.

Nach diesem Kapitel sollten Sie

... die Begriffe *lineare Differentialgleichung*, *homogene/inhomogene Differentialgleichung* und *autonome/nichtautonome Differentialgleichung* erklären können

... wissen, wie man eine lineare Differentialgleichung n-ter Ordnung in ein System von Differentialgleichungen 1. Ordnung umschreibt

... skalare Differentialgleichungen mittels Trennung der Variablen lösen können

... die Matrixexponentialfunktion definieren und in konkreten Fällen berechnen können

... die Lösung einer Differentialgleichung $\dot{x}(t) = Ax(t)$ mit einer diagonalisierbaren Matrix A bestimmen können

... wissen was eine Fundamentallösung einer Differentialgleichung $\dot{x}(t) = A(t)x(t)$ ist und welche Eigenschaften eine Fundamentallösung hat

... mit Hilfe des Exponentialansatzes lineare Differentialgleichungen $\dot{x}(t) = Ax(t)$ lösen können

... mit Hilfe des Exponentialansatzes lineare Differentialgleichungen n-ter Ordnung mit konstanten Koeffizienten lösen können

... mittels Variation-der-Konstanten Lösungen von inhomogenen linearen Differentialgleichungen bestimmen können

Aufgaben zu Kapitel 12

1. Bestimmen Sie alle Lösungen der Differentialgleichung
$$\dot{a}(t) = -a(t) + \sin(t).$$
Wie verhalten sich die Lösungen für $t \to \infty$?

2. (a) Zeigen Sie, dass die Lösung des Anfangswertproblems
$$\dot{x}(t) = g(t)x(t) + b(t), \quad x(t_0) = x_0$$
mit stetigen Funktionen $g : \mathbb{R} \to \mathbb{R}$ und $b : \mathbb{R} \to \mathbb{R}$ gegeben ist durch
$$x(t) = e^{\int_{t_0}^{t} g(\sigma)\,d\sigma} x_0 + \int_{t_0}^{t} e^{\int_{s}^{t} g(\sigma)\,d\sigma} b(s)\,ds.$$

   (b) Lösen Sie das Anfangswertproblem
$$\dot{x}(t) = 2tx(t) + t, \quad x(0) = 1.$$
Wie verhält sich die Lösung für $t \to \pm\infty$?

3. Bestimmen Sie die Lösungen der linearen Differentialgleichungen

$$\dot{x}(t) = \begin{pmatrix} 1 & 3 & -3 \\ -1 & 1 & 1 \\ -1 & 3 & -1 \end{pmatrix} x(t), \qquad x(0) = \begin{pmatrix} 1 \\ 3 \\ 2 \end{pmatrix},$$

$$\dot{y}(t) = \begin{pmatrix} 2 & 3 & -2 \\ 3 & 4 & -4 \\ 2 & 4 & -3 \end{pmatrix} y(t), \qquad x(0) = \begin{pmatrix} -1 \\ 3 \\ -1 \end{pmatrix}$$

und

$$\dot{z}(t) = \begin{pmatrix} -1 & -3 & 3 \\ -3 & 0 & 2 \\ -3 & -2 & 4 \end{pmatrix} z(t).$$

4. (a) Zeigen Sie, dass für eine stetige Funktion f die allgemeine Lösung der Differentialgleichung

$$\ddot{u}(t) + u(t) = f(t)$$

die Gestalt

$$u(t) = a \cos t + b \sin t + \int_0^t f(s) \sin(t-s)\, ds$$

hat.

(b) Zeigen Sie, dass für 2π-periodische Anregung f die Lösung $u(t)$ ebenfalls 2π-periodisch ist, falls gilt:

$$\int_0^{2\pi} f(s) \sin s\, ds = \int_0^{2\pi} f(s) \cos s\, ds = 0.$$

5. Bestimmen Sie für die Matrix $A = \begin{pmatrix} a & -b \\ b & a \end{pmatrix}$ mit $a \in \mathbb{R}$ und $b > 0$ die Lösungen der Differentialgleichung $\dot{x}(t) = Ax(t)$ und skizzieren Sie für die zugehörigen Phasenportraits für $a = -b$, $a = 0$ und $a = b$.

6. Zeigen Sie, dass das charakteristische Polynom der Matrix

$$A = \begin{pmatrix} 0 & 1 & 0 & 0 & \ldots & 0 & 0 \\ 0 & 0 & 1 & 0 & \ldots & 0 & 0 \\ 0 & 0 & 0 & 1 & \ldots & 0 & 0 \\ \vdots & \vdots & \vdots & \ddots & \ddots & \vdots & \vdots \\ 0 & 0 & 0 & 0 & \ldots & 0 & 1 \\ -a_0 & -a_1 & -a_2 & -a_3 & \ldots & -a_{m-2} & -a_{m-1} \end{pmatrix}$$

die Form

$$\chi_A(\lambda) = (-1)^m \left(\lambda^m + a_{m-1} \lambda^{m-1} + \ldots + a_2 \lambda^2 + a_1 \lambda + a_0 \right)$$

hat.

7. Bestimmen Sie die allgemeinen Lösungen der folgenden Differentialgleichungen:
   (a) $\ddot{x}(t) + 2\dot{x}(t) + 5x(t) = 0$,
   (b) $\ddot{y}(t) + 4y(t) = \cos t$,
   (c) $\ddot{z}(t) + 4z(t) = \cos(2t)$.

8. Wir betrachten zwei identische Pendel, die durch eine Feder gekoppelt sind und für kleine Auslenkwinkel φ_1, φ_2 der Differentialgleichung

$$\ddot{\varphi}_1 + \omega^2 \varphi_1 = \varphi_2 - \varphi_1$$
$$\ddot{\varphi}_2 + \omega^2 \varphi_2 = \varphi_1 - \varphi_2$$

genügen.
Bestimmen Sie die Lösung zur Anfangsbedingung $\varphi_1(0) = 1$, $\varphi_2(0) = 0$, $\dot{\varphi}_1(0) = \dot{\varphi}_2(0) = 0$, d.h. eines der Pendel wird ausgelenkt, während das andere im Ruhezustand ist.

Freiwillig: Skizzieren Sie den Verlauf $\varphi_1(t)$ und $\varphi_2(t)$ mit MATLAB, SCILAB, MAPLE oder einer ähnlichen Software über einen hinreichend großen Zeitraum, zum Beispiel für $\omega = 3$ und $\omega = 10$ auf dem Zeitintervall $[0, 150]$.

9. Berechnen Sie $e^{At} = E + At + \frac{1}{2!}(At)^2 + \frac{1}{3!}(At)^3 + \ldots$ und e^{Bt} für die Matrizen

$$A = \begin{pmatrix} \alpha & 1 \\ 0 & \alpha \end{pmatrix}, \text{ das heißt } At = \begin{pmatrix} \alpha t & t \\ 0 & \alpha t \end{pmatrix} \text{ und } B = \begin{pmatrix} 0 & -1 \\ 1 & 0 \end{pmatrix}$$

mit $\alpha \in \mathbb{R}$.
Leiten Sie zunächst eine Formel für die Potenzen von A bzw. B her und berechnen Sie dann die Koeffizienten der Matrixexponentialfunktion mit Hilfe von bekannten Potenzreihen.

10. Die Spur einer quadratischen Matrix $A = (a_{ij}) \in M(n, \mathbb{R})$ ist definiert als die Summe der Diagonalelemente, das heißt $\text{spur}(A) = \sum_{i=1}^{n} a_{ii}$.
Zeigen Sie: Es gilt

$$\det(e^A) = e^{\text{spur}(A)}.$$

Hinweis: Nehmen Sie zunächst an, dass A diagonalisierbar ist und benutzen Sie die Tatsache, dass die Spur ähnlicher Matrizen übereinstimmt: $\text{spur}(A) = \text{spur}(TAT^{-1})$. Überlegen Sie sich dann, wie man argumentieren kann, wenn A nicht diagonalisierbar ist.

13 Euklidische und unitäre Vektorräume

13.1 Skalarprodukt und Norm

Aus der Schule kennen Sie vermutlich noch den Satz von Pythagoras, nach dem der Abstand eines Punktes (x_1, x_2) zum Punkt $(0,0)$, die „Länge" des Vektors $\binom{x_1}{x_2}$, gegeben ist durch

$$\|x\| = \sqrt{x_1^2 + x_2^2} = \sqrt{x \cdot x}$$

wobei

$$x \cdot y = x_1 y_1 + x_2 y_2$$

das *Skalarprodukt* der Vektoren x und y ist. Auch der Winkel α zwischen den Vektoren x und y lässt sich mit Hilfe des Skalarprodukts durch

$$\cos \alpha = \frac{x \cdot y}{\|x\| \cdot \|y\|}$$

definieren. Wir verallgemeinern nun dieses *Standard-Skalarprodukt*, um es beispielsweise auch im Kontext von Fourierreihen verwenden zu können und verstehen daher unter einem Skalarprodukt eine Abbildung mit gewissen Eigenschaften, die jeweils zwei Vektoren eine Zahl zuordnet.

> **Definition.** *(Skalarprodukt)*
> *Eine Abbildung $\langle \cdot, \cdot \rangle : V \times V \to \mathbb{R}$ heißt* **Skalarprodukt** *auf dem $\mathbb{R}$-Vektorraum V, falls die folgenden drei Bedingungen gelten:*
>
> *(i) $\langle \cdot, \cdot \rangle$ ist linear, d.h.*
>
> $$\langle \alpha x_1 + \beta x_2, y \rangle = \alpha \langle x_1, y \rangle + \beta \langle x_2, y \rangle \quad \text{für } \alpha, \beta \in \mathbb{R} \text{ und } x_1, x_2, y \in V$$
> $$\langle x, \alpha y_1 + \beta y_2 \rangle = \alpha \langle x, y_1 \rangle + \beta \langle x, y_2 \rangle \quad \text{für } \alpha, \beta \in \mathbb{R} \text{ und } x, y_1, y_2 \in V$$
>
> *(ii) $\langle \cdot, \cdot \rangle$ ist symmetrisch: $\langle x, y \rangle = \langle y, x \rangle$*
>
> *(iii) $\langle \cdot, \cdot \rangle$ ist positiv definit: $\langle x, x \rangle > 0$ für alle $x \neq 0$*
>
> *Ein reeller Vektorraum mit einem Skalarprodukt heißt* **euklidischer Vektorraum**.

Bemerkung: Ein Skalarprodukt wird oft auch als *inneres Produkt* bezeichnet, denn hierbei werden Vektoren „innerhalb" des Vektorraums miteinander multipliziert im Gegensatz zur skalaren Multiplikation mit einer Zahl $\alpha \in \mathbb{K}$ von „außerhalb".
Dieselbe Definition auf komplexe Vektoren anzuwenden, würde zu einem Widerspruch führen. Um das einzusehen, betrachtet man $\langle x, x \rangle$ für einen beliebigen Vektor $x \neq 0$. Dann ist wegen Eigenschaft (iii) $\langle x, x \rangle > 0$. Mit Hilfe der Eigenschaften (i) und (ii) wäre dann aber

$$\langle ix, ix \rangle = i \cdot \langle x, ix \rangle = i^2 \langle x, x \rangle = -\langle x, x \rangle < 0$$

im Widerspruch zu (iii). Für komplexe Vektorräume muss man daher die Definition etwas abwandeln.

Definition. *(Skalarprodukt)*
*Eine Abbildung $\langle \cdot, \cdot \rangle : V \times V \to \mathbb{C}$ heißt **Skalarprodukt** auf dem $\mathbb{C}$-Vektorraum V, falls gilt:*

(i) $\langle \cdot, \cdot \rangle$ *ist linear im ersten Argument und konjugiert linear im zweiten Argument:*

$$\langle \alpha x_1 + \beta x_2, y \rangle = \alpha \langle x_1, y \rangle + \beta \langle x_2, y \rangle \quad \text{für } \alpha, \beta \in \mathbb{C} \text{ und } x_1, x_2, y \in V$$
$$\langle x, \alpha y_1 + \beta y_2 \rangle = \bar{\alpha} \langle x, y_1 \rangle + \bar{\beta} \langle x, y_2 \rangle \quad \text{für } \alpha, \beta \in \mathbb{C} \text{ und } x, y_1, y_2 \in V$$

(ii) $\langle x, y \rangle = \overline{\langle y, x \rangle}$

(iii) $\langle \cdot, \cdot \rangle$ *ist positiv definit:* $\langle x, x \rangle > 0$ *für alle* $x \neq 0$

*Ein komplexer Vektorraum mit einem Skalarprodukt heißt **unitärer Vektorraum**.*

Bemerkung:

1. Die Definition des Skalarprodukts für komplexe Vektorräume gilt auch für reelle Vektorräume. In diesem Fall werden überall nur reelle Zahlen komplex konjugiert und daher nicht verändert.

2. Aus Bedingung (ii) folgt $\langle x, x \rangle = \overline{\langle x, x \rangle}$, daher ist $\langle x, x \rangle \in \mathbb{R}$ auch für Vektoren x eines komplexen Vektorraums. Dies erlaubt die folgende Definition.

Definition. *(Norm)*
Die reelle Zahl

$$\|x\| := \sqrt{\langle x, x \rangle}$$

*heißt **Norm** von x oder **Länge** des Vektors x.*

Beispiele:

1. Sei $V = \mathbb{K}^n$ mit $\mathbb{K} = \mathbb{R}$ oder $\mathbb{K} = \mathbb{C}$. Dann nennt man für $x = (x_1, x_2, \ldots, x_n) \in \mathbb{K}^n$ und $x = (y_1, y_2, \ldots, y_n) \in \mathbb{K}^n$

$$\langle x, y \rangle = \sum_{k=1}^n x_k \overline{y_k} = x^T \bar{y}$$

das *kanonische Skalarprodukt* oder *Standardskalarprodukt* auf $\mathbb{K}^n$. In $\mathbb{R}^2$ bzw. $\mathbb{R}^3$ ist $\|x\|$ dann gerade die (euklidische) „Länge" des Vektors x.

2. Auf $\mathbb{R}^2$ kann man aber auch andere Skalarprodukte definieren, beispielsweise

$$\langle \begin{pmatrix} x_1 \\ x_2 \end{pmatrix}, \begin{pmatrix} y_1 \\ y_2 \end{pmatrix} \rangle = 5 x_1 y_1 + 2 x_1 y_2 + 2 x_2 y_1 + x_2 y_2.$$

Die positive Definitheit sieht man hier anhand der Identität

$$\langle \begin{pmatrix} x_1 \\ x_2 \end{pmatrix}, \begin{pmatrix} x_1 \\ x_2 \end{pmatrix} \rangle = 5 x_1^2 + 4 x_1 x_2 + x_2^2 = x_1^2 + (2 x_1 + x_2)^2 \geq 0$$

mit Gleichheit genau dann, wenn $x_1 = 0$ und $2 x_1 + x_2 = 0$, d.h. für $x_1 = x_2 = 0$.

3. Sei $V = C^0([a,b], \mathbb{C})$ der Vektorraum der reellwertigen, stetigen Funktionen auf einem Intervall $[a,b]$. Für zwei Funktionen $f, g \in C^0([a,b], \mathbb{C})$ setzen wir

$$\langle f, g \rangle := \int_a^b f(x) \cdot g(x) \, dx$$

Dass dadurch ein Skalarprodukt definiert wird, hängt mit der Linearität des Integrals zusammen. Sie bedeutet, dass Eigenschaft (i) erfüllt ist. Eigenschaft (ii) ist einfach nachzuweisen, während die positive Definitheit (iii) Konsequenz eines Satzes aus der Analysis ist. Wenn eine stetige, nicht-negative Funktion F an irgendeiner Stelle einen Funktionswert $F(x_0) = a > 0$ hat, dann ist in einer kleinen Umgebung $(x_0 - \delta, x_0 + \delta)$ von x_0 überall $F(x) > \frac{a}{2}$ und das Integral über F ist ebenfalls positiv. Wendet man diese Aussage auf $F(x) := f(x) \cdot f(x) \geq 0$ an, sieht man, dass das Integral über f^2 nur dann 0 ergeben kann, wenn $f^2(x) = 0$ ist für alle $x \in [a,b]$. Dann ist f aber die Nullfunktion.

4. Genauso kann man auf dem Vektorraum $V = C^0([a,b], \mathbb{C})$ der komplexwertigen Funktionen ein Skalarprodukt

$$\langle f, g \rangle := \int_a^b f(x) \cdot \overline{g(x)} \, dx$$

definieren.

Satz 13.1. *(Cauchy-Schwarz-Ungleichung, CSU)*
Sei V ein $\mathbb{K}$-Vektorraum mit einem Skalarprodukt $\langle \cdot, \cdot \rangle$. Dann gilt für alle $x, y \in V$:

$$|\langle x, y \rangle|^2 \leq \langle x, x \rangle \cdot \langle y, y \rangle$$

und Gleichheit gilt genau dann, wenn x und y linear abhängig sind, d.h. falls $x = \lambda y$ für ein $\lambda \in \mathbb{K}$.

Beweis: Falls $y = 0$ ist, dann ist die Ungleichung sicher erfüllt. Wir untersuchen daher nur den Fall $y \neq 0$. Wegen der positiven Definitheit des Skalarprodukts ist

$$\langle x - \lambda y, x - \lambda y \rangle \geq 0$$

für alle $\lambda \in \mathbb{K}$. Mittels Eigenschaften (i) und (ii) folgt daraus

$$\begin{aligned}
\langle x - \lambda y, x - \lambda y \rangle &= \langle x, x \rangle + \langle x, -\lambda y \rangle + \langle -\lambda y, x \rangle + \langle -\lambda y, -\lambda y \rangle \\
&= \langle x, x \rangle - \bar{\lambda} \langle x, y \rangle - \lambda \langle y, x \rangle + \lambda \bar{\lambda} \langle y, y \rangle \\
&= \langle x, x \rangle + -\bar{\lambda} \langle x, y \rangle - \lambda \overline{\langle x, y \rangle} + \lambda \bar{\lambda} \langle y, y \rangle \geq 0.
\end{aligned}$$

Speziell für $\lambda = \dfrac{\langle x, y \rangle}{\langle y, y \rangle}$ gilt also

$$\langle x, x \rangle - \dfrac{\overline{\langle x, y \rangle}}{\langle y, y \rangle} \langle x, y \rangle - \dfrac{\langle x, y \rangle}{\langle y, y \rangle} \overline{\langle x, y \rangle} + \dfrac{\langle x, y \rangle}{\langle y, y \rangle} \dfrac{\overline{\langle x, y \rangle}}{\langle y, y \rangle} \langle y, y \rangle = \langle x, x \rangle - \dfrac{\overline{\langle x, y \rangle}}{\langle y, y \rangle} \langle x, y \rangle \geq 0.$$

Daraus folgt dann

$$\overline{\langle x, y \rangle} \langle x, y \rangle \leq \langle x, x \rangle \langle y, y \rangle.$$

Gleichheit gilt wegen der positiven Definitheit des Skalarprodukts schon in der ersten Ungleichung nur dann, wenn $x - \lambda y = 0$ ist. □

Die Cauchy-Schwarz-Ungleichung wird in der Theoretischen Physik beispielsweise benutzt, um die Heisenbergsche Unschärferelation herzuleiten.

Sie kann auch benutzt werden, um Ungleichungen für reelle oder komplexe Zahlen zu beweisen.

Beispiel: Für beliebige $a_1, a_2, \ldots, a_n \in \mathbb{R}$ gilt

$$(a_1^2 + a_2^2 + \ldots + a_n^2)(a_1^4 + a_2^4 + \ldots + a_n^4) \geq (a_1^3 + a_2^3 + \ldots + a_n^3)^2$$

Dazu wendet man einfach die Cauchy-Schwarz-Ungleichung auf die Vektoren $(a_1, a_2, \ldots, a_n)^T$ und $(a_1^2, a_2^2, \ldots, a_n^2)^T$ im $\mathbb{R}^n$ mit dem Standardskalarprodukt an.

Eine Konsequenz aus der Cauchy-Schwarz-Ungleichung ist die Dreiecksungleichung für die von einem Skalarprodukt induzierte Norm auf V.

Satz 13.2. *(Dreiecksungleichung)*
Sei V ein reeller oder komplexer Vektorraum mit einem Skalarprodukt $\langle \cdot, \cdot \rangle$. Dann gilt für alle $x, y \in V$ die Dreiecksungleichung

$$\|x + y\| \leq \|x\| + \|y\|.$$

Beweis:
$$\begin{aligned}
\|x + y\|^2 &= \langle x + y, x + y \rangle \\
&= \langle x, x \rangle + \langle x, y \rangle + \langle y, x \rangle + \langle y, y \rangle \\
&= \langle x, x \rangle + \langle x, y \rangle + \overline{\langle x, y \rangle} + \langle y, y \rangle \\
&= \langle x, x \rangle + 2 \operatorname{Re}(\langle x, y \rangle) + \langle y, y \rangle \\
&\leq \langle x, x \rangle + 2 \,|\langle x, y \rangle)\,| + \langle y, y \rangle \\
&\leq \|x\|^2 + 2\|x\|\|y\| + \|y\|^2 \quad \text{(Cauchy-Schwarz-Ungleichung!)} \\
&= (\|x\| + \|y\|)^2
\end{aligned}$$

Da beide Seiten nicht-negativ sind, folgt daraus die gewünschte Ungleichung. □

Etwas allgemeiner definiert man

Definition.
*Sei V ein Vektorraum über $\mathbb{K} = \mathbb{R}$ oder $\mathbb{K} = \mathbb{C}$. Dann heißt eine Abbildung $\|\cdot\| : V \to \mathbb{R}$ **Norm auf** V, falls die folgenden Bedingungen erfüllt sind:*

▶ $\|x\| \geq 0$ *für alle $x \in V$ mit Gleichheit genau dann, wenn $x = 0$ ist,*

▶ $\|\lambda x\| = |\lambda| \cdot \|x\|$ *für alle $x \in V$ und alle $\lambda \in \mathbb{K}$.*

▶ $\|x + y\| \leq \|x\| + \|y\|$ *(Dreiecksungleichung)*

Einen Vektorraum mit einer Norm nennt man einen normierten Vektorraum.

Bemerkung: Es gibt (viele) normierte Vektorräume, deren Norm *nicht* von einem Skalarprodukt abgeleitet werden können, beispielsweise die Supremumsnorm

$$\|f\|_{C^0} = \sup_{x \in [a,b]} |f(x)|$$

auf dem Raum $C^0([a,b], \mathbb{R})$ der stetigen Funktionen auf dem Intervall $[a,b]$. Andererseits gilt: Wenn eine Norm von einem Skalarprodukt abgeleitet ist, dann ist dieses Skalarprodukt auch eindeutig durch die Norm bestimmt. Man kann nämlich mit Hilfe des folgenden Satzes alle Skalarprodukte $\langle x, y \rangle$ aus Normen bestimmter Vektoren konstruieren.

Satz 13.3. *(Polarisationsformeln)*

(a) Sei V ein reeller Vektorraum mit einem Skalarprodukt $\langle \cdot, \cdot \rangle$. Dann gilt für alle $x, y \in V$:

$$\langle x, y \rangle = \frac{1}{4} \left(\|x+y\|^2 - \|x-y\|^2 \right).$$

(b) Sei V ein komplexer Vektorraum mit einem Skalarprodukt $\langle \cdot, \cdot \rangle$. Dann gilt für alle $x, y \in V$:

$$\langle x, y \rangle = \frac{1}{4} \left(\|x+y\|^2 - \|x-y\|^2 + i\|x+iy\|^2 - i\|x-iy\|^2 \right).$$

Beweis:

(a) Zunächst ist

$$\|x+y\|^2 = \langle x+y, x+y \rangle = \langle x,x \rangle + 2\langle x,y \rangle + \langle y,y \rangle \quad \text{und}$$
$$\|x-y\|^2 = \langle x+y, x+y \rangle = \langle x,x \rangle - 2\langle x,y \rangle + \langle y,y \rangle$$

Subtrahiert man diese beiden Gleichungen voneinander erhält man

$$\|x+y\|^2 - \|x-y\|^2 = 4\langle x,y \rangle$$

und ist fertig.

(b) Es ist

$$\|x+y\|^2 = \langle x+y, x+y \rangle = \langle x,x \rangle + 2\operatorname{Re}\langle x,y \rangle + \langle y,y \rangle,$$
$$\|x-y\|^2 = \langle x-y, x-y \rangle = \langle x,x \rangle - 2\operatorname{Re}\langle x,y \rangle + \langle y,y \rangle,$$
$$\|x+iy\|^2 = \langle x+iy, x+iy \rangle = \langle x,x \rangle + 2\operatorname{Im}\langle x,y \rangle - \langle y,y \rangle \quad \text{und}$$
$$\|x-iy\|^2 = \langle x-iy, x-iy \rangle = \langle x,x \rangle - 2\operatorname{Im}\langle x,y \rangle - \langle y,y \rangle.$$

Addiert man die entsprechenden Vielfachen dieser Terme, ergibt sich das gewünschte Resultat. □

Mit Hilfe des Skalarprodukts lassen sich auch *Winkel* zwischen Vektoren definieren.

Definition. *(Winkel)*
*Sei V ein euklidischer Vektorraum mit Skalarprodukt $\langle \cdot, \cdot \rangle$. Für zwei Vektoren $x, y \neq 0$ ist der **Winkel** $\angle(x,y) := \alpha \in [0, \pi]$ zwischen x und y die eindeutig bestimmte relle Zahl, für die*

$$\cos \alpha = \frac{\langle x,y \rangle}{\|x\| \, \|y\|}$$

ist.

Dabei benutzt man einerseits die Cauchy-Schwarz-Ungleichung, die besagt, dass dieser Quotient zwischen -1 und 1 liegt und andererseits die Monotonie der Cosinusfunktion auf dem Intervall $[0, \pi]$, die dann zu diesem Quotienten ein eindeutiges α liefert.

Satz 13.4. *(Cosinussatz)*
Sei V ein euklidischer Vektorraum mit Skalarprodukt $\langle \cdot, \cdot \rangle$ und $x, y \in V$ mit $x, y \neq 0$. Dann gilt

$$\|x - y\|^2 = \|x\|^2 + \|y\|^2 - 2\|x\| \, \|y\| \cos \alpha$$

wobei $\alpha = \angle(x, y)$.
Speziell für $\angle(x, y) = \frac{\pi}{2}$, d.h. für $\langle x, y \rangle = 0$ wird daraus der Satz des Pythagoras

$$\|x - y\|^2 = \|x\|^2 + \|y\|^2.$$

Beweis: Es ist

$$\begin{aligned}
\|x - y\|^2 &= \langle x - y, x - y \rangle \\
&= \langle x, x \rangle - 2\langle x, y \rangle + \langle y, y \rangle \\
&= \|x\|^2 + \|y\|^2 - 2\|x\| \cdot \|y\| \frac{\langle x, y \rangle}{\|x\| \, \|y\|} \\
&= \|x\|^2 + \|y\|^2 - 2\|x\| \cdot \|y\| \cos \alpha
\end{aligned}$$

$\square$

13.2 Orthonormalsysteme

Definition. *(orthogonal)*
Sei V ein Vektorraum mit Skalarprodukt $\langle \cdot, \cdot \rangle$.

(i) *Zwei Vektoren $x, y \in V$ heißen **orthogonal** zueinander, falls $\langle x, y \rangle = 0$.*

(ii) *Etwas allgemeiner heißen zwei nichtleere Mengen $X, Y \subseteq V$ orthogonal zueinander, wenn $\langle x, y \rangle = 0$ für alle $x \in X$ und alle $y \in Y$. Dabei müssen X und Y keine Untervektorräume sein.*

(iii) *Sei $M \subseteq V$ eine nichtleere Teilmenge von V. Dann heißt*

$$M^\perp = \{v \in V; \; \langle v, m \rangle = 0 \; \text{für alle } m \in M\}$$

das orthogonale Komplement von M.

Bemerkung: Das orthogonale Komplement $M^\perp$ ist immer ein Untervektorraum von V, auch dann, wenn M selbst kein Untervektorraum ist, denn mit zwei Vektoren $v_1, v_2 \in M^\perp$ ist auch $\langle v_1 + v_2, m \rangle = \langle v_1, m \rangle + \langle v_2, m \rangle = 0$ und $\langle \alpha v_1, m \rangle = \alpha \langle v_1, m \rangle = 0$ für alle $m \in M$.

Definition. *(Orthonormalsystem)*
Sei V ein Vektorraum mit Skalarprodukt $\langle \cdot, \cdot \rangle$.

(i) *Eine Menge $E \subseteq V$ heißt **Orthogonalsystem**, falls für $x, y \in E$ mit $x \neq y$ immer $\langle x, y \rangle = 0$ gilt.*

(ii) *Eine Menge $E \subseteq V$ heißt **Orthonormalsystem** (ON-System), falls für $x, y \in E$ gilt:*

$$\langle x, y \rangle = \begin{cases} 1 & \text{für } x = y \\ 0 & \text{für } x \neq y \end{cases}$$

(iii) *Eine **Orthonormalbasis** (ON-Basis) ist eine Basis von V, die ein Orthonormal-System ist.*

Anschaulich bedeutet das: Vektoren eines Orthonormalsystems haben die Länge 1 und stehen paarweise senkrecht aufeinander.

Beispiele:

1. Die Menge
$$\left\{ \begin{pmatrix} \cos\varphi \\ \sin\varphi \end{pmatrix}, \begin{pmatrix} -\sin\varphi \\ \cos\varphi \end{pmatrix} \right\}$$
ist für jedes beliebige $\varphi \in \mathbb{R}$ eine Orthonormalbasis des $\mathbb{R}^2$.

2. Im $\mathbb{R}^3$ sind Orthonormalbasen beispielsweise
$$\left\{ \begin{pmatrix} \cos\varphi \cos\theta \\ \cos\varphi \sin\theta \\ -\sin\varphi \end{pmatrix}, \begin{pmatrix} \sin\varphi \cos\theta \\ \sin\varphi \sin\theta \\ \cos\varphi \end{pmatrix}, \begin{pmatrix} -\sin\theta \\ \cos\theta \\ 0 \end{pmatrix} \right\}$$

3. Der Vektorraum
$$\ell^2 = \{a = (a_n)_{n \in \mathbb{N}}; \sum_{n=1}^{\infty} a_n^2 < \infty\}$$
der quadratsummierbaren Folgen enthält sicherlich die Folge
$$E_j = (0, 0, 0, 0, \ldots, 0, 1, 0, 0, \ldots),$$
die an der j-ten Stelle eine Eins enthält, und sonst aus Nullen besteht.

Mit dem ℓ^2-Skalarprodukt $\langle a, b \rangle = \sum_{n=1}^{\infty} a_n b_n$ ist dann $\langle E_j, E_k \rangle = 0$ für $j \neq k$ und $\langle E_j, E_j \rangle = 1$.
Die Menge der Folgen $E_1, E_2, E_3, \ldots$ bildet also ein Orthonormalsystem.
Allerdings ist diese Menge keine Orthonormalbasis, denn dann müsste sich jede Folge aus ℓ^2 als eine *endliche* Linearkombination der E_j schreiben lassen. Dann wären aber nur endlich viele Glieder der Folge von Null verschieden. Wir wissen aber aus Kapitel 2 über Folgen und Reihen in *Mathematik für Physiker 1*, dass ℓ^2 auch Folgen enthält, deren Glieder alle von Null verschieden sind.
Zum Beispiel ist die Folge $(1, \frac{1}{2}, \frac{1}{3}, \frac{1}{4}, \ldots)$ in ℓ^2 enthalten, da $1 + \frac{1}{2^2} + \frac{1}{3^2} + \frac{1}{4^2} + \ldots < \infty$. Daher kann die Menge $\{E_1, E_2, E_3, \ldots\}$ keine Orthonormal-Basis sein.

Das letzte Beispiel ist nicht untypisch: Man kann für viele unendlich-dimensionale euklidische Vektorräume Orthonormal-Systeme angeben, kennt aber keine explizite Orthonormal-*Basis*.

Satz 13.5.
Sei $B = \{b_1, b_2, \ldots, b_n\}$ eine Orthonormalbasis eines n-dimensionalen euklidischen oder unitären Vektorraums V. Dann gilt für alle $x \in V$
$$x = \sum_{k=1}^{n} \langle x, b_k \rangle b_k$$
d.h. die Koordinaten von x bezüglich der Basis B sind gerade die Skalarprodukte $\langle x, b_k \rangle$.

Beweis: Da B eine Basis ist, lässt sich jedes $x \in V$ als Linearkombination
$$x = \alpha_1 b_1 + \alpha_2 b_2 + \ldots \alpha_n b_n = \sum_{k=1}^{n} \alpha_k b_k$$

mit eindeutig bestimmten Koordinaten α_k darstellen. Wegen der Linearität des Skalarprodukts im ersten Argument gilt für jedes $j \in \{1, 2, \ldots, n\}$

$$\langle x, b_j \rangle = \langle \sum_{k=1}^{n} \alpha_k b_k, b_j \rangle = \sum_{k=1}^{n} \langle \alpha_k b_k, b_j \rangle = \sum_{k=1}^{n} \alpha_k \langle b_k, b_j \rangle$$

Nun nutzt man noch die Orthonormalität der Basis B aus und sieht, dass in der Summe nur ein Term ungleich Null ist, nämlich $\langle b_j, b_j \rangle = 1$. Also ist

$$\langle x, b_j \rangle = \alpha_j \quad \text{für alle } j.$$

$\square$

Beispiel: Ein *trigonometrisches Polynom* vom Grad m ist eine 2π-periodische Funktion der Form

$$f(x) = \frac{1}{2} a_0 + a_1 \cos(x) + b_1 \sin(x) + a_2 \cos(2x) + b_2 \sin(2x) + \ldots + a_m \cos(mx) + b_m \sin(mx)$$

mit $a_m \neq 0$ oder $b_m \neq 0$. Wir bezeichnen mit $\mathcal{T}_m$ die Menge aller trigonometrischen Polynome vom Grad $\leq m$. Mit der üblichen Addition und skalaren Multiplikation stetiger Funktionen wird $\mathcal{T}_m$ zu einem Vektorraum. Wie wir schon in Abschnitt 13.1. gesehen haben ist durch

$$\langle f, g \rangle = \int_0^{2\pi} f(x) \cdot g(x) \, dx$$

ein Skalarprodukt auf $\mathcal{T}_m$ erklärt.

Behauptung: Die $2m + 1$ Funktionen

$$\frac{1}{\sqrt{2\pi}}, \ \frac{1}{\sqrt{\pi}} \cos(x), \ \frac{1}{\sqrt{\pi}} \sin(x), \ \frac{1}{\sqrt{\pi}} \cos(2x), \ \frac{1}{\sqrt{\pi}} \sin(2x), \ldots, \ \frac{1}{\sqrt{\pi}} \cos(mx), \ \frac{1}{\sqrt{\pi}} \sin(mx)$$

bilden eine Orthonormal-Basis von $\mathcal{T}_m$.

Dazu muss man Integrale der Form

$$\int_0^{2\pi} \sin(kx) \cos(\ell x) \, dx, \quad \int_0^{2\pi} \sin(kx) \sin(\ell x) \, dx \quad \text{und} \quad \int_0^{2\pi} \cos(kx) \cos(\ell x) \, dx$$

für $0 \leq k, \ell \leq m$ berechnen. Das kann man auf verschiedene Arten mit Hilfe von Additionstheoremen tun. Beispielsweise ist

$$\int_0^{2\pi} \sin(kx) \cos(\ell x) \, dx = \frac{1}{2} \int_0^{2\pi} \sin((k+\ell)x) \, dx + \frac{1}{2} \int_0^{2\pi} \sin((k-\ell)x) \, dx = 0$$

oder man rechnet im Komplexen:

$$\int_0^{2\pi} \sin(kx) \cos(\ell x) \, dx = \int_0^{2\pi} \frac{1}{2i} \left(e^{ikx} - e^{-ikx} \right) \cdot \frac{1}{2} \left(e^{i\ell x} + e^{-i\ell x} \right) \, dx$$

$$= \frac{1}{4i} \int_0^{2\pi} \left(e^{i(k+\ell)x} - e^{-i(k-\ell)x} + e^{i(k-\ell)x} - e^{-i(k+\ell)x} \right) \, dx$$

$$= \frac{1}{4i} \left[\frac{e^{i(k+\ell)x}}{i(k+\ell)} - \frac{e^{-i(k-\ell)x}}{-i(k-\ell)} + \frac{e^{i(k-\ell)x}}{i(k-\ell)} - \frac{e^{-i(k+\ell)x}}{-i(k+\ell)} \right]_{x=0}^{2\pi} \, dx = 0$$

wobei die Rechnung für den Fall $k = \ell$ leicht abgewandelt werden muss.

Wenn man ein trigonometrisches Polynom $f \in \mathcal{T}_m$ als Linearkombination dieser Basisfunktionen

$$f(x) = \tilde{a}_0 \frac{1}{\sqrt{2\pi}} + \tilde{a}_1 \frac{\cos(x)}{\sqrt{\pi}} + \tilde{b}_1 \frac{\sin(x)}{\sqrt{\pi}} + \tilde{a}_2 \frac{\cos(2x)}{\sqrt{\pi}} + \tilde{b}_2 \frac{\sin(2x)}{\sqrt{\pi}} + \ldots + \tilde{a}_m \frac{\cos(mx)}{\sqrt{\pi}} + \tilde{b}_m \frac{\sin(mx)}{\sqrt{\pi}}$$

schreibt, dann ergeben sich als Koordinaten

$$\tilde{a}_0 = \langle f(x), \frac{1}{\sqrt{2\pi}} \rangle = \frac{1}{\sqrt{2\pi}} \int_0^{2\pi} f(x)\,\mathrm{d}x \quad \Rightarrow \quad a_0 = 2 \frac{\tilde{a}_0}{\sqrt{2\pi}} = \frac{1}{\pi} \int_0^{2\pi} f(x)\,\mathrm{d}x$$

$$\tilde{a}_k = \langle f(x), \frac{\cos(kx)}{\sqrt{\pi}} \rangle = \frac{1}{\sqrt{\pi}} \int_0^{2\pi} f(x)\cos(kx)\,\mathrm{d}x \quad \Rightarrow \quad a_k = \frac{1}{\pi} \int_0^{2\pi} f(x)\cos(kx)\,\mathrm{d}x, \; k \geq 1$$

$$\tilde{b}_k = \langle f(x), \frac{\sin(kx)}{\sqrt{\pi}} \rangle = \frac{1}{\sqrt{\pi}} \int_0^{2\pi} f(x)\sin(kx)\,\mathrm{d}x \quad \Rightarrow \quad b_k = \frac{1}{\pi} \int_0^{2\pi} f(x)\sin(kx)\,\mathrm{d}x$$

Diese Formel kann man auch für 2π-periodische Funktionen f benutzen, um sie als *Fourier-Reihe* mit unendlich vielen *Fourier-Koeffizienten* a_k und b_k darzustellen. Dabei handelt es sich dann nicht mehr um eine Linearkombination, sondern um eine Funktionenreihe, und man muss sich mit Fragen wie der Konvergenz bzw. gleichmäßigen Konvergenz befassen.

Satz 13.6. (*Orthogonalprojektion*)
Sei V ein Vektorraum mit Skalarprodukt, $U \subseteq V$ ein endlich-dimensionaler Unterraum von V und $\{u_1, u_2, \ldots, u_n\}$ eine Orthonormal-Basis von U. Definiert man die Abbildung $P : V \to V$ durch

$$Pv := \sum_{k=1}^n \langle v, u_k \rangle u_k$$

dann gilt:

(a) P ist eine lineare Abbildung

(b) $\|v - Pv\| = \min\{\|v - u\|; \; u \in U\}$, d.h. Pv ist der Punkt in U mit dem kleinsten Abstand zu v.

(c) $\|v - Pv\| = \|v\|^2 - \sum_{k=1}^n |\langle v, u_k \rangle|^2$

(d) $v - Pv \perp U$, d.h. $\langle v - Pv, u \rangle = 0$ für alle $u \in U$

(e) P ist eine Projektion, d.h. $P^2 = P$,

(f) $\langle v, Pw \rangle = \langle Pv, w \rangle$ für alle $v, w \in V$

Die Abbildung P heißt Orthogonalprojektion *von V auf U.*

Beweis:

(a) Jede der Abbildungen $v \mapsto \langle v, u_k \rangle u_k$ ist eine lineare Abbildung, also auch die Summe.

(b) Wir berechnen für einen beliebigen Vektor $u = \sum_{k=1}^n \lambda_k u_k$ aus U den Abstand von v:

$$\|v - \sum_{k=1}^n \lambda_k u_k\|^2 = \langle v - \sum_{k=1}^n \lambda_k u_k, v - \sum_{k=1}^n \lambda_k u_k \rangle = \|v\|^2 - \sum_{k=1}^n |\langle v, u_k \rangle|^2 + \sum_{k=1}^n |\lambda_k - \langle v, u_k \rangle|^2$$

Man sieht sofort, dass dieser Ausdruck minimal wird, wenn man $\lambda_k = \langle v, u_k \rangle$ wählt und die letzte Summe wegfällt.

(c) folgt aus (b)

(d) $\langle v - Pv, u_j \rangle = \langle v - \sum_{k=1}^{n} \langle v, u_k \rangle u_k, u_j \rangle = \langle v - \langle v, u_j \rangle u_j, u_j \rangle = \langle v, u_j \rangle - \langle v, u_j \rangle \cdot \underbrace{\langle u_j, u_j \rangle}_{=1} = 0$

(e) Da $Pv \in U$ liegt, gilt wegen (a) $P(Pv) = Pv$.

(f) $\langle v, Pw \rangle - \langle Pv, w \rangle = \langle \underbrace{v - Pv}_{\in U^\perp}, \underbrace{Pw}_{\in U} \rangle - \langle Pv, w - Pw \rangle$.

$\square$

Bemerkung: Nun können wir die Partialsummen von Fourier-Reihen noch etwas anders verstehen. Der Raum $\mathcal{T}_m$ der trigonometrischen Polynome vom Grad $\leq m$ ist ein Untervektorraum des Raums $C^0_{2\pi}$ der 2π-periodischen stetigen Funktionen, der mit dem Skalarprodukt

$$\langle f, g \rangle = \int_0^{2\pi} f(x) \cdot g(x) \, dx$$

versehen ist. Zu einer 2π-periodischen Funktion f ist dann

$$F_m(f) = \sum_{k=0}^{m} a_k \cos(kx) + b_k \sin(kx)$$

mit den Fourier-Koeffizienten a_k und b_k die beste Approximation von f durch ein trigonometrisches Polynom aus $\mathcal{T}_m$ bezüglich der vom Skalarprodukt induzierten Norm. Es ist also

$$\|F_m(f) - f\|^2 = \min_{g \in \mathcal{T}_m} \|g - f\|^2 = \min_{g \in \mathcal{T}_m} \int_0^{2\pi} (g(x) - f(x))^2 \, dx.$$

Satz 13.7.
Sei V ein Vektorraum mit Skalarprodukt und U ein endlich-dimensionaler Untervektorraum von V. Dann gilt:

$$V = U \oplus U^\perp$$

Beweis: Sei $\{u_1, u_2, \ldots, u_n\}$ eine ON-Basis von U. Dann ist $x = x_U + (x - x_U)$, wobei

$$x_U = \sum_{k=1}^{n} \langle x, u_k \rangle u_k$$

die Projektion von x auf U ist. Damit ist $x_U \in U$ und wegen

$$\langle x - x_U, u_j \rangle = \langle x, u_j \rangle - \langle \sum_{k=1}^{n} \langle x, u_k \rangle u_k, u_j \rangle = \langle x, u_k \rangle - \sum_{k=1}^{n} \langle x, u_k \rangle \langle u_k, u_j \rangle = 0$$

ist $x - x_U \in U^\perp$.
Außerdem gilt $U \cap U^\perp = \{0\}$, denn falls $v \in U^\perp \cap U$, dann ist $\langle v, u \rangle = 0$ für alle $u \in U$, insbesondere also auch $\langle v, v \rangle = 0$. Wegen der positiven Definitheit des Skalarprodukts folgt hieraus sofort $v = 0$.

$\square$

Bemerkung: In unendlich-dimensionalen Vektorräumen ist diese Aussage nicht immer richtig. Man kann zeigen, dass sie immer noch stimmt, wenn U ein abgeschlossener Unterraum eines Hilbertraums ist.

Wir haben noch nicht darüber nachgedacht, ob es in jedem Vektorraum mit Skalarprodukt überhaupt eine Orthonormalbasis gibt. Diese Frage lässt sich für endlich-dimensionale Vektorräume positiv beantworten.

Satz 13.8. *(Gram-Schmidtsches Orthonormalisierungsverfahren)*
Sei V ein Vektorraum mit Skalarprodukt und $\{a_1, a_2, a_3, \ldots\}$ sei eine endliche oder abzählbar unendliche Menge von linear unabhängigen Vektoren. Dann findet man Vektoren $v_1, v_2, \ldots$ so, dass $\{v_1, v_2, \ldots, v_n\}$ für jedes n ein Orthonormalsystem bilden und außerdem

$$\operatorname{span}(v_1, v_2, \ldots, v_n) = \operatorname{span}(a_1, a_2, \ldots, a_n)$$

ist. Insbesondere besitzt also jeder endlich-dimensionale euklidische oder unitäre Vektorraum eine Orthonormalbasis.

Beweis: Wir geben ein konstruktives Verfahren an, wie man aus der Menge $\{a_1, a_2, a_3, \ldots\}$ ein Orthonormalsystem $\{v_1, v_2, v_3, \ldots\}$ machen kann.
1. Schritt: Wir setzen $v_1 := \dfrac{a_1}{\|a_1\|}$, dann ist $\|v_1\| = 1$ und $\operatorname{span}(v_1) = \operatorname{span}(a_1) =: V_1$.
2. Schritt: Sei P_1 die Orthogonalprojektion auf V_1. Dann gilt

$$a_2 - P_1 a_2 \perp V_1, \text{d.h. } \langle a_2 - P_1 a_2, v \rangle = 0 \text{ für alle } v \in V_1.$$

Außerdem ist $a_2 - P_1 a_2 \neq 0$, da a_2 und a_1 linear unabhängig waren. Normiert man diesen Vektor nun, indem man

$$v_2 := \frac{a_2 - P_1 a_2}{\|a_2 - P_1 a_2\|}$$

setzt, hat man schon mal zwei Vektoren der Länge 1, die senkrecht aufeinander stehen. Da v_2 eine Linearkombination aus a_2 und a_1 ist, muss $\operatorname{span}(v_1, v_2) = \operatorname{span}(a_1, a_2)$ sein.
n. Schritt: Wenn man schon $n-1$ Vektoren $v_1, v_2, \ldots, v_{n-2}$ der Länge 1 konstruiert hat, die jeweils senkrecht aufeinander stehen und für die $\operatorname{span}(a_1, a_2, \ldots, a_{n-1}) = \operatorname{span}(v_1, v_2, \ldots, v_{n-1}) =: V_{n-1}$ gilt, dann setzt man

$$\tilde{v}_n := a_n - P_{n-1} a_n = a_n - \sum_{k=1}^{n-1} \langle a_n, v_k \rangle v_k,$$

wobei P_{n-1} die orthogonale Projektion auf V_{n-1} ist. Da $\{a_1, \ldots, a_n\}$ linear unabhängig ist, liegt a_n nicht in V_{n-1} und somit ist $\tilde{v}_n \neq 0$. Außerdem steht $\tilde{v}_n$ wie man leicht nachrechnet senkrecht auf den Vektoren $v_1, v_2, \ldots, v_{n-1}$. Normiert man noch, indem man $v_n := \dfrac{\tilde{v}_n}{\|\tilde{v}_n\|}$ setzt, hat man ein Orthonormalsystem mit $\operatorname{span}\{v_1, v_2, \ldots, v_n\} = \operatorname{span}\{a_1, a_2, \ldots, a_n\}$. □

Eine Folgerung aus dem Gram-Schmidt-Verfahren ist, dass man in jedem endlich-dimensionalen euklidischen Vektorraum eine Orthonormal-Basis konstruktiv bestimmen kann.
Beispiel:

1. Im $\mathbb{C}^3$ spannen die Vektoren $a_1 = \begin{pmatrix} 1 \\ i \\ 0 \end{pmatrix}$ und $a_2 = \begin{pmatrix} 1 \\ 0 \\ i \end{pmatrix}$ einen zweidimensionalen Unterraum auf. Um eine Orthonormalbasis für diesen Unterraum zu konstruieren normiert man zunächst v_1 und erhält

$$\|a_1\| = \sqrt{2} \quad \Rightarrow \quad v_1 = \frac{a_1}{\|a_1\|} = \frac{1}{\sqrt{2}} \begin{pmatrix} 1 \\ i \\ 0 \end{pmatrix}.$$

Da a_2 nicht orthogonal zu v_1 ist, muss man den Teil subtrahieren, der „in Richtung von v_1" zeigt und erhält so

$$\tilde{v}_2 = a_2 - \langle a_2, v_1 \rangle v_1 = \begin{pmatrix} 1 \\ 0 \\ i \end{pmatrix} - \langle \begin{pmatrix} 1 \\ 0 \\ i \end{pmatrix}, \begin{pmatrix} \frac{1}{\sqrt{2}} \\ \frac{i}{\sqrt{2}} \\ 0 \end{pmatrix} \rangle \begin{pmatrix} \frac{1}{\sqrt{2}} \\ \frac{i}{\sqrt{2}} \\ 0 \end{pmatrix} = \begin{pmatrix} \frac{1}{2} \\ -\frac{i}{2} \\ i \end{pmatrix}$$

Als Letztes muss man diesen Vektor noch normieren und erhält

$$v_2 = \frac{a_2}{\|a_2\|} = \begin{pmatrix} \frac{1}{\sqrt{6}} \\ -\frac{i}{\sqrt{6}} \\ \frac{2i}{\sqrt{6}} \end{pmatrix}$$

2. Der Vektorraum aller Polynome auf dem Intervall $[-1, 1]$ besitzt die aus unendlich vielen Vektoren bestehende Basis $\{1, x, x^2, x^3, \ldots\}$. Man kann ihn mit dem Skalarprodukt

$$\langle f, g \rangle = \int_{-1}^{1} f(x) g(x) \, \mathrm{d}x$$

zu einem euklidischen Vektorraum machen. Bezüglich dieses Skalarprodukts ist die angegebene Basis aber keineswegs orthonormal. Mit Hilfe des Gram-Schmidt-Verfahrens kann man sich nun eine Basis verschaffen, die ein Orthonormalsystem ist und die aus einem Polynom 0. Grades, einem Polynom 1. Grades, einem Polynom 2. Grades etc. besteht. Die Polynome, die man auf diese Weise erhält, sind eng verwandt mit den *Legendre-Polynomen*, die in der Quantenmechanik und der Elektrodynamik eine wichtige Rolle spielen.

13.3 Die adjungierte Abbildung

Ein interessanter Aspekt des orthogonalen Komplements ist der Zusammenhang zwischen Bild und Kern einer linearen Abbildung in einem euklidischen oder unitären Vektorraum.
Wir beginnen zuerst mit dem wichtigsten Spezialfall. Sei $A : \mathbb{R}^n \to \mathbb{R}^m$ eine lineare Abbildung und $\mathbb{R}^n$ bzw. $\mathbb{R}^m$ seien mit dem kanonischen Skalarprodukt versehen. Dann ist A durch eine reelle $m \times n$–Matrix gegeben und ein Vektor $x \in \mathbb{R}^n$ liegt im Kern von A, wenn $Ax = 0$ ist. Das bedeutet aber, dass jeder Zeilenvektor der Matrix A senkrecht auf x steht. Die Zeilen von A sind aber gerade die Spalten von A^T, d.h. x ist orthogonal zu allen Spalten von A^T und damit orthogonal zu dem von den Spalten aufgespannten Untervektorraum Bild(A^T). Umgekehrt sieht man, dass ein Vektor aus dem orthogonalen Komplement des Bilds von A^T immer zum Kern von A gehört, das heißt, es gilt:

$$\text{Kern } A = (\text{Bild}\, (A^T))^{\perp}$$

Mit derselben Argumentation zeigt man, dass auch

$$\text{Kern } A^T = (\text{Bild } A)^{\perp}$$

ist.
Ganz analog kann man auch Abbildungen $C : \mathbb{C}^n \to \mathbb{C}^m$ betrachten, die dann durch eine komplexe $m \times n$–Matrix C beschrieben werden. In diesem Fall ist $Cx = 0$ gleichbedeutend mit $x \perp \text{Bild}\,(\overline{C}^T)$.

13.3 Die adjungierte Abbildung

Mit dem Standardskalarprodukt $\langle u, v \rangle = u^T \overline{v}$ auf $\mathbb{C}^m$ ergibt sich

$$\begin{aligned}
x \in \text{Kern}(C) &\Leftrightarrow Cx = 0 \Leftrightarrow \langle Cx, y \rangle = 0 \text{ für alle } y \in \mathbb{C}^m \\
&\Leftrightarrow (Cx)^T \overline{y} = x^T C^T \overline{y} = x^T \overline{\overline{C}^T} y = 0 \text{ für alle } y \in \mathbb{C}^m \\
&\Leftrightarrow \langle x, \overline{C}^T y \rangle = 0 \text{ für alle } y \in \mathbb{C}^m \\
&\Leftrightarrow x \perp \overline{C}^T y \text{ für alle } y \in \mathbb{C}^m \\
&\Leftrightarrow x \perp \text{Bild}(\overline{C}^T)
\end{aligned}$$

Allgemeiner kann man auch lineare Abbildungen $f : V \to W$ zwischen beliebigen Vektorräumen V und W mit Skalarprodukten $\langle \cdot, \cdot \rangle_V$ bzw. $\langle \cdot, \cdot \rangle_W$ betrachten.

Definition. *(adjungierte Abbildung)*
*Die Abbildung $f^* : W \to V$ heißt die zu f **adjungierte Abbildung**, falls*

$$\langle f(x), y \rangle_W = \langle x, f^*(y) \rangle_V \text{ für alle } x \in V \text{ und alle } y \in W.$$

Beispiele:

1. Betrachtet man $V = \mathbb{R}^n$ und $W = \mathbb{R}^m$ mit dem Standardskalarprodukt und ist $A : V \to W$ eine lineare Abbildung, bzw. eine $m \times n$-Matrix, dann ist

$$\langle Ax, y \rangle = (Ax)^T y = x^T A^T y = \langle x, A^T y \rangle \text{ für alle } x \in V \text{ und alle } y \in W.$$

   Die adjungierte Abbildung ist also $A^* = A^T$.

2. Für $V = \mathbb{C}^n$ und $W = \mathbb{C}^m$ mit dem Standardskalarprodukt ist entsprechend $C^* = \overline{C}^T$.

3. Sei $V = W = C_0^\infty(\mathbb{R}, \mathbb{R}) = \{x \in C^\infty(\mathbb{R}, \mathbb{R}); \text{ es gibt } C > 0, \text{ so dass } x(t) = 0 \text{ für } |t| \geq C\}$ versehen mit dem Skalarprodukt

$$\langle x, y \rangle = \int_{-\infty}^{\infty} x(t) y(t) \, dt.$$

   Dieses Integral existiert, da es für alle $x, y \in V$ bzw. W das Integral einer stetigen Funktion über ein beschränktes Intervall ist. Für eine Funktion $x \in V$ sei $L : V \to W$ definiert durch

$$(L(x))(t) = x'(t) - t^2 x(t).$$

   Daher ist mittels partieller Integration

$$\begin{aligned}
\langle L(x), y \rangle &= \int_{-\infty}^{\infty} (x'(t) - t^2 x(t)) y(t) \, dt \\
&= \int_{-C}^{C} (x'(t) - t^2 x(t)) y(t) \, dt \quad \text{(wobei } x(t) = y(t) = 0 \text{ ist für } |t| \geq C\text{)} \\
&= \underbrace{x(C) y(C)}_{=0} - \underbrace{x(-C) y(-C)}_{=0} + \int_{-C}^{C} -x(t) y'(t) - t^2 x(t) y(t) \, dt \\
&= \int_{-\infty}^{\infty} x(t)(-y'(t) - t^2 y(t)) \, dt = \langle x, L^*(y) \rangle.
\end{aligned}$$

   Es ist somit

$$(L^*(y))(t) = -y'(t) - t^2 y(t).$$

Man kann zeigen, dass eine adjungierte Abbildung, falls sie existiert, eindeutig und linear ist. Für den Beweis der Eindeutigkeit nimmt man an, dass f^* und $f^\odot$ jeweils eine adjungierte Abbildung von f ist. Dann ist

$$\langle f(x), y\rangle = \langle x, f^*(y)\rangle = \langle x, f^\odot(y)\rangle \Rightarrow \langle x, f^*(y) - f^\odot(y)\rangle = 0$$

für alle $x \in V$ und alle $y \in W$. Wählt man speziell $x = f^*(y) - f^\odot(y)$ dann folgt aus der positiven Definitheit des Skalarprodukts, dass $f^*(y) = f^\odot(y)$ sein muss.

Die Existenz einer adjungierten Abbildung zeigen wir hier nur für den Fall, dass beide Vektorräume endlich-dimensional sind, denn dann kann man die adjungierte Abbildung explizit angeben.

Satz 13.9.
Seien V und W endlich-dimensionale Vektorräume mit Skalarprodukt und $f : V \to W$ eine lineare Abbildung. Sei weiter $\{b_1, b_2, \ldots, b_n\}$ eine Orthonormal-Basis von V. Dann ist

$$f^*(y) = \sum_{k=1}^{n} \langle y, f(b_k)\rangle_W b_k$$

die adjungierte Abbildung zu f.

Beweis: Für beliebiges $x \in V$ ist $x = \sum_{k=1}^{n} \langle x, b_k\rangle_V b_k$ und wegen der Linearität von f entsprechend $f(x) = \sum_{k=1}^{n} \langle x, b_k\rangle_V f(b_k)$. Daher gilt für alle $x \in V$ und alle $y \in W$

$$\begin{aligned}
\langle f(x), y\rangle_W &= \langle \sum_{k=1}^{n} \langle x, b_k\rangle_V f(b_k), y\rangle_W \\
&= \sum_{k=1}^{n} \langle x, b_k\rangle_V \cdot \langle f(b_k), y\rangle_W \\
&= \sum_{k=1}^{n} \langle x, b_k\rangle_V \cdot \overline{\langle y, f(b_k)\rangle}_W \\
&= \langle x, \sum_{k=1}^{n} \langle y, f(b_k)\rangle_W b_k\rangle_V = \langle x, f^*(y)\rangle_V
\end{aligned}$$

Also ist $f^*(y) = \sum_{k=1}^{n} \langle y, f(b_k)\rangle_W b_k$.
$\square$

Für adjungierte Abbildungen gelten die folgenden Rechenregeln. Sie entsprechen dem Rechnen mit transponierten Matrizen.

Satz 13.10.
Seien V, W und Z endlich-dimensionale Vektorräume mit Skalarprodukten und für die linearen Abbildungen $f : V \to W$ und $g : W \to Z$ existiere jeweils die adjungierte Abbildung $f^* : W \to V$ bzw. $g^* : Z \to W$. Dann gilt:

(a) $(f^*)^* = f$,

(b) $(f + g)^* = f^* + g^*$ und $(\alpha f)^* = \overline{\alpha} f^*$

(c) Für $f : V \to W$ und $g : W \to Z$ linear ist $(g \circ f)^* = f^* \circ g^*$

(d) Falls $f : V \to W$ bijektiv ist, so ist $(f^{-1})^* = (f^*)^{-1}$.

Beweis:

(a) Für beliebige $x \in V$ und $y \in W$ ist $\langle (f^*)^*(x), y \rangle = \langle x, f^*(y) \rangle = \langle f(x), y \rangle$,

(b) folgt aus den Eigenschaften des Skalarprodukts

(c) folgt aus der Definition der adjungierten Abbildung

(d) Zunächst ist für die identische Abbildung $\mathrm{Id}_V : V \to V$ wie man leicht nachrechnet

$$\langle x, y \rangle = \langle (\mathrm{Id})(x), y \rangle = \langle x, \mathrm{Id}^*(y) \rangle \Rightarrow \langle x, y - \mathrm{Id}^*(y) \rangle \text{ für alle } x, y \in V,$$

d.h. es ist $(\mathrm{Id}_V)^* = \mathrm{Id}_V$ und damit folgt aus (d) die Behauptung, denn

$$f \circ f^{-1} = \mathrm{Id}_V \Rightarrow (f^{-1})^* \circ f^* = (\mathrm{Id}_V)^* = \mathrm{Id}_V$$

und

$$f^{-1} \circ f = \mathrm{Id}_W \Rightarrow f^* \circ (f^{-1})^* = (\mathrm{Id}_W)^* = \mathrm{Id}_W.$$

Daher ist $(f^{-1})^*$ die Umkehrfunktion von f^*.
□

Bemerkung: Im Fall von reellen Abbildungen bedeuten die Eigenschaften (b) und (c), dass die Abbildung $* : \mathcal{L}(V, W) \to \mathcal{L}(W, V)$, die jeder linearen Abbildung f ihre adjungierte Abbildung zuordnet selbst eine lineare Abbildung ist.

Satz 13.11.
Seien V und W endlich-dimensionale Vektorräume mit Skalarprodukten $\langle \cdot, \cdot \rangle_V$ und $\langle \cdot, \cdot \rangle_W$ und sei $f : V \to W$ eine lineare Abbildung. Dann gilt

$$\mathrm{Kern}\, f = (\mathrm{Bild}\, f^*)^\perp \quad \text{und} \quad \mathrm{Kern}\, f^* = (\mathrm{Bild}\, f)^\perp.$$

Damit lassen sich V und W wie folgt in direkte, orthogonale Summen zerlegen:

$$V = \mathrm{Kern}\, f \oplus \mathrm{Bild}\, f^*, \quad W = \mathrm{Kern}\, f^* \oplus \mathrm{Bild}\, f$$

Es gilt

$$\begin{aligned}
x \in \mathrm{Kern}\, f &\Leftrightarrow f(x) = 0 \\
&\Leftrightarrow \langle f(x), y \rangle_W = 0 \text{ für alle } y \in W \\
&\Leftrightarrow \langle x, f^*(y) \rangle_V = 0 \text{ für alle } y \in W \\
&\Leftrightarrow x \in (\mathrm{Bild}\, f^*)^\perp.
\end{aligned}$$

Eine analoge Rechnung zeigt, dass auch $\mathrm{Kern}\, f^* = (\mathrm{Bild}\, f)^\perp$ ist. Mit Hilfe von Satz 13.7 folgt dann die Zerlegung in orthogonale Unterräume.
□

Bemerkung: Dieser Satz gilt auch für bestimmte lineare Abbildungen zwischen unendlich-dimensionalen Vektorräumen. Dort wird er erst richtig nützlich, denn es ist im allgemeinen leichter, den Kern einer Abbildung zu berechnen, als ihr Bild. Andererseits ist es wichtig, das Bild einer Abbildung A zu kennen, wenn man die Lösbarkeit einer Gleichung $Ax = y$ diskutiert.

Satz 13.12.
Seien V und W zwei endlich-dimensionale Vektorräume mit Skalarprodukten $\langle \cdot, \cdot \rangle_V$ und $\langle \cdot, \cdot \rangle_W$ und Orthonormalbasen $B \subset V$ sowie $C \subset W$.
Hat die lineare Abbildung $f : V \to W$ die Matrixdarstellung $A = M_{B,C}(f)$, dann hat die adjungierte Abbildung $f^* : W \to V$ die Matrixdarstellung $\overline{A}^T = M_{C,B}(f^*)$, wobei $\overline{A}$ die zu A komplex-konjugierte Matrix ist. Die Matrix

$$A^* := \overline{A}^T$$

bezeichnet man daher auch häufig als die adjungierte Matrix von A.
Sind V und W reelle Vektorräume, dann entfällt die komplexe Konjugation und es ist $A^* = A^T$.

Beweis: Seien $B = (b_1, b_2, \ldots, b_n)$ und $C = (c_1, c_2, \ldots, c_m)$ die beiden Basen. Nach Definition der Matrixdarstellung von f ist das Bild der Basisvektoren gerade

$$f(b_j) = \sum_{i=1}^{m} a_{ij} c_i$$

Aus Satz 13.9 speziell mit $y = c_k$ wissen wir, dass

$$f^*(c_k) = \sum_{j=1}^{n} \langle c_k, f(b_j) \rangle_W \, b_j = \sum_{j=1}^{n} \langle c_k, \sum_{i=1}^{m} a_{ij} c_i \rangle_W \, b_j = \sum_{j=1}^{n} \sum_{i=1}^{m} \overline{a_{ij}} \langle c_k, c_i \rangle_W \, b_j = \sum_{j=1}^{n} \overline{a_{kj}} \, b_j,$$

da in der inneren Summe nur der Term mit $i = k$ etwas beiträgt. Für die entsprechenden Matrizen bedeutet das, dass $M_{C,B}(f^*)$ gerade durch $\overline{A}^T$ beschrieben wird. $\square$

13.4 Orthogonale und unitäre Matrizen

Definition. *(orthogonale/unitäre Matrix)*
*Eine Matrix $A \in M(n, \mathbb{R})$ mit $A^T = A^{-1}$ heißt **orthogonale Matrix**. Eine komplexe Matrix $A \in M(n, \mathbb{C})$ mit $\overline{A}^T = A^{-1}$ heißt **unitäre Matrix**.*

Satz 13.13.
Sei A eine orthogonale Matrix. Dann ist die zugehörige lineare Abbildung norm- und winkelerhaltend, das heißt $\|Ax\| = \|x\|$ und $\langle Ax, Ay \rangle = \langle x, y \rangle$ für alle $x, y \in \mathbb{R}^n$.

Beweis: Die Matrix A erfüllt die Gleichung $A^T A = E_n$. Für beliebige Vektoren $x, y \in \mathbb{R}^n$ gilt also

$$\langle Ax, Ay \rangle = (Ax)^T Ay = x^T A^T A y = x^T y = \langle x, y \rangle$$

und entsprechend

$$\|Ax\|^2 = \langle Ax, Ax \rangle = \langle x, x \rangle = \|x\|^2 \Rightarrow \|Ax\| = \|x\|.$$

$\square$

Satz 13.14.
Sei $A \in M(n, \mathbb{C})$ bzw. $A \in M(n, \mathbb{R})$ eine $n \times n$-Matrix. Dann ist A unitär bzw. orthogonal genau dann, wenn die Spaltenvektoren von A bezüglich des Standardskalarprodukts auf $\mathbb{C}^n$ bzw. $\mathbb{R}^n$ ein Orthonormalsystem bilden.

Beweis: Seien $a_1, a_2, \ldots, a_n$ die Spaltenvektoren von A. Dann sind $a_1^T, a_2^T, \ldots, a_n^T$ die Zeilenvektoren von A^T. Die Identität $A^T A = E_n$ bedeutet gerade, dass

$$a_i^T \cdot a_j = 0 \quad \text{für } i \neq j$$
$$a_i^T \cdot a_i = 1$$

Diese beiden Eigenschaften beschreiben gerade eine Orthonormalbasis. □

Bemerkung:

1. Die Determinante einer unitären bzw. einer orthogonalen Matrix hat den Betrag 1, denn aus $A^T \overline{A} = E_n$ folgt $\det A^T \cdot \det \overline{A} = \det E_n = 1$ und da außerdem $\det A^T = \det A$ und $\det \overline{A} = \det \overline{A} = \overline{\det A}$ ist, gilt die Gleichung

$$\det A^T \cdot \det \overline{A} = \det A \cdot \overline{\det A} = |\det A|^2 = 1.$$

   Für orthogonale Matrizen mit reellen Einträgen ist natürlich auch die Determinante reell und es gibt nur die beiden Möglichkeiten $\det A = +1$ oder $\det A = -1$.

2. Daher ist jede unitäre bzw. orthogonale Matrix invertierbar und ihre Inverse ist ebenfalls orthogonal, denn

$$(A^{-1})^{-1} = (A^T)^{-1} = (A^{-1})^T.$$

   Ähnlich leicht ist zu sehen, dass das Produkt zweier unitärer/orthogonaler Matrizen A und B wieder eine unitäre/orthogonale Matrix ist, denn

$$(AB)^{-1} = B^{-1} A^{-1} = B^T A^T = (AB)^T$$

   Nach dem Untergruppenkriterium folgt aus diesen zwei Eigenschaften sofort, dass die Menge der unitären/orthogonalen Matrizen mit der Matrizenmultiplikation eine Untergruppe von $GL(n, \mathbb{C})$ bzw. $GL(n, \mathbb{R})$ bildet.

Definition. *(orthogonale/unitäre Gruppe)*
Die Menge der unitären Matrizen bildet eine Gruppe

$$U(n) = \{A \in GL(n, \mathbb{C}); \; A^T \overline{A} = E_n\}.$$

Diese ist eine Untergruppe der allgemeinen linearen Gruppe $GL(n, \mathbb{C})$ und heißt **unitäre Gruppe**.
Die Menge der orthogonalen Matrizen bildet eine Gruppe

$$O(n) = \{A \in GL(n, \mathbb{R}); \; A^T A = E_n\}.$$

Diese ist eine Untergruppe der allgemeinen linearen Gruppe $GL(n, \mathbb{R})$ und heißt **orthogonale Gruppe**. Die Menge aller orthogonalen Matrizen mit Determinante $+1$ bildet eine Untergruppe der Gruppe $O(n)$. Diese wird als spezielle orthogonale Gruppe $SO(n)$ bezeichnet.
Analog bilden die unitären Matrizen mit Determinante $+1$ die spezielle unitäre Gruppe $SU(n)$.

Bemerkung: Die Gruppe $SO(n)$ kann man sich als Drehungen im $\mathbb{R}^n$ vorstellen, die Gruppe $O(n)$ als Menge aller Transformationen des $\mathbb{R}^n$, die sich aus Spiegelungen und Drehungen zusammensetzen lassen. Untergruppen der Gruppe $O(n)$ spielen als *kompakte Lie-Gruppen* in der Mathematik und der Physik eine wichtige Rolle.

Normale Endomorphismen

Falls $f: V \to V$ ein Endomorphismus eines endlich-dimensionalen Vektorraums mit Skalarprodukt ist, d.h. eine lineare Abbildung von V in sich, dann ist auch die adjungierte Abbildung f^* ein Endomorphismus von V.

Von großem Interesse in der Physik sind Abbildungen, bei denen f und f^* besonders eng miteinander zusammenhängen.

Definition. *(selbstadjungiert)*
Sei V ein Vektorraum mit Skalarprodukt.

- *Ein Endomorphismus $f: V \to V$ heißt* **selbstadjungiert***, falls $f = f^*$ ist.*
  Ist V ein (euklidischer) $\mathbb{R}$-Vektorraum, heißt f auch **symmetrisch***.*
  Ist V ein (unitärer) $\mathbb{C}$-Vektorraum, heißt f auch **hermitesch***.*

- *Ein Endomorphismus $f: V \to V$ heißt* **schiefadjungiert***, falls $f = -f^*$ ist.*
  Ist V ein (euklidischer) $\mathbb{R}$-Vektorraum, heißt f auch **schiefsymmetrisch***.*
  Ist V ein (unitärer) $\mathbb{C}$-Vektorraum, heißt f auch **schiefhermitesch***.*

- *Ein Endomorphismus $f: V \to V$ heißt* **Isometrie***, falls $f^* = f^{-1}$ ist.*

Wenn speziell $V = \mathbb{R}^n$ oder $V = \mathbb{C}^n$ ist mit dem jeweiligen Standardskalarprodukt, dann beschreiben diese Eigenschaften jeweils Klassen von Matrizen:

Definition. *(symmetrische/hermitesche Matrix)*

- *Eine Matrix $A \in M(n, \mathbb{R})$ mit $A^T = A$ heißt* **symmetrische Matrix***.*
  Eine komplexe Matrix $A \in M(n, \mathbb{C})$ mit $A^T = \overline{A}$ heißt **hermitesche Matrix***.*

- *Eine Matrix $A \in M(n, \mathbb{R})$ mit $A^T = -A$ heißt* **schiefsymmetrische Matrix***.*
  Eine komplexe Matrix $A \in M(n, \mathbb{C})$ mit $A^T = -\overline{A}$ heißt **schiefhermitesche Matrix***.*

Definition. *(normale Abbildung)*
Der Endomorphismus $f: V \to V$ heißt **normal***, falls $f \circ f^* = f^* \circ f$ ist.*

Bemerkung: f ist genau dann normal, wenn für alle $x, y \in V$ gilt:
$$\langle f(x), f(y) \rangle = \langle f^*(x), f^*(y) \rangle$$
denn wegen $(f^*)^* = f$ gilt für alle $x, y \in V$:
$$\langle x, f^* \circ f(y) \rangle = \langle x, f \circ f^*(y) \rangle \quad \Leftrightarrow \quad \langle (f^*)^*(x), f(y) \rangle = \langle f^*(x), f^*(y) \rangle.$$

Bemerkung: Wie man leicht nachrechnet, sind dies alles spezielle normale Endomorphismen. Der Begriff Isometrie bedeutet übersetzt etwa „gleiche Länge". Tatsächlich ist für $f^* = f^{-1}$

$$\langle f(x), f(y) \rangle = \langle x, f^*(f(y)) \rangle = \langle x, f^{-1}(f(y)) \rangle = \langle x, y \rangle \quad \text{für alle } x, y \in V.$$

Abbildungen mit dieser Eigenschaft kennen wir schon: Eine Isometrie in einem euklidischen Vektorraum ist eine orthogonale Abbildung, eine Isometrie in einem unitären Vektorraum ist eine unitäre Abbildung. Insbesondere gilt dann auch $\langle f(x), f(x) \rangle = \langle x, x \rangle$ für alle $x \in V$, d.h. es ist $\|f(x)\| = \|x\|$. Unter Isometrien ändern sich also weder Skalarprodukte noch die Norm von Vektoren.

Satz 13.15.
Falls $f : V \to V$ eine normale Abbildung ist, dann ist auch $f + \mu\,\mathrm{Id}$ normal für alle $\mu \in \mathbb{K}$.

Beweis:
Nach den Rechenregeln gilt $(f + \mu\,\mathrm{Id})^* = f^* + \bar\mu\,\mathrm{Id}$, also

$$(f^* + \bar\mu\,\mathrm{Id})(f + \mu\,\mathrm{Id}) = \underbrace{f^*f}_{=ff^*} + \bar\mu f + \mu f^* + |\mu|^2 = (f + \mu\,\mathrm{Id})(f^* + \bar\mu\,\mathrm{Id}).$$

□

Satz 13.16.
*Sei $f : V \to V$ ein normaler Endomorphismus. Ein Vektor $v \in V$ ist genau dann ein Eigenvektor von f zum Eigenwert λ, wenn v ein Eigenvektor von f^* zum Eigenwert $\bar\lambda$ ist.
Insbesondere haben f und f^* dieselben Eigenvektoren.*

Beweis: Mit Hilfe des vorigen Lemmas ist

$$\langle (f - \lambda\,\mathrm{Id})v, (f - \lambda\,\mathrm{Id})v \rangle = \langle (f^* - \bar\lambda\,\mathrm{Id})v, (f^* - \bar\lambda\,\mathrm{Id})v \rangle$$

Wenn also v ein Eigenvektor von f zum Eigenwert λ ist, dann ist

$$0 = \|(f - \lambda\,\mathrm{Id})v\|^2 = \|(f^* - \bar\lambda\,\mathrm{Id})v\|^2,$$

das heißt $f^*(v) = \bar\lambda v$. Falls umgekehrt v Eigenvektor von f^* zum Eigenwert $\bar\lambda$ ist, dann gilt entsprechend

$$\|(f^* - \bar\lambda\,\mathrm{Id})v\|^2 = 0 \quad \Rightarrow \quad \|(f - \lambda\,\mathrm{Id})v\|^2 = 0.$$

□

Satz 13.17.
Sei V ein reeller oder komplexer Vektorraum mit Skalarprodukt und $f : V \to V$ ein Endomorphismus.

(a) Falls f selbstadjungiert ist, dann sind alle Eigenwerte von f reell.

(b) Falls f schiefadjungiert ist, dann sind alle Eigenwerte von f rein imaginär.

(c) Falls f eine Isometrie ist, dann haben alle Eigenwerte von f den Betrag 1.

Beweis:

(a) Sei v ein Eigenvektor von f zum Eigenwert λ. Wegen $f = f^*$ und Satz 13.16 ist v auch ein Eigenvektor von f zum Eigenwert $\bar\lambda$. Also muss $\lambda = \bar\lambda$ sein, d.h. λ ist reell.

(b) Sei v ein Eigenvektor von f zum Eigenwert λ. Wegen $f = -f^*$ und Satz 13.16 ist v auch ein Eigenvektor von f zum Eigenwert $-\bar{\lambda}$. Also muss $\lambda = -\bar{\lambda}$ sein, d.h. $\lambda + \bar{\lambda} = 2\,\mathrm{Re}\,\lambda = 0$ und λ ist rein imaginär.

(c) Sei v ein Eigenvektor von f zum Eigenwert λ. Dann ist v automatisch auch Eigenvektor von f^{-1} zum Eigenwert λ^{-1}. Wegen $f^{-1} = f^*$ und Satz 13.16 ist v also auch Eigenvektor von f^{-1} zum Eigenwert $\bar{\lambda}$. Daher muss $\lambda^{-1} = \bar{\lambda}$ bzw. $\lambda\bar{\lambda} = 1$ sein, jeder Eigenwert von f hat also den Betrag 1. $\square$

Satz 13.18.
Sei V ein reeller oder komplexer Vektorraum mit Skalarprodukt und $f : V \to V$ ein Endomorphismus. Dann gilt:
Wenn ein Unterraum U invariant unter f ist, d.h. $f(U) \subseteq U$, dann ist das orthogonale Komplement $U^\perp$ invariant unter f^*.

Beweis: Falls $x \in U^\perp$ liegt, dann ist $\langle x, f(y)\rangle = 0$ für alle $y \in U$, denn $f(y)$ liegt nach Voraussetzung in U. Daraus folgt nun direkt $\langle f^*(x), y\rangle = 0$, d.h. $f^*(x)$ ist orthogonal zu allen Vektoren aus U. Damit muss $f^*(x)$ in $U^\perp$ liegen. $\square$

Bemerkung:

1. Falls ein Unterraum W invariant unter f^* ist, dann ist sein orthogonales Komplement $W^\perp$ entsprechend invariant unter $(f^*)^*$, d.h. invariant unter f.

2. Die wichtigsten invarianten Unterräume sind natürlich die Eigenräume der linearen Abbildung f.

Satz 13.19.
Sei V ein endlich-dimensionaler unitärer Vektorraum und $f : V \to V$ ein Endomorphismus. Dann gilt: f ist genau dann normal, wenn f eine Orthonormal-Basis aus Eigenvektoren besitzt.

Bemerkung: Da nach Satz 11.1 eine lineare Abbildung $f : V \to V$ genau dann diagonalisierbar ist, wenn eine Basis aus Eigenvektoren existiert, ist jeder normale Endomorphismus diagonalisierbar.
Beweis:
„$\Rightarrow$": Die Existenz einer Orthonormalbasis aus Eigenvektoren zeigen wir mittels vollständiger Induktion nach der Raumdimension $n = \dim V$.

Induktionsanfang ($n = 1$):

Für $n = \dim V = 1$ ist jeder Endomorphismus normal, denn dann ist $f = \lambda\,\mathrm{Id}$ für eine (komplexe) Zahl $\lambda \neq 0$. Damit ist $f^* = \bar{\lambda}\,\mathrm{Id}$ und $f \circ f^* = f^* \circ f = |\lambda|^2\,\mathrm{Id}$. Eine Orthonormalbasis von V erhält man, indem man einen Vektor v aus V mit $\|v\| = 1$ auswählt. Dieser ist automatisch Eigenvektor, d.h. man hat eine ON-Basis aus Eigenvektoren gefunden.

Induktionsschritt:

Sei nun $n > 1$ und für $\dim V = n - 1$ sein die Behauptung bereits bewiesen. Das charakteristische Polynom von f zerfällt über $\mathbb{C}$ in Linearfaktoren, man findet also mindestens einen Eigenwert λ_1 und dazu einen Eigenvektor v_1 mit $\|v_1\| = 1$. Der Unterraum $W = \mathrm{span}\{v_1\}$ ist nach Satz 13.16 invariant unter f und unter f^*. Damit ist nach dem vorigen Lemma auch $W^\perp$ invariant unter f und unter f^*. Schränkt man f auf $W^\perp$ ein, so erhält man deshalb wieder eine normale Abbildung, aber diesmal auf einem Vektorraum der Dimension $n - 1$.

Nach Induktionsvoraussetzung gibt es eine Orthonormal-Basis von $W^\perp$ bestehend aus Eigenvektoren von f. Ergänzt man diese ON-Basis mit dem Vektor v_1, erhält man eine Orthonormal-Basis von V.

„$\Leftarrow$": Sei umgekehrt $B = \{b_1, b_2, \ldots, b_n\}$ eine Orthonormalbasis von V bestehend aus Eigenvektoren zu Eigenwerten $\lambda_1, \lambda_2, \ldots, \lambda_n$. Dann hat f bezüglich dieser Basis die Matrixdarstellung

$$M_B(f) = \begin{pmatrix} \lambda_1 & 0 & \cdots & 0 \\ 0 & \lambda_2 & \cdots & 0 \\ \vdots & & \ddots & \vdots \\ 0 & & \cdots & \lambda_n \end{pmatrix}.$$

Da jeder Basisvektor b_j nach Satz 13.16 auch Eigenvektor zum Eigenwert $\bar{\lambda}_j$ ist, hat f^* bezüglich der Basis B die Matrixdarstellung

$$M_B(f^*) = \begin{pmatrix} \bar{\lambda}_1 & 0 & \cdots & 0 \\ 0 & \bar{\lambda}_2 & \cdots & 0 \\ \vdots & & \ddots & \vdots \\ 0 & & \cdots & \bar{\lambda}_n \end{pmatrix}.$$

Damit haben sowohl $f \circ f^*$ als auch $f^* \circ f$ bezüglich B die Matrixdarstellung

$$M_B(f^* \circ f) = M_B(f \circ f^*) = \begin{pmatrix} \lambda_1 \bar{\lambda}_1 & 0 & \cdots & 0 \\ 0 & \lambda_2 \bar{\lambda}_2 & \cdots & 0 \\ \vdots & & \ddots & \vdots \\ 0 & & \cdots & \lambda_n \bar{\lambda}_n \end{pmatrix}$$

und es ist daher $f \circ f^* = f^* \circ f$, d.h. f ist ein normaler Endomorphismus. □

Eine Konsequenz ist die Version des vorigen Satzes für Matrizen. Wir erinnern vorher daran, dass die zu einer Matrix A adjungierte Matrix A^* gerade $A^* = \bar{A}^T$ ist.

Definition. *(normale Matrix)*
Eine Matrix $A \in M(n, \mathbb{C})$ bzw. $A \in M(n, \mathbb{R})$ heißt **normal**, *wenn die Identität*

$$AA^* = A^*A \text{ beziehungsweise } A\bar{A}^T = \bar{A}^T A$$

erfüllt ist.

Insbesondere ist jede orthogonale und jede unitäre Matrix auch normal.
Nun können wir Satz 13.19 in einer Version für Matrizen angeben.

Satz 13.20.
Sei A eine komplexe $n \times n$-Matrix. Dann ist A genau dann normal, wenn eine unitäre Matrix $C \in U(n)$ existiert mit

$$C^{-1}AC = \bar{C}^T AC = \begin{pmatrix} \lambda_1 & 0 & \cdots & 0 \\ 0 & \lambda_2 & \cdots & 0 \\ \vdots & & \ddots & \vdots \\ 0 & & \cdots & \lambda_n \end{pmatrix},$$

wobei $\lambda_1, \lambda_2, \ldots, \lambda_n$ die Eigenwerte von A sind.

Beweis: A ist genau dann normal, wenn es eine Orthonormalbasis $B = (b_1, \ldots, b_n)$ aus Eigenvektoren gibt, d.h. $Ab_j = \lambda_j b_j$. Bildet man nun die Matrix C, indem man die b_j als Spaltenvektoren nebeneinanderschreibt, dann ist die j-te Spalte von AC gerade Ab_j, d.h. $\lambda_j b_j$. Da die Zeilen von C^{-1} gerade die Zeilenvektoren $\bar{b}_i^T$ sind, ergibt sich aus der Orthonormalität, dass $C^{-1}AC$ die angegebene Diagonalform hat.

Wenn umgekehrt ein solches C existiert, dann ist

$$A = CD\bar{C}^T \quad \text{und} \quad A^* = C\underbrace{\bar{D}^T}_{=\bar{D}}\bar{C}^T \text{ mit } D = \text{diag}(\lambda_1, \ldots, \lambda_n),$$

also

$$AA^* = CD\bar{C}^TC\bar{D}\bar{C}^T = CD\bar{D}\bar{C}^T \quad \text{und} \quad A^*A = C\bar{D}D\bar{C}^T.$$

Da D eine Diagonalmatrix ist, stimmen $\bar{D}D$ und $D\bar{D}$ und damit auch AA^* und A^*A überein. $\square$

In reellen Vektorräumen hat man den folgenden wichtigen Spezialfall:

Satz 13.21.
Sei $A \in M(n, \mathbb{R})$ eine symmetrische $n \times n$-Matrix. Dann existiert eine orthogonale Matrix $S \in O(n)$ mit

$$S^{-1}AS = S^TAS = \begin{pmatrix} \lambda_1 & 0 & \cdots & 0 \\ 0 & \lambda_2 & \cdots & 0 \\ \vdots & & \ddots & \vdots \\ 0 & & \cdots & \lambda_n \end{pmatrix},$$

wobei $\lambda_1, \lambda_2, \ldots, \lambda_n$ die Eigenwerte von A sind.

Beweis: Die symmetrische Matrix A ist eine selbstadjungierte lineare Abbildung, das heißt, nach 13.17 sind alle Eigenwerte von A reell. Die zugehörigen Eigenvektoren sind ebenfalls reell und da A normal ist, existiert eine Orthonormal-Basis aus Eigenvektoren von A. Schreibt man die entsprechenden Basisvektoren als Zeilenvektoren in eine Matrix S, dann ist S nach Satz 13.14 eine orthogonale Matrix. Mit demselben Argument wie im vorigen Satz sieht man ein, dass $S^{-1}AS$ die gewünschte Diagonalgestalt hat. $\square$

Als Nächstes wollen wir untersuchen, wie man im Fall reeller, d.h. Euklidischer Vektorräume eine nützliche *reelle* Koordinatentransformation findet, die die Matrix auf eine einfachere Gestalt transformiert, selbst dann, wenn die Eigenwerte komplex sind. Dazu fassen wir eine normale reellwertige Matrix zunächst als komplexe Matrix auf, konstruieren im Komplexen invariante Unterräume und benutzen diese dann, um die Matrix durch eine *reelle* Koordinatentransformation auf eine einfachere *reelle* Gestalt zu bringen.

Formal benutzen wir die *Komplexifizierung* $V_\mathbb{C}$ eines reellen Vektorraums V, wenn wir die reelle Matrix als komplexe Matrix „auffassen". Die Komplexifizierung war konstruiert worden als ein Vektorraum $V \times V$, den wir uns vorstellen als den Raum der Vektoren der Form $v + iw$ mit $v, w \in V$. Auf naheliegende Weise war die Multiplikation mit komplexen Zahlen $a + ib$ erklärt worden als

$$(a+ib)(v+iw) = av - bw + i(aw+bv).$$

Insbesondere kann man V als einen Unterraum von $V_\mathbb{C}$ auffassen, nämlich den Raum aller Vektoren $v + iw$ mit $w = 0$. Lineare Abbildungen $f : V \to V$ konnten wir mittels

$$f(v + iw) = f(v) + if(w)$$

auf natürliche Weise auf $V_\mathbb{C}$ fortsetzen. Wenn V mit einem Skalarprodukt $\langle \cdot, \cdot \rangle$ versehen ist, dann kann man auch auf $V_\mathbb{C}$ ein Skalarprodukt $\langle \cdot, \cdot \rangle_\mathbb{C}$ definieren, so dass für $x, y \in V$ gilt:

$$\langle x, y \rangle = \langle x, y \rangle_\mathbb{C}.$$

Dass dies sogar nur auf genau eine Art und Weise geht, beweisen wir nicht, sondern geben nur an, wie man $\langle \cdot, \cdot \rangle_\mathbb{C}$ richtig definiert:

$$\langle v + iw, x + iy \rangle_\mathbb{C} = \langle v, x \rangle + \langle w, y \rangle + i\langle w, x \rangle - i\langle v, y \rangle.$$

Für dieses Skalarprodukt gilt dann

Satz 13.22.
Sei V ein euklidischer Vektorraum und $f : V \to V$ ein Endomorphismus. Dann gilt:

(a) Die adjungierte Abbildung der Komplexifizierung von f ist $(f_\mathbb{C})^* = (f^*)_\mathbb{C}$

(b) Falls $f : V \to V$ normal (oder selbstadjungiert oder schiefadjungiert oder Isometrie) ist, dann ist auch $f_\mathbb{C} : V_\mathbb{C} \to V_\mathbb{C}$ normal (oder selbstadjungiert oder schiefadjungiert oder Isometrie).

Beweis: Nachrechnen unter Berücksichtigung von $(f \circ f^*)_\mathbb{C} = f_\mathbb{C} \circ (f^*)_\mathbb{C}$... □

Wir hatten in Kapitel 11 schon gesehen, dass eine lineare Abbildung $f : V \to V$ nicht unbedingt reelle Eigenwerte besitzen muss, dass ihre Komplexifizierung aber immer (komplexe) Eigenwerte besitzt. Genauer gilt:

Satz 13.23.
Sei V ein euklidischer Vektorraum und $f : V \to V$ eine lineare Abbildung mit Komplexifizierung $f_\mathbb{C} : V_\mathbb{C} \to V_\mathbb{C}$. Dann gilt:

(a) Wenn $v = v_1 + iv_2$ Eigenvektor von $f_\mathbb{C}$ zum Eigenwert $\lambda = a + ib$ ist, dann ist $\bar{v} = v_1 - iv_2$ Eigenvektor von $f_\mathbb{C}$ zum Eigenwert $\bar{\lambda} = a - ib$ und es gilt $\|v\|_\mathbb{C} = \|\bar{v}\|_\mathbb{C}$.

(b) Wenn f bzw. $f_\mathbb{C}$ normal sind und $\lambda \notin \mathbb{R}$, dann ist $\langle v, \bar{v} \rangle_\mathbb{C} = 0$.

(c) Normiert man v und $\bar{v}$ so, dass $\|v\| = \|\bar{v}\| = \sqrt{2}$ ist, dann bilden die (reellen) Vektoren v_1 und v_2 ein Orthonormalsystem, der Unterraum $U = \mathrm{span}(v_1, v_2)$ von V ist invariant unter f und unter f^* und bezüglich der Basis $B = \{v_1, v_2\}$ gelten die Matrixdarstellungen

$$M_B(f|_U) = \begin{pmatrix} a & -b \\ b & a \end{pmatrix} \quad \text{sowie} \quad M_B(f^*|_U) = \begin{pmatrix} a & b \\ -b & a \end{pmatrix}.$$

Beweis:

(a) Geht man auf beiden Seiten der Gleichung $f_\mathbb{C}(v_1 + iv_2) = f(v_1) + if(v_2) = \lambda(v_1 + iv_2)$ zum Komplex-konjugierten über, dann ist

$$\overline{f_\mathbb{C}(v_1 + iv_2)} = f(v_1) - if(v_2) = f_\mathbb{C}(v_1 - iv_2) = \overline{\lambda(v_1 + iv_2)} = \bar{\lambda}(v_1 - iv_2).$$

Weiter ist

$$\|v\|_\mathbb{C}^2 = \langle v, v \rangle_\mathbb{C} = \langle v_1, v_1 \rangle + \langle v_2, v_2 \rangle = \langle v_1, v_1 \rangle + \langle -v_2, -v_2 \rangle = \langle \bar{v}, \bar{v} \rangle_\mathbb{C} = \|\bar{v}\|_\mathbb{C}^2.$$

(b) Wenn v Eigenvektor von $f_{\mathbb{C}}$ zum Eigenwert λ ist, dann ist v auch Eigenvektor von $f_{\mathbb{C}}^*$ zum Eigenwert $\bar{\lambda}$. Also gilt

$$\bar{\lambda}\langle v, \bar{v}\rangle_{\mathbb{C}} = \langle \bar{\lambda} v, \bar{v}\rangle_{\mathbb{C}} = \langle f^*(v), \bar{v}\rangle_{\mathbb{C}} = \langle v, f(\bar{v})\rangle_{\mathbb{C}} = \langle v, \bar{\lambda}\bar{v}\rangle_{\mathbb{C}} = \lambda \langle v, \bar{v}\rangle_{\mathbb{C}}.$$

Also ist $(\bar{\lambda} - \lambda)\langle v, \bar{v}\rangle_{\mathbb{C}} = 2\mathrm{Im}\,\lambda \langle v, \bar{v}\rangle_{\mathbb{C}} = 0$. Für $\lambda \notin \mathbb{R}$ folgt daraus $\langle v, \bar{v}\rangle_{\mathbb{C}} = 0$.

(c) Ist $\lambda = a + ib$, so gilt

$$f(v_1) + if(v_2) = f_{\mathbb{C}}(v_1 + iv_2) = f_{\mathbb{C}}(v) = (a + ib)v = av_1 - bv_2 + i(bv_1 + av_2).$$

Durch Vergleich von Real- und Imaginärteil erhält man

$$f(v_1) = av_1 - bv_2 \quad \text{und} \quad f(v_2) = bv_1 + av_2.$$

Genauso ist

$$f^*(v_1) + if^*(v_2) = f_{\mathbb{C}}^*(v_1 + iv_2) = f_{\mathbb{C}}^*(v) = (a - ib)v = av_1 + bv_2 + i(-bv_1 + av_2).$$

Wie oben erhält man durch Vergleich von Real- und Imaginärteil die Werte

$$f^*(v_1) = av_1 + bv_2 \quad \text{und} \quad f^*(v_2) = -bv_1 + av_2.$$

Damit ist klar, dass U unter f und unter f^* invariant sind und dass die angegebene Matrixdarstellung korrekt ist.

$\square$

Bemerkung:

1. Auf dem Unterraum U ist die Abbildung f eine Drehstreckung, denn es ist

$$\begin{pmatrix} a & -b \\ b & a \end{pmatrix} = \sqrt{a^2 + b^2} \begin{pmatrix} \dfrac{a}{\sqrt{a^2+b^2}} & -\dfrac{b}{\sqrt{a^2+b^2}} \\ \dfrac{b}{\sqrt{a^2+b^2}} & \dfrac{a}{\sqrt{a^2+b^2}} \end{pmatrix}.$$

Es gibt genau ein $\varphi \in [0, 2\pi)$ mit

$$\begin{pmatrix} \cos\varphi \\ \sin\varphi \end{pmatrix} = \begin{pmatrix} \dfrac{a}{\sqrt{a^2+b^2}} \\ \dfrac{b}{\sqrt{a^2+b^2}} \end{pmatrix}$$

bzw.

$$\begin{pmatrix} a & -b \\ b & a \end{pmatrix} = \sqrt{a^2 + b^2} \begin{pmatrix} \cos\varphi & -\sin\varphi \\ \sin\varphi & \cos\varphi \end{pmatrix}.$$

Vektoren werden also um den Winkel φ gegen den Uhrzeigersinn gedreht und um den Faktor $\sqrt{a^2+b^2}$ gestreckt.

2. Man kann also zu einem Paar $(\lambda, \bar{\lambda})$ von echt komplexen, einfachen Eigenvektoren immer zwei orthogonale reelle Vektoren finden, die einen zweidimensionalen Unterraum U von V aufspannen, dessen Komplexifizierung gerade die Summe der Eigenräume zu λ und $\bar{\lambda}$ ist. Wenn man sich V als Unterraum von $V_{\mathbb{C}}$ vorstellt, dann ist U gerade der Schnitt von V mit der Summe der von den Eigenvektoren v und $\bar{v}$ aufgespannten Unterräume.

Dies führt zu folgendem Resultat über reelle Normalformen von normalen Endomorphismen.

Satz 13.24.
Sei V ein euklidischer Vektorraum und $f: V \to V$ ein normaler Endomorphismus. Dann gibt es eine Orthonormal-Basis von V bezüglich der f die Matrixdarstellung

$$M_B(f) = \begin{pmatrix} \lambda_1 & & & & & 0 \\ & \ddots & & & & \\ & & \lambda_k & & & \\ & & & R(a_1, b_1) & & \\ & & & & \ddots & \\ & & & & & R(a_l, b_l) \end{pmatrix}$$

hat, wobei λ_j die reellen Eigenwerte von f sind und die Blöcke $R(a,b) = \begin{pmatrix} a & -b \\ b & a \end{pmatrix}$ zu den komplexen Eigenwerten $a + ib$ von f gehören.

Beweisskizze: Wenn f normal ist, dann ist auch die Komplexifizierung von f normal und man findet eine Orthonormalbasis von $V_{\mathbb{C}}$ aus Eigenvektoren von f. Für die reellen Eigenwerte sind diese Eigenvektoren ebenfalls reell, die echt komplexen Eigenwerte treten in Paaren $(\lambda, \bar{\lambda})$ auf. Zu Paaren $v, \bar{v}$ von komplexen Eigenvektoren kann man mit Hilfe des vorigen Satzes neue reelle Basisvektoren konstruieren, die die gewünschte Eigenschaft haben. □

In der Quantenmechanik wird das folgende Kriterium für die simultane Diagonalisierbarkeit zweier Operatoren benutzt.

Satz 13.25. *(Gleichzeitige Diagonalisierbarkeit)*
Sei V ein unitärer Vektorraum und $A, B : V \to V$ zwei normale Abbildungen, die miteinander kommutieren, d.h. $[A, B] = AB - BA = 0$.
Dann gibt es eine gemeinsame Orthonormalbasis bestehend aus Eigenvektoren für beide Abbildungen.

Beweis: siehe Übungsaufgabe zu Kapitel 11. Man kann die Bedingung, dass es sich um eine Orthonormalbasis handelt, zusätzlich in den Beweis einbauen. □

13.5 Bilinearformen und Quadratische Formen

Schon in der Schule beschäftigt man sich mit quadratischen Funktionen, ihrer Darstellung durch Parabeln und ihrer Nullstellenmenge. Die Verallgemeinerung dieser Betrachtungen führt in höheren Raumdimensionen auf die sogenannten *quadratischen Formen*.

Definition. *(Bilinearform)*
*Sei V ein Vektorraum über $\mathbb{K} = \mathbb{R}$ oder $\mathbb{C}$. Eine **Bilinearform** auf V ist eine Abbildung $\Psi : V \times V \to \mathbb{K}$, die in ihren beiden Argumenten linear ist, d.h.*

$$\begin{aligned} \Psi(u_1 + u_2, v) &= \Psi(u_1, v) + \Psi(u_2, v) \text{ und } \Psi(\lambda u, v) = \lambda \Psi(u, v), \\ \Psi(u, v_1 + v_2) &= \Psi(u, v_1) + \Psi(u, v_2) \text{ und } \Psi(u, \lambda v) = \lambda \Psi(u, v). \end{aligned}$$

Beispiele:

1. Jede $n \times n$-Matrix definiert eine Bilinearform

$$\Psi(u,v) := u^T A v = \sum_{j,k=1}^{n} u_j a_{jk} v_k.$$

2. Sei $V = C^0([a,b])$ der Raum der stetigen, reellen Funktionen auf dem Intervall $[a,b]$. Dann ist

$$\Phi(f,g) = \int_a^b f(x) g(x) \, \mathrm{d}x$$

eine Bilinearform auf V.

Satz 13.26.
Sei V ein endlich-dimensionaler Vektorraum mit Basis $\{v_1, v_2, \ldots, v_n\}$. Dann gilt:

(a) Eine Bilinearform $\Psi : V \times V \to \mathbb{R}$ ist eindeutig durch die Werte $\Psi(v_j, v_k)$ bestimmt.

(b) Umgekehrt gibt es zu jeder Matrix $A = (a_{jk})$ eine Bilinearform $\Psi : V \times V \to \mathbb{R}$, für die $\Psi(v_j, v_k) = a_{jk}$ ist.

Beweis:

(a) Für $x = \sum_{k=1}^{n} \alpha_k v_k$ und $y = \sum_{k=1}^{n} \beta_k v_k$ ist wegen der Bilinearität von Ψ

$$\Psi(x,y) = \Psi\left(\sum_{j=1}^{n} \alpha_j v_j, \sum_{k=1}^{n} \beta_k v_k\right) = \sum_{j=1}^{n} \alpha_j \Psi\left(v_j, \sum_{k=1}^{n} \beta_k v_k\right) = \sum_{j=1}^{n} \sum_{k=1}^{n} \alpha_j \beta_k \Psi(v_j, v_k),$$

d.h. die Werte $\Psi(v_i, v_j)$ legen $\Psi(x,y)$ eindeutig fest.

(b) Zur Matrix $A = (a_{ij})$ definieren wir die Bilinearform $\Psi : V \times V \to \mathbb{R}$ durch

$$\Psi(x,y) = \sum_{j=1}^{n} \sum_{k=1}^{n} \alpha_j \beta_k a_{jk}$$

für die Vektoren $x = \sum_{j=1}^{n} \alpha_j v_j$ und $y = \sum_{k=1}^{n} \beta_k v_k$.

$\square$

Definition. (*Fundamentalmatrix*)
*Die Matrix A heißt **Fundamentalmatrix** der Bilinearform Ψ bezüglich der Basis $\{v_1, v_2, \ldots, v_n\}$.*

Auch lineare Abbildungen wurden durch Matrizen dargestellt. Was unterschiedlich ist, ist die Art und Weise, wie sich lineare Abbildungen und Bilinearformen unter Koordinatentransformationen verhalten.

Wenn man statt der Basis $\{v_1, v_2, \ldots, v_n\}$ eine neue Basis $\{w_1, w_2, \ldots, w_n\}$ durch die Transformationsmatrix T mittels $w_k = \sum_{j=1}^n t_{jk} v_j$ festlegt, dann hat Ψ bezüglich der neuen Basis die Fundamentalmatrix
$$T^T A T,$$
denn
$$\Psi(w_l, w_m) = \Psi(\sum_{j=1}^n t_{jl} v_j, \sum_{k=1}^n t_{km} v_k) = \sum_{j,k} t_{jl} \Psi(v_j, v_k) t_{km} = (T^T A T)_{lm}\,.$$

Definition. *(symmetrische Bilinearform)*
*Eine Bilinearform Ψ heißt **symmetrisch**, falls*
$$\Psi(v, w) = \Psi(w, v)$$
für alle $v, w \in V$.

Bemerkung: Die Fundamentalmatrix einer symmetrischen Bilinearform ist symmetrisch, unabhängig von der gewählten Basis. Das Analogon von Satz 13.21 für lineare Abbildungen ist im Falle von Bilinearformen

Satz 13.27. *(Hauptachsentransformation)*
Sei $\Psi : V \times V \to \mathbb{R}$ eine symmetrische Bilinearform mit Fundamentalmatrix A. Dann gibt es eine Basis von V, bezüglich der die Fundamentalmatrix Diagonalgestalt hat. Die Diagonaleinträge sind gerade die Eigenwerte von A.

Beweis: Die Fundamentalmatrix A ist symmetrisch. Nach Satz 13.21 gibt es also eine orthogonale Matrix T, so dass $T^T A T = D$ diagonal ist. Dies ist aber gerade die Fundamentalmatrix der Bilinearform, wenn man T als Matrix eines Koordinatenwechsels interpretiert. □

Bemerkung: Achtung! Die Eigenwerte der darstellenden Matrix bleiben unter einer beliebigen (nicht orthogonalen) Koordinatentransformation im allgemeinen *nicht* erhalten. Insbesondere kann man, wenn die Fundamentalmatrix schon Diagonalgestalt hat, also $D = \mathrm{diag}(\lambda_1, \lambda_2, \ldots, \lambda_n)$ eine weitere Koordinatentransformation mit einer Diagonalmatrix T durchführen, deren Diagonaleinträge $t_{jj} = \frac{1}{\sqrt{|\lambda_j|}}$ sind für $\lambda_j \neq 0$ und beliebig für $\lambda_j = 0$. Dann erhält man als Fundamentalmatrix
$$T^T D T = \mathrm{diag}\,(1, 1, 1, \ldots, 0, 0, \ldots, -1, -1, \ldots)\,.$$
Was sich allerdings nicht ändert, ist die *Anzahl* der positiven bzw. negativen Diagonaleinträge. Dies ist die Aussage des *Sylvesterschen Trägheitssatzes*, den wir hier allerdings nicht beweisen.

Definition. *(quadratische Form)*
*Sei $\Psi : V \times V \to \mathbb{R}$ eine reelle symmetrische Bilinearform. Dann heißt die Funktion $q : V \to \mathbb{R}$ mit $q(v) = \Psi(v, v)$ die **quadratische Form** zur Bilinearform Ψ.*

Beispiel: Die symmetrische Matrix $A = \begin{pmatrix} 1 & 2 \\ 2 & -3 \end{pmatrix}$ definiert eine Bilinearform Ψ durch
$$\Psi(x, y) = x^T A y = x_1 y_1 + 2 x_1 y_2 + 2 x_2 y_1 - 3 x_2 y_2\,.$$

Die zugehörige quadratische Form ist
$$q(x) = x_1^2 + 4x_1x_2 - 3x_2^2.$$
Weil A die Eigenwerte $\lambda_\pm = -1 \pm 2\sqrt{2}$ hat, gibt es eine orthogonale Matrix T mit
$$T^T A T = \begin{pmatrix} \lambda_+ & 0 \\ 0 & \lambda_- \end{pmatrix}$$
und man könnte durch die orthogonale Koordinatentransformation $x = T\xi$ bzw. $\xi = T^T x$ zu der neuen quadratischen Form
$$\eta(\xi) = q(T\xi) = (T\xi)^T A T \xi = \xi^T T^T A T \xi = \lambda_+ \xi_1^2 + \lambda_- \xi_2^2$$
gelangen.

Satz 13.28.
Eine symmetrische Bilinearform wird durch ihre zugehörige quadratische Form schon eindeutig bestimmt.

Beweis: Für beliebige Vektoren v, w ist
$$\begin{aligned} q(v+w) &= \Psi(v+w, v+w) \\ &= \Psi(v,v) + \Psi(v,w) + \Psi(w,v) + \Psi(w,w) \\ &= \Psi(v,v) + 2\Psi(v,w) + \Psi(w,w) \\ &= q(v) + 2\Psi(v,w) + q(w) \end{aligned}$$
und damit
$$\Psi(v,w) = \frac{q(v+w) - q(v) - q(w)}{2}.$$
□

Definition. *(positiv/negativ definit)*
Sei Ψ eine symmetrische Bilinearform auf dem Vektorraum V, A die zugehörige Fundamentalmatrix und q die zugehörige quadratische Form. Dann heißen Ψ, A und q

- **positiv definit**, *falls $q(x) > 0$ für alle $x \in V \setminus \{0\}$,*
- **positiv semidefinit**, *falls $q(x) \geq 0$ für alle $x \in V$,*
- **negativ definit**, *falls $q(x) < 0$ für alle $x \in V \setminus \{0\}$,*
- **negativ semidefinit**, *falls $q(x) \leq 0$ für alle $x \in V$,*
- **indefinit**, *sonst*

Bemerkung: Ist eine quadratische Form indefinit, dann gibt es einen Vektor $v \in V$ mit $q(v) > 0$ und einen Vektor $w \in V$ mit $q(w) < 0$. Mit Hilfe der Hauptachsentransformation kann man jede reelle symmetrische Matrix diagonalisieren. Bezüglich einer Basis in der A Diagonalgestalt hat, ist die zugehörige quadratische Form dann
$$q(x) = \lambda_1 x_1^2 + \lambda_2 x_2^2 + \ldots + \lambda_n x_n^2,$$
wobei $\lambda_1, \lambda_2, \ldots, \lambda_n$ die Eigenwerte von A sind. Daraus ergibt sich dann direkt

Satz 13.29. *(Eigenwert-Kriterium)*
Sei A eine symmetrische $n \times n$-Matrix. Dann ist

- *A positiv definit, wenn alle Eigenwerte von A positiv sind,*
- *A positiv semidefinit, wenn alle Eigenwerte von A nicht-negativ sind,*
- *A negativ definit, wenn alle Eigenwerte von A negativ sind,*
- *A negativ semidefinit, wenn alle Eigenwerte von A nicht-positiv sind,*
- *A indefinit, wenn A sowohl positive als auch negative Eigenwerte besitzt.*

Beweis: Wegen Satz 13.27 kann man durch eine orthogonale Koordinatentransformation erreichen, dass TAT^T eine Diagonalmatrix ist, deren Diagonaleinträge gerade die Eigenwerte von A sind. Daraus ergibt sich direkt die Aussage des Satzes. □

Satz 13.30. *(Skalarprodukte auf $\mathbb{R}^n$ und $\mathbb{C}^n$)*
Sei $\langle \cdot, \cdot \rangle$ ein Skalarprodukt auf $\mathbb{R}^n$. Dann gibt es eine positiv definite, symmetrische $n \times n$-Matrix A, so dass
$$\langle x, y \rangle = x^T A y$$
Umgekehrt definiert auf diese Weise jede positiv definite, symmetrische $n \times n$-Matrix ein Skalarprodukt auf $\mathbb{R}^n$.
Eine analoge Aussage gilt für $\mathbb{C}^n$, wenn man symmetrisch *durch* unitär *ersetzt.*

Beweis: Jede symmetrische Bilinearform lässt sich durch ihre Fundamentalmatrix A darstellen. Damit sind automatisch die Bedingungen (i) Linearität und (ii) Symmetrie eines Skalarprodukts erfüllt. Für die dritte Bedingung (iii) positive Definitheit, muss die zugehörige quadratische Form bzw. die Matrix A positiv definit sein.
Dass jede symmetrische positiv definite Matrix ein Skalarprodukt definiert, ergibt sich auf dieselbe Weise. □

Bemerkung: Geometrisch spielen quadratische Formen eine Rolle bei der Definition von *Quadriken*. Diese sind definiert als die Lösungsmengen von „quadratischen Gleichungen"

$$x^T A x + b^T x + c = 0$$

mit einer symmetrischen Matrix $A \in M(n, \mathbb{R})$, einem Vektor $b \in \mathbb{R}^n$ und einer Zahl $c \in \mathbb{R}$. Im Fall $n = 2$ erhält man so unter anderem die *Kegelschnitte* Ellipse, Parabel und Hyperbel. Der Begriff Hauptachsentransformation stammt aus dieser geometrischen Betrachtung, denn die Richtungen der Hauptachsen sind hier ausgezeichnete Richtungen dieser geometrischen Objekte (Halbachsen der Ellipse, Asymptoten der Hyperbel, Symmetrieachse der Parabel,...).

Für $n = 3$ ergeben sich als Lösungsmengen beispielsweise Ellipsoide („Trägheitsellipsoid"), Paraboloide oder Hyperboloide.

Nach diesem Kapitel sollten Sie

... wissen, wie ein Skalarprodukt auf reellen und komplexen Vektorräumen definiert ist

... wissen, wie durch ein Skalarprodukt Normen und Winkel definiert werden können

... die Cauchy-Schwarz-Ungleichung kennen und in konkreten Situationen anwenden können

... wissen, was Orthonormalsysteme und Orthonormalbasen sind und Beispiele dazu angeben können

... das Gram-Schmidt-Verfahren beherrschen

... orthogonale und unitäre Matrizen kennen und überprüfen können, ob eine gegeben Matrix orthogonal/unitär ist

... normale, selbstadjungierte und schiefadjungierte Abbildungen definieren können und wissen, welche Eigenwerte diese Abildungen haben können

... symmetrische Matrizen durch orthogonale Koordinatentransformationen diagonalisieren können

... wissen, was eine symmetrische Bilinearform ist und diese mit Hauptachsentransformation in eine einfachere Gastalt bringen können

... wissen, was die Eigenwerte einer symmetrischen Matrix mit deren positiver/negativer Definitheit zu tun haben

Aufgaben zu Kapitel 13

1. Zeigen Sie: Die Menge
$$\ell^2 = \{a = (a_n)_{n \in \mathbb{N}}; \sum_{n=1}^{\infty} a_n^2 < \infty\}$$
der quadratsummierbaren Folgen bildet mit der üblichen gliedweisen Addition und skalaren Multiplikation von Folgen einen Vektorraum.
Auf ℓ^2 ist außerdem durch
$$\langle (a_1, a_2, a_3, \ldots), (b_1, b_2, b_3, \ldots) \rangle = a_1 b_1 + a_2 b_2 + a_3 b_3 + \ldots$$
ein Skalarprodukt definiert.

2. (a) Zeigen Sie, dass die Abbildung
$$\langle \cdot, \cdot \rangle : M(n, \mathbb{R}) \times M(n, \mathbb{R}) \to \mathbb{R} \text{ mit } \langle A, B \rangle = \text{Spur}(A^T B)$$
ein Skalarprodukt auf der Menge der reellen $n \times n$-Matrizen ist.

   (b) Es sei
$$U = \{A \in M(n, \mathbb{R}); A^T = A\} \text{ und } W = \{A \in M(n, \mathbb{R}); A^T = -A\}.$$
Zeigen Sie, dass U und W Untervektorräume von $M(n, \mathbb{R})$ mit $U \perp W$ sind.

   (c*) Wie könnte man ähnlich wie in (a) ein Skalarprodukt für komplexe $n \times n$-Matrizen definieren?

3. (a) Zeigen Sie: Die Abbildung $g: \mathbb{R}^2 \times \mathbb{R}^2 \to \mathbb{R}$ mit
$$g((x_1, x_2), (y_1, y_2)) = \alpha x_1 y_1 + \beta x_1 y_2 + \gamma x_2 y_1 + \delta x_2 y_2$$
ist genau dann ein Skalarprodukt, wenn $\alpha > 0, \delta > 0, \beta = \gamma$ und $\alpha\delta - \beta\gamma > 0$ gilt.

(b) Für welche Werte von $a, b, c \in \mathbb{R}$ ist die Abbildung $p: \mathbb{R}^2 \times \mathbb{R}^2 \to \mathbb{R}$ mit
$$p((x_1, x_2), (y_1, y_2)) = 4x_1 y_1 - 2x_1 y_2 + a x_2 y_1 + b x_1 + b y_1 + c x_2 y_2$$
ein Skalarprodukt?

4. Sei W ein Vektorraum über $\mathbb{C}$. Es seien $f: W \times W \to \mathbb{C}$ und $g: W \times W \to \mathbb{C}$ zwei Skalarprodukte auf W.
Zeigen Sie, dass aus $f(w, w) = g(w, w)$ für alle $w \in W$ bereits $f(v, w) = g(v, w)$ für alle $v, w \in W$ folgt.
Tipp: Betrachten Sie $f(v + w, v + w)$ und $f(v + iw, v + iw)$.

5. Zeigen Sie, dass für n positive reelle Zahlen $b_1, b_2, \ldots, b_n$ immer die Ungleichung
$$\frac{b_1 + b_2 + \ldots + b_n}{n} \geq \frac{n}{\frac{1}{b_1} + \frac{1}{b_2} + \ldots + \frac{1}{b_n}}$$
zwischen dem arithmetischen und dem harmonischen Mittelwert erfüllt ist.

6. Seien $p_1, p_2, \ldots, p_n$ positive Zahlen mit $p_1 + p_2 + \ldots + p_n = 1$ und $\beta_1, \ldots, \beta_n$ beliebige Winkel.
Zeigen Sie, dass die Funktion $g(x) = \sum_{k=1}^{n} p_k \cos(\beta_k x)$ die *Ungleichung von Harker & Kasper*
$$g^2(x) \leq \frac{1}{2}(1 + g(2x))$$
erfüllt.
Hinweis: Für $f(x) = \cos(\beta x)$ gilt wegen $\cos(2\phi) = \cos^2\phi - \sin^2\phi = 2\cos^2\phi - 1$ die Gleichung $f^2(x) = \frac{1}{2}(1 + f(2x))$.
Diese Ungleichung wird gelegentlich bei der Kristallstrukturbestimmung mittels Röntgenbeugung benutzt.

7. Sei V ein euklidischer Vektorraum mit Skalarprodukt $\langle \cdot, \cdot \rangle$.
Zeigen Sie, dass dann die *Parallelogrammgleichung*
$$\|x + y\|^2 + \|x - y\|^2 = 2\left(\|x\|^2 + \|y\|^2\right) \qquad \text{für alle } x, y \in V$$
gilt.

8. Sei $\mathcal{P}$ der Vektorraum aller rellwertigen Polynome. versehen mit dem Skalarprodukt
$$\langle p, q \rangle = \int_{-1}^{1} p(x) \cdot q(x)\, dx.$$

(a) Bestimmen Sie eine Orthonormalbasis bezüglich dieses Skalarprodukts für den Unterraum $\mathcal{P}_2 \subset \mathcal{P}$, der aus den Polynomen mit Grad ≤ 2 besteht.

(b) Bestimmen Sie das Bild von $f(x) = x^3$ unter der Orthogonalprojektion $P: \mathcal{P} \to \mathcal{P}_2$.

Die Elemente dieser Orthonormalbasis sind jeweils Vielfache der *Legendre-Polynome*. Man verlangt für die Legendre-Polynome statt $\langle p, p \rangle = 1$ die Normierung $p(1) = 1$.

9. Sei V ein Vektorraum mit Skalarprodukt und E ein Orthogonalsystem.
   Zeigen Sie, dass E linear unabhängig ist.

10. Zeigen Sie: Ist V ein endlichdimensionaler euklidischer Raum und sind U und W Unterräume von V, dann gilt:
    (a) $(W^\perp)^\perp = W$,
    (b) $(U + W)^\perp = U^\perp \cap W^\perp$,
    (c) $(U \cap W)^\perp = U^\perp + W^\perp$.

11. Wir betrachten den Vektorraum $\mathbb{R}^4$ mit dem Standardskalarprodukt. Sei
    $$U = \{(x_1, x_2, x_3, x_4) \in \mathbb{R}^4;\ x_1 + x_2 + x_3 = 0 \text{ und } x_2 + x_3 + x_4 = 0\}.$$
    Bestimmen Sie jeweils eine Orthonormal-Basis von U und von $U^\perp$ und bestimmen Sie das Bild $P(e_1)$ unter der Orthogonalprojektion auf U.

12. Seien V, W und Z endlich-dimensionale Vektorräume mit Skalarprodukt. Zeigen Sie:
    (a) $(\alpha f)^* = \overline{\alpha} f^*$ für $\alpha \in \mathbb{K}$
    (b) Für lineare Abbildungen $f : V \to W$ und $g : W \to Z$ ist $(g \circ f)^* = f^* \circ g^*$
    (c) Falls $f : V \to W$ bijektiv ist, so ist $(f^{-1})^* = (f^*)^{-1}$.

13. (a) Sei V ein euklidischer Vektorraum und $f : V \to V$ ein Endomorphismus. Zeigen Sie, dass $\text{Kern}(f^* \circ f) = \text{Kern} f$ ist.
    Hinweis: Bestimmen Sie $\|f(x)\|^2$ für $x \in \text{Kern}(f^* \circ f)$.
    (b) Sei W ein Vektorraum mit Skalarprodukt und $f : W \to W$ eine normale lineare Abbildung. Zeigen Sie, dass dann $\text{Kern}(f) = \text{Kern}(f^*)$ und $\text{Bild}(f) = \text{Bild}(f^*)$ ist.

14. Sei $B : \mathbb{C}^n \to \mathbb{C}^n$ eine lineare Abbildung, wobei $\mathbb{C}^n$ mit dem Standard-Skalarprodukt versehen ist.
    Zeigen Sie, dass B genau dann selbstadjungiert ist, wenn $\langle B(v), v\rangle \in \mathbb{R}$ für alle $v \in \mathbb{C}^n$ gilt.

15. Bestimmen Sie zu der symmetrischen Matrix
    $$A = \begin{pmatrix} 2 & -1 & 1 \\ -1 & 2 & 1 \\ 1 & 1 & 2 \end{pmatrix}$$
    eine orthogonale Matrix Q, so dass $Q^T A Q$ eine Diagonalmatrix ist.

16. (a) Geben Sie eine symmetrische Bilinearform Ψ und einen Vektor $v \neq 0$ an, so dass die Fundamentalmatrix A von Ψ invertierbar und $v^T A v = 0$ ist.
    (b) Sei $f : \mathbb{R}^3 \to \mathbb{R}$ definiert durch
    $$f(x_1, x_2, x_3) = x_1^2 + x_1 x_2 - 2 x_2 x_3 + 4 x_1 x_3.$$
    Finden Sie eine symmetrische Matrix A, so dass $f(x) = x^T A x$ mit $x = (x_1, x_2, x_3)^T$.

17. Sei A eine symmetrische $n \times n$-Matrix. Die *Hauptminoren* von A sind definiert durch
    $$\Delta_1 = a_{11},\quad \Delta_2 = \det\begin{pmatrix} a_{11} & a_{12} \\ a_{21} & a_{22} \end{pmatrix},\ \Delta_3 = \det\begin{pmatrix} a_{11} & a_{12} & a_{13} \\ a_{21} & a_{22} & a_{23} \\ a_{31} & a_{32} & a_{33} \end{pmatrix},\ldots, \Delta_n = \det(A).$$
    Zeigen Sie, dass A genau dann positiv definit ist, wenn alle Hauptminoren $\Delta_j > 0$ sind, und dass A genau dann negativ definit ist, wenn für alle Hauptminoren $(-1)^j \Delta_j > 0$ ist.

Stichwortverzeichnis

ähnliche Matrizen, 87

abelsche Gruppe, 11
adjungierte Abbildung, 145
adjungierte Matrix, 148
Adjunkte, 76
algebraische Vielfachheit, 94
alternierend, 65
Assoziativgesetz, 11

Basis, 21
Basisergänzungssatz, 22
bijektiv, 33
Bild, 33
Bilinearform, 157
Blockmatrix, 80

Cauchy-Schwarz-Ungleichung, 135
charakteristisches Polynom, 93

Determinante, 65
diagonalisierbar, 85
Diagonalmatrix, 85
Dimension, 24
Dimensionsformel für Abbildungen, 39
Dimensionsformel für Unterräume, 26
direkte Summe, 19, 88
Dreiecksmatrix, 72
Dreiecksungleichung, 136
duale Basis, 42
Dualraum, 42

Eigenraum, 85
Eigenvektoren, 85
Eigenwert, 85
Einheitsmatrix, 47
endlich erzeugt, 23
Endomorphismus, 41
erweiterte Koeffizientenmatrix, 7
Erzeugendensystem, 18
euklidischer Vektorraum, 133
Exponentialansatz, 120

Fundamentalmatrix, 115
Fundamentalsystem, 115

Gauß-Algorithmus, 3
Gauß-Jordan-Verfahren, 60
geometrische Vielfachheit, 85
gerade Permutation, 68
$GL(n, \mathbb{K})$, 50
Gleichungssystem
    lineares, 3
Gram-Schmidt-Verfahren, 143
Gruppe, 11

Hauptachsentransformation, 159
hermitesch, 150
hermitesche Matrix, 150

indefinit, 160
inhomogene Differentialgleichung, 110
injektiv, 33
inneres Produkt, 133
invertierbar, 50
Isometrie, 150
isomorph, 34
Isomorphismus, 34

Jordan-Normalform, 98

Körper, 13
kanonisches Skalarprodukt, 134
Kern, 33
Koeffizientenmatrix, 7
kommutative Gruppe, 11
Komplement, 19
komplementäre Matrix, 76
Komplexifizierung, 91
konjugierte Matrizen, 87
Koordinatensystem, 41
Koordinatentransformation, 41

Leibniz-Formel, 69
linear abhängig, 20

linear unabhängig, 20
lineare Abbildung, 31
lineare Gleichung, 35
lineare Hülle, 17
Linearkombination, 17

Matrix, 6
Matrixdarstellung, 51
Matrixexponentialfunktion, 117
Minimalpolynom, 101

negativ definit, 160
negativ semidefinit, 160
nilpotent, 96
Nilpotenzgrad, 96
Norm, 134
normaler Endomorphismus, 150
normiert, 65
normierter Vektorraum, 136
Nullvektor, 13

O(n), 149
orientierungserhaltend, 80
orthogonal, 138
orthogonale Gruppe, 149
orthogonale Matrix, 148
orthogonales Komplement, 138
Orthogonalprojektion, 141

Permutation, 12
Phasenportrait, 122
Polarisationsformeln, 137
positiv definit, 133, 160
positiv semidefinit, 160
Projektion, 32

quadratische Form, 159

Rang, 39
reguläre Matrix, 50

Sarrus-Regel, 71
Satz von Cayley-Hamilton, 101
schiefhermitesche Matrix, 150
schiefsymmetrisch, 150
schiefsymmetrische Matrix, 150
selbstadjungiert, 150
Signum, 68
singuläre Matrix, 50
skalare Multiplikation, 13
Skalarprodukt, 133
SO(n), 149

Spaltenrang, 55
Spaltenvektor, 47
Span, 17
spezielle lineare Gruppe, 75
Standardbasis, 21
Standardskalarprodukt, 134
Streichungsmatrix, 77
SU(n), 149
Summe von Untervektorräumen, 19, 88
surjektiv, 33
symmetrisch, 150
symmetrische Bilinearform, 159
symmetrische Gruppe, 12
symmetrische Matrix, 150

Transformationsmatrix, 53
transponierte Matrix, 56
Transposition, 67

U(n), 149
unendlich dimensionaler Vektorraum, 24
ungerade Permutation, 68
unitäre Gruppe, 149
unitäre Matrix, 148
unitärer Vektorraum, 134
Untergruppe, 12
Untervektorraum, 15

Variation der Konstanten, 110
Vektorraum, 13
verallgemeinerter Eigenraum, 97

Winkel, 137

Zeilenrang, 55
Zeilenstufenform, 4, 7
Zeilenvektor, 47